科 技 创 新 与 智 能 制 造 系 列

集成产品开发与创新管理

杨汉录　刘晓峰　陈　龙 ◎编著

IPD
IM

企业管理出版社
ENTERPRISE MANAGEMENT PUBLISHING HOUSE

图书在版编目（CIP）数据

集成产品开发与创新管理 / 杨汉录，刘晓峰，陈龙
编著．—北京：企业管理出版社，2021.9
ISBN 978-7-5164-2430-8

Ⅰ．①集…　Ⅱ．①杨…②刘…③陈…　Ⅲ．①产品设
计－创新管理　Ⅳ．① TB472

中国版本图书馆 CIP 数据核字（2021）第 128809 号

书　　　名：集成产品开发与创新管理
作　　　者：杨汉录　刘晓峰　陈　龙
责任编辑：徐金凤
书　　　号：ISBN 978-7-5164-2430-8
出版发行：企业管理出版社
地　　　址：北京市海淀区紫竹院南路 17 号　　　　邮编：100048
网　　　址：http://www.emph.cn
电　　　话：编辑部（010）68701638　发行部（010）68701816
电子信箱：emph001@163.com
印　　　刷：河北宝昌佳彩印刷有限公司
经　　　销：新华书店
规　　　格：710 毫米 ×1000 毫米　16 开本　23.5 印张　340 千字
版　　　次：2021 年 9 月第 1 版　　2021 年 9 月第 1 次印刷
定　　　价：78.00 元

2021 年 4 月 21 日苹果公司（Apple）召开线上年度开发者大会
（WWDC），推出搭载自家芯片 M1 的平板电脑 iPad Pro 和桌面电脑 iMac，
以及协助用户找寻丢失物的蓝牙追踪器 AirTags。

在 2020 年度开发者大会上，苹果公司推出了大幅度升级的 iOS14 操
作系统。从软件、主要硬件的升级到网络服务的推陈出新，视新冠肺炎疫
情为扩大全球市占率的契机，苹果手机、手表、电脑在过去一年全球市占
率大增，确保无可挑战的龙头地位。苹果公司也趁机打破原有部门的山
头，将音乐、电视、新闻等服务做了全面整合，持续扩展"生态系服务"，
推出了 iTunes Store、App Store、Apple Pay、Apple Music、iCloud、Apple
News（新闻订阅）、TV（串流影音）、Apple Arcade（游戏订阅）与 Apple
Card（信用卡）等服务。

苹果公司面对新冠肺炎疫情的快速调整，获得了投资人的高度青睐，
2020 年 8 月成为历史上第一家市值突破 2 万亿美元大关的企业。展望未
来，市场分析师仍看好股价继续上涨。

1976 年 4 月 1 日，史蒂夫·乔布斯（Steve Jobs）等创立了苹果公司，
在高科技创新方面一直走在行业的前列。"创新并不一定是改变，而是做
得更好，如果你为了改变而改变，你就失去了对真正创新的专注"。苹果
公司的硬件产品没有明显的外观变化，消费者很难强烈地感受到这是一款
新手机。如果外观的改变能给客户带来更好的消费体验，那么苹果公司愿
意为此改变，但是为了改变而改变会让苹果公司失去对真正创新的专注。

当问及苹果公司如何在竞争日益激烈的市场中保持创新力，现任苹果

公司首席执行官蒂姆·库克（Tim Cook）表示，苹果最大的优势是在软件、硬件和服务方面进行整合创新（Integrated Innovation），而这也是其他厂商所缺乏的。有些厂商能够打造操作系统，有些厂商制造手机芯片，有些厂商制造手机，但大多数厂商并没有真正整合这三个方向为用户提供更好的体验。

对于许多厂商而言，创新是"从无到有"（From Zero to One），而苹果公司所理解的创新则是"从无到好"（From No to Good）。苹果公司在推出每一款新产品之前，就已经开始研发下一代的产品，并相应地保持着新产品的开发节奏。

2019 年 7 月，苹果公司在上海成立了中国大陆首家设计开发加速器（Development Accelerator），为开发者提供与应用程序（App）设计相关的技术培训与开发资源。库克表示，在中国大陆建立设计开发加速器，是因为中国有非常多的创业者想要扩张海外市场。库克解释说，以移动支付（Mobile Payment）为例，不同于其他地区从 PC 端出发的思维，中国开发者最大的特点是以移动装置端为主。移动支付在中国市场的成功也给了中国开发者更多的自由来完成自己的应用开发，加上开发者强烈的创业精神，使移动生态得以在中国顺利发展。

库克也表示，程序语言（Program Language）是全世界每一个国家中最重要的第二语言，甚至可以说，程序语言是全球唯一的共同语言。除了 App 设计之外，苹果公司也推出了程序语言编写的学习计划，包括推出更容易上手的 Swift 程序语言，以及在中国大陆零售店举办 Today at Apple 活动，免费推广程序语言课程学习。

华为创立于 1987 年。刚开始时代理销售用户交换机（PBX），然后开始研发从模拟到数字程控交换机。1995 年，华为自主研发成功万门 C & C08 数字程控交换机商用后，营业收入及规模呈现快速增长态势。目前，华为已是全球通信行业市占率第一的国际化公司。

1997 年年末，任正非及一行人访问了美国休斯公司、IBM、贝尔实验室与惠普，了解这些公司的管理。IBM 副总裁送了任正非一本哈佛大学出版的 *The Power of Product and Cycle-time Excellence*，书中主要介绍了大项目的管理方法。在 IBM 整整听了一天管理课程后，任正非对项目从研究到生命周期终结的投资评审、结构化项目开发、决策模型、异步开发、跨功能团队、评分模型等有了深刻的理解。任正非钦佩 IBM 的管理模式，后来发现朗讯、宝洁、杜邦、惠普等公司也是这么管理研发的。华为自 1999 年引入集成产品开发（Integrated Product Development, IPD）后，根据自身实践不断优化和发展，最终形成了一套具有华为特色的完整的 IPD 方法论。

华为 20 多年的实践走到今天进入世界 100 强，证明了这套产品开发管理方法体系是有效的。IPD 是从流程重组和产品重组两个方面来变革产品开发业务和开发模式。它主要包括 7 个关键要素：结构化流程，跨部门团队，项目及管道管理，业务分层、异步开发与共享基础模块，需求管理，投资组合管理，衡量指标。流程重组关注产品开发流程，产品重组关注异步开发与共享基础模块的重用。IPD 通过分析客户需求，优化投资组合，保证产品投资的有效性；通过运用结构化流程，采用项目管理与管道管理方法，保证产品开发过程中的规范进行；通过业务分层建设并重用共享基础模块，采用异步开发模式缩短开发周期，降低综合成本；通过建立重量级的跨部门管理团队和开发团队，建立配套的管理体系来保证整个产品管理和开发的有效进行。

总结苹果和华为的产品开发的成功经验，我们认为 IPD 对于苹果和华为的价值主要在于实现以下三个转变：①从偶然成功转变为构建可复制、持续稳定高质量的管理体系；②从技术导向转变为客户需求导向的投资行为；③从纯研发转变为跨部门团队协调开发、共同负责。

随着全球化市场经济的发展，企业面临着日益激烈的市场竞争。面对百年一遇的企业精益化、自动化、数字化、智能化（"四化"）机遇，企业如何提高创新能力？如何保持产品的生命力？我们发现，越来越多的企业更加关注市场、关注客户需求、关注组织创新，并通过产品研发和产品管理变革，提高组织及其产品的核心竞争力。

达尔文的自然选择理论，不仅解释了生物种族的进化，也是企业管理的最佳诠释。自然并不总是一帆风顺的，每一场重大自然灾害都是生存竞争的淘汰赛，最终胜出的并不是最大、最强的物种，而是能够在不断变化的环境中拥抱改变的适应者（Survival of the Fittest）。大灾难给有决心永续经营的企业带来转型的东风，愿意抓住机会拥抱变化、汰弱择强的企业才是最终的赢家。

愿您的企业能"从无到好"（From No to Good），您自身也能"从无到好"。

杨汉录

2021 年 7 月 1 日

目 录

| 第 3 章 |

市场需求与产品规划

| 第 4 章 |

概念生成与项目管理

| 第 5 章 |

开发与验证

| 第 6 章 |

上市与全生命周期管理

From No to Good: Innovation &
Intelligent Revolution

第 1 章

从"无"到"好"：
创新与智能革命

创新是人类的一项伟大的活动。通过创新，人类获得更高的物质文明和精神文明；国家获得经济的可持续增长；企业获得持久的竞争力；个人得以自我实现。

创新需要精致的组织设计、优良的过程管理和强有力的制度与文化。本章在阐述创新价值的基础上，系统介绍创新的类型、模式、组织特征、制度与文化，为创新的进一步实现提供先进的保障，以此展示创新的多样性、复杂性、不确定性，特别是第四次工业革命——智能革命时代的趋势。

开章
案例))) ···

100 分的输家——诺基亚手机帝国的没落

诺基亚（Nokia），这个来自芬兰的手机品牌，自 1996 年以来一直占据着全球手机市场的领导者地位。曾一度凭借超过 40% 的市场份额笑傲全球，在 21 世纪初成为全球第一大手机厂商，取得了家喻户晓的业绩。然而，2007 年以来，在苹果公司推出的 iPhone 手机和采用谷歌（Google）公司安卓（Android）系统的智能手机（Smart Phone）的双重夹击下，诺基亚连续 14 年全球手机销量第一的地位，在 2011 年第二季度被苹果公司及三星公司双双超越。

随着智能手机时代的到来，诺基亚逐渐失去了全球霸主地位，开始走向没落。短短数年间，这个庞大的手机帝国分崩离析。2012 年 2 月，诺基亚放弃经营多年的塞班（Symbian）系统，转而投向微软（Microsoft）的 Windows Phone 系统，但为时已晚。2014 年 11 月，诺基亚被微软公司收购，并更名为 "Microsoft Lumia"，这标志着在移动通信史上曾经无比辉煌的诺基亚手机帝国至此终结。

1. 时代变更，需求变化

在传统功能手机（Feature Phone）时代，诺基亚以简单易用的产品纵横天下。在 1994 年，IBM 开发的智能手机样品开启了一个新时代。其后，由 RIM 在 1999 年推出的黑莓智能手机风靡全球，将移动通信带入智能时代。尽管如此，诺基亚的领袖地位仍然不可撼动，它无视智能手机的威胁，继续大力开发传统手机。2007 年，苹果公司推出 iPhone，2008 年谷歌公司推出了 Android 手机操作系统，真正敲响了诺基亚帝国的丧钟。作为技术先锋的这两家公司, 并肩完成了移动通信史上的时代变革, 传统手机从此成为明日黄花。当全球用户如潮水般放弃传统手机而投入智能手机的怀抱时, 诺基亚还在手机的硬件工业设计上止步不前。

在传统手机时代, 企业竞争制胜的关键是研发支持下的高质量硬件制造和物流管理, 而这恰好是工程师文化根深蒂固的诺基亚所擅长的。然而进入智能手机时代后, 竞争的游戏规则已完全改变, 用户需要的不再是精益求精的多种硬件, 而是不断更新的软件和服务。硬件质量、种类和成本不再是竞争的基础, 应用软件和服务的质量以及种类转而成为取胜的关键。智能手机时代用户的差异性、个性化需求远非依靠若干硬件产品就能满足的。这需要企业构建一套完整的、活跃的、生生不息的新生态系统。而诺基亚在时代变更、用户需求变化面前, 并没有全力培养企业新生态系统的能力, 无法为第三方合作伙伴提供必要的支持, 以至于围绕智能手机的生态系统迟迟无法建立, 导致其与苹果 iOS 系统和谷歌安卓系统的差距越拉越大。

2. 硬件文化转型乏力

早在 1992 年, 诺基亚总裁约玛·奥里拉就看出了传统手机在未来可能遭遇的瓶颈, 并致力于推动下一代产品的研发。后来诺基亚在 1996 年成功率先推出第一款具有电邮、传真和上网功能的智能手机诺基亚 9000, 而在 2000 年也开发出了类似 iPhone 的触屏式智能手机, 并于 2004 年上市。可惜, 虽然转型方向正确, 但其智能手机的可用性和稳定性不佳, 没有获得预期的市场成功, 这也导致其继任者克拉斯沃将诺基亚手机的智能和传统手机部门合并, 将其盈利重心重新调整为传统手机, 不幸地为诺基亚埋下了日后没落的祸根。

究其深层原因, 诺基亚以工业制造为主的硬件制度和文化, 决定了公司最关注的是效率、成本和生产制造的确定性。多年的成功也让诺基亚对自身的营运模式和方法过度自信, 低估了智能手机对自身的威胁, 导致整个企业缺乏深度变革的意愿。与此同时，诺基亚实现全球化之后，围绕制造手机硬件形成了规模庞大、遍布世界各地的组织机构和复杂的生产管理流程，这样一个庞大的企业，要实现打造企业生态系统的转型，无异于涅槃重生，难度极大。因此诺基亚对深度转型一直犹豫不决、行动缓慢。

3. 研发混乱缺乏协同

在高科技行业，绝大多数企业的失败是因为不再创新，而诺基亚却并非如此，其在产品的研发创新上的资金投入一直名列前茅。2000—2010 年共投入研发费用 400 亿美元，是苹果公司的 4 倍，即便在危机显现的 2010 年，诺基亚的研发费用仍高达 5 亿欧元，占移动电话行业总投入的 30%。尽管如此，诺基亚研发过度强调硬件的性能多样性，同时开发太多产品，既使研发精力太过分散，也使产品差异化较弱，没有研发和创新的重点，长期以来都无法推出一款拳头产品，在强大的竞争对手面前始终处于劣势。虽然诺基亚很早就开始了智能设备的研发，但初期市场效果不好，这使其轻易放弃而转向其他方向，丧失了成为市场领导者的可能。同时研发的混乱也导致了研究团队间相互竞争资源，在争取研发经费上花费大量时间，甚至完全偏离公司目标也在所不惜，部门上下缺乏配合协同和有效沟通，导致研发工作混乱无序、丧失方向。此外，研发部门和市场销售部门也严重脱节，诸多良好的样品无法转化为产品。最终的结果是，诺基亚专利数目不断增加，而业绩却不断下滑。正是由于缺乏战略上的协同，导致了诺基亚的研发混乱无效，其创新迟迟不能转化为企业的利润点和赢利能力，技术无法转化成为生产力、竞争力和市场份额。

诺基亚后来意识到了这些问题，也采取了一系列措施和变革，但已回天无力。其产品更新速度与内部变革速度和同行业的竞争对手相比都太慢了。业绩严重亏损，再加上退市消息，令诺基亚雪上加霜、步履维艰，以至于诺基亚最终被微软收购了手机业务。

正如《创新者的窘境》一书中指出的："就算经营最好的公司，尽管他们十分注意顾客需求和不断投资开发新技术，但都可能被破坏性创新所影响而导致失败，而覆灭的种子恰好是企业全盛时埋下的。"诺基亚犯的错就是把自己的优点极大化后，没留余地让自己冒险，在遇到破坏性技术变革和市场结构变化时，成为 100 分的输家。

　　资料来源：100 分的输家：手机巨人诺基亚为何倒下？[J]. 台湾商业周刊，2012（33）.

第一节　创新是持续成长的不二法门

一、唯有"创新"，才能"成长"

　　关于创新，人们已经探讨和辩论了数百年。如今，创新的概念已经成了我们文化的一部分，每天都有很多人在谈论创新，以至于它几乎变成了陈词滥调。尽管这一术语现在已经深深嵌入我们的语言体系，但是在多大程度上真的理解了这个概念呢？ 14 世纪的文艺复兴开启了新思维的解放；15 世纪的大航海拓展了人类文明的疆域；16 世纪启动的科学革命奠定了技术革命的基础；17 世纪初资本市场的出现延伸了社会金融活动的空间；18 世纪开始的工业革命推动了经济的巨大飞跃。许多的学者从历史发展轨迹中发现了一个共同的元素——创新（Innovation）。人类社会发展的历史，就是一部创新的历史。

　　彼得·德鲁克（Peter F. Drucker）是一位非常重视"创新"的世界级管理大师，其曾有"创新，是持续成长的不二法门"（Innovation is the Only Way to Keep Growing），以及"不创新，就死亡"（Innovate or Die）的历史名言。德鲁克坚信，通过不断的创新，就能够创造出新的价值及新的产品出来；而这些新价值与新产品，都会带给消费者新的期待、新的惊喜、新的感动与新的购买与使用，而这些就能为企业带来新的业绩、新的获利与新的成长。

如果我们对工业经济史，尤其是对英国工业经济史进行分析，就可以看到行业的技术创新会为创新的公司和国家带来巨大的经济利益。事实上，19世纪的工业革命就是由技术创新推动的（见表1-1），技术创新是人类社会进步的重要组成部分。

表1-1　技术创新推动19世纪的工业革命

创新	创新者	创新时间
蒸汽机	詹姆斯·瓦特	1770—1780年
铁甲船	伊桑巴德·金德姆·布鲁内尔	1820—1845年
火车机车	乔治·斯蒂芬森	1829年
电磁感应发电机	迈克尔·法拉第	1830—1840年
电灯泡	托马斯·爱迪生、约瑟夫·斯旺	1879—1890年

美籍奥地利裔经济学家约瑟夫·熊彼特（Joseph Schumpeter）是现代经济增长理论的奠基人，被称为世界上最伟大的经济学家之一，首先从经济学角度系统地提出了创新理论。20世纪30年代，他首先认识到追求利润的企业家所做的新技术开发和传播形成了经济进步的源泉。创新可以是重构整个市场的"创造性破坏"，可持续经济增长源于企业间的竞争。企业通过把资源投入创造新产品和开发现有产品的新的制造方式上，努力增加它们的利润。正是这一经济理论支持了大多数新产品开发和创新管理理论。

二、创新的本质

1. 创新的研究

19世纪的工业革命使经济学家观察到经济增长的加速是技术进步的结果，熊彼特是首批强调新产品在促进经济增长方面的重要性的经济学家之一。他指出，新产品带来的竞争比现有产品边际利润的变化重要得多。举例来说，计算机软件或药物的新产品开发比现在产品（如电话或汽车）价格的降低更可能带来经济增长。

19 世纪中叶，卡尔·马克思（Karl Marx）首先提出了创新可以与经济增长的波动联系起来。此后，熊彼特、康德拉季耶夫（Kondratieff）等论证了创新的长波理论。康德拉季耶夫对于经济增长理论的观点与马克思的观点相冲突，马克思指出资本主义最终将会衰亡，而康德拉季耶夫认为资本主义经济将会经历波段式的增长和衰落。任何行业领域诞生初期都伴随着突破性的产品创新，然后是突破性的生产流程创新，继而才是广泛的渐进性创新。

第二次世界大战后，战争中的军事研发带来了大量的技术进步和创新，包括雷达、航空航天和新武器。1960 年，美国总统肯尼迪（John F. Kennedy）发表把人类送上月球的讲话后，美国在研发支出上的快速增长时期随之到来。但是，经济学家很快就发现，研发支出和国家经济增长率之间不存在直接的相关关系，显然，它们之间的关系比最初设想的更为复杂。

我们需要理解科学技术怎样影响经济系统。20 世纪 50 年代开展了一系列关注经济中的创新过程内部特征的创新研究。这些研究采用跨学科的方法，融合了经济学、组织行为学、运营管理学的理论。研究考察了：

（1）新知识的产生。

（2）将新知识应用到产品和流程开发中。

（3）以财务收益为导向，对这些产品与服务进行商业开发和应用。

需要特别指出的是，这些研究揭示了企业会以不同的方式开展工作，一直以来每个企业都在构建自身独特的组织结构。根据这个框架，我们知道这一切将会对企业的创新绩效产生相当大的影响。同样，企业对有创造力的个体的管理方式也会对企业的创新绩效产生很大的影响。

值得注意的是，熊彼特认为，拥有研发实验室的现代企业已经成为创新的中坚力量。近来的创新和科学发展，如手机、计算机硬件和软件的开发，依托的都是组织而不是个人。现今企业所需要的知识、技能、资本和市场经济资源意味着重大的创新必须依赖于组织。企业创造一个新想法，对其进行开发并获得商业上的成功，需要大量的专业资源和巨额资金的投入，当今的创新都是与群体或公司相关联的。

2013 年 5 月，麦肯锡研究院（McKinsey & Company）发布了《2026年前可能改变生活、企业与全球经济的 12 项颠覆性技术》，据估算，到 2025 年这些技术对全球经济的直接影响将达 14 万亿～ 33 万亿美元，其中主要的技术与领域描述如表 1-2 所示。

表 1-2　12 项颠覆性技术描述

序号	领域	描述	到 2025 年对全球潜在的经济影响
1	移动互联网	移动计算设备更小、更强、更直观、可穿戴，装有许多传感器。使消费者获得医疗、教育等服务的改善，提升员工生产力	3.73 万亿～ 10.8 万亿美元
2	知识工作自动化	主要应用于：销售、客服、行政支持等普通业务工作，教育、医疗保健等社会服务业，科学、工程、信息技术等技术性行业，以及法律、金融等专业服务业	5.23 万亿～ 6.7 万亿美元，相当于增加 1.1 亿～ 1.4 亿个全职劳动力
3	物联网	医疗保健业和制造业是其经济影响最大的应用领域，其他应用领域包括智能电网、城市基础设施、公共安全、资源开采、农业和汽车等	2.73 万亿～ 6.2 万亿美元
4	云技术	使数字世界更简单、更快速、更强大、更高效，不仅能为消费者和企业创造巨大价值，还能使企业更有效、更灵活地管理信息	1.73 万亿～ 6.2 万亿美元
5	先进机器人	主要包括工业机器人、手术机器人、外骨髓机器人、假肢机器人、服务机器人和家用机器人	1.73 万亿～ 4.5 万亿美元
6	自动驾驶	可增加安全性，减少拥堵，节省时间，并降低燃料消耗和污染排放	0.23 万亿 ～ 1.9 万亿美元，可挽回 3 万～ 15 万人的生命
7	下一代基因组学	将推动生物学领域的快速进步，主要应用于疾病诊断和治疗、农业以及生物燃料生产等	0.7 万亿～ 1.6 万亿美元
8	储能技术	主要应用于电动和混合动力汽车、分布式能源、公用事业及储能	900 亿～ 6350 亿美元

（续表）

序号	领域	描述	到 2025 年对全球潜在的经济影响
9	3D 打印	主要应用于消费者使用、直接产品制造、工具和模具制造、组织器官的生物打印	2300 亿～5500 亿美元
10	先进材料	先进纳米材料在医疗健康、电子、复合材料、太阳能电池、海水淡化、催化剂等领域具有广泛应用，但生产成本提高；纳米医用材料有很大潜力，可为癌症患者提供癌症靶向药物	1500 亿～5000 亿美元
11	先进油气勘探开采	页岩气和轻质油勘探开采，主要应用于北美	950 亿～4600 亿美元
12	可再生能源	到 2025 年，风能和太阳能光伏占全球电力产量的比例可能由目前的 2% 增至 16%	1650 亿～2750 亿美元，每年可减少碳排放 10 亿～12 亿吨

资料来源：刘春平. 中国科协创新战略研究院［J］. 创新研究报告，2016（11）.

2. 创新与发明

许多人都会把创新和发明这两个术语混淆。

创新本身是可以用多种方式来理解的概念。创新不是一种单独的行为，而是由相互关联的子过程组成的一个完整的过程。它不仅是想出一个新的创意、发明一个新的设备或开发一个新的市场，而是所有这些行为过程的整合。就人类的行为而言，通过距离首次被使用或被发现的时间长短来"客观"地判断一个想法是否新颖并不重要——如果这个创意对某个人来说是新颖而独特的，那么它就是创新。

许多人认为创新关心的是创意（Idea）或发明的商业化（Commercialization），从而把创新和发明区分开来。这样发明就是想出创意，而创新就是发明的后续经济转化。下列简单方程有助于说明二者的关系：

创新 = 理论概念 + 技术发明 + 商业开发

新创意的概念（Concept）是创新的起点，但它既不是一项发明又不是一个创新，它仅仅是一个概念、一种思想或一系列想法的集合。将充满智慧的思想转化为有形的产品的过程就是一项发明。在这个过程中，科学和技术通常发挥了巨大的作用，但科学和技术之间显然存在明显的差别，技术常被看作科学应用的产物。索尼董事会前主席盛田昭夫（Akio Morita）指出，科学为我们提供了以前未知的信息，而技术则来源于将科学应用于概念、流程和设备。反过来，技术又可以让我们的生活或工作更高效、更方便和更有影响。这个阶段需要许多工程师的艰苦工作，把发明转化成能提高公司业绩的产品。技术开发工作由工程师而不是由科学家来完成，这个完整的过程才代表创新。这就引出来一种观念，即创新是对许多具有不同特征的过程进行管理。总之，创新依赖发明，而发明需要被应用到商业活动中才能为组织的成长做出贡献。所以，创新是对新产品或制造流程或设备的创意产生、技术开发、制造和营销过程所涉及的所有活动的管理。

创新不仅包括重要的突破性创新（Disruptive Innovation），还包括较小的渐进性创新（Incremental Innovation）技术进步。事实上，上述定义暗示创新的成功商业化可能会给组织带来相当大的变化，例如，智能手机这样根本性的技术创新总是会导致组织内部和外部发生重大的变化。因此，技术创新可能伴随着更多的管理和组织变革，这些变革常常也被称为创新。这代表了一种更加模糊的概念，并且把创新的定义拓展到几乎任何组织和管理的变化。表 1-3 展示了创新的分类。

表 1-3　创新的分类

创新的类型	例子
产品创新	新产品或改进产品的开发
流程创新	新的制造流程的开发，如皮尔金顿的浮法玻璃制造流程
组织创新	新的投资部门，新的内部沟通系统，新的会计程序的引进
管理创新	全面质量管理（TQM），业务流程再造（BPR），企业资源计划（ERP）的引进
生产创新	质量周期，精益生产，新的检测系统
商业／营销创新	新的财务安排，新的销售手段
服务创新	网络金融服务

3. 创新与研发

19 世纪，爱迪生（Thomas Alva Edison）把发明转化成了一门科学，即研究与发展（Research and Development，R&D）。研究与发展成了国家和企业技术创新能力的重要指标。

研究与发展的定义很多，经济合作与发展组织（以下简称经合组织，OECD）认为研究与发展是一种系统的创造性工作，目的在于丰富有关人类、文化和社会的知识宝库，并利用知识进行新发明、开拓新应用。经合组织将研究与发展划分为基础研究、应用研究和实验发展三个部分。基础研究（Fundamental Research）指的是以现象和事实为基础的实验或理论工作，主要是为了获取新知识，没有任何具体的应用目的。基础研究的作用是产生新知识和发现真理，无指向目的性。在美国，虽然大量的基础研究由政府资助，但许多处于技术进步领导前沿的企业在基础研究方面很成功。例如，杜邦（DuPont）公司 1987 年的研发经费为 12 亿美元，其中 7% 被用于基础研究。

应用研究（Application Research）指的是对原始数据进行调查研究，主要针对某个特定应用领域或具体使用目标获取新知识。应用研究的目的在于解决企业遇到的实际问题，它有明确指向，所产生的发明更有可能被利用。应用研究的倡导者认为，目前已有足够的科学知识存量供企业利用，自己无须开展基础研究。

实验发展（Experimental Development）指的是系统的试验工作，把从以生产新材料、新产品和新设备为目的的科学研究和经验中获得的知识，用于新工艺、新产品、新系统和新服务开发，或者用于改进已有的工艺、产品和服务。

研究与发展是一个从创意产生到研究、开发、试制完成的过程，研究与发展强调的是"过程"与"产出"。

创新是从基础研究向应用研究转化的全过程，中间有一个"死亡之谷"。一个有效的创新需要建立从基础研究到应用研究的桥梁，否则创新的最终商业化将付之东流，创新的价值难以实现。因此，如何搭建基础研究到商业应用研究的桥梁就成为创新成败的关键。

目前，越来越多的企业重视自身的研发能力，国内外一些大的企业都有自己专门的研发机构。这是因为：①企业难以从市场上购得所需先进技术，特别是在市场竞争异常激烈的今天，拥有最先进技术的企业不会在拥有模仿能力的竞争者出现之前轻易放弃利润丰厚的回报；②企业即使可以购得一些常用技术，但其用于交易的费用也会很高，尤其随着科技的发展和市场竞争的加剧，企业需要越来越先进的技术，而购得技术的代价将更高；③引进的技术并不能立即就为企业所利用，需要通过企业内部的消化、吸收，并与本企业生产、管理融合之后才能取得实效。

综上所述，技术知识是企业核心能力的重要组成部分，企业只有通过研发形成自己与众不同的技术、知识积累，尤其是形成自己的研发人才积累，才能使别人难以模仿和超越，保持长久不衰的竞争优势。

💡 创新视点 1

Q 发屋：对传统理发店形成挑战？

Q 发屋是一间国内连锁快剪理发品牌，公司成立于 2015 年，目前在深圳、广州等地有超过 200 间门店，是沃尔玛、华润万家、永旺等大型商场的战略合作伙伴，服务包括腾讯、百度、顺丰等大型企业超过 40 家，累计服务超过 400 万人次，每 100 个深圳人中，就有 1 个人体验过 Q 发屋的服务。

Q 发屋创始人汤建良毕业于哈尔滨工业大学数学系，在中山大学获得硕士学位，曾在汽车行业工作 8 年，却在 2015 年选择理发作为自己的创业方向。作为主打快剪的品牌，Q 发屋不提供洗头、染发、烫发等服务，专注于 10 分钟快剪；同时开发了自有线上系统，消费者可以线上预约、线下体验，无须排队等待。2020 年 2 月，Q 发屋受邀参加了 CCTV2 频道的《创业英雄汇》节目。

Q 发屋为在 "快剪" 上做得更加极致，汤建良将其总结为 "断舍离" 三个方面。

断：断绝一切客户不需要的服务，不洗、不染、不吹、不推销、不办卡，只提供修发、剪发服务。在这样的极简模式下，单店每月服务人数在 3000 人以上，其中 72% 的消费人群在 25 ～ 45 岁，男性占比为 82%。

舍：舍去无效率的服务环节。Q 发屋不设收银台，自主研发了一套线上系统以提高效率、节约时间。客户可以自行取号、支付、排队、评价，无须在门店等待，理发前 10 分钟小程序会发起提醒，且理发时间也控制在 10 分钟左右，以提高效率、节约时间。

离：放弃 "高大上" 服务的追求。门店只有最简单的理发设备：剪刀、电动推子、板凳和镜子等；不设立传统理发店的洗发环节，而是通过自主研发的吸发设备吸走碎发；且每家门店都提供紫外线消毒设施，保证清洁卫生。

Q 发屋门店主要有三种经营模式。

（1）线下实体店：入驻多间知名商场开设门店。每间门店面积在 10 ～ 20 平方米，2 ～ 3 名理发师驻店提供服务。值得一提的是，Q 发屋的理发店大多开在商超门口，与沃尔玛、华润万家、永旺、天虹、茂业等均有合作。而此次疫情期间，商超业务受影响较小，因此 Q 发屋的大部分门店仍能正常营业，受影响较小。

（2）单人剪发屋：类似于 mini KTV，一个屋子占地 3 平方米，启动成本在 2 万元，适合普通理发师低成本创业。现在深圳已开设 40 间单人理发屋，未来计划开设 1000 间。

（3）为企业提供上门服务：Q 发屋研发了移动理发箱，理发师能手提设备上门服务。目前已为腾讯、百度、顺丰等 40 余家大企业及事业单位提供服务，累计服务 5 万人次。在疫情期间，不少企业复工后发现员工面临无处理发的困扰，Q 发屋的上门服务业务有了显著增长。

创始人汤建良表示，Q发屋早期主要在深圳、广州地区发展，已开设门店200多间，现在已经开启全国扩张策略。同时，公司也在研发一套智能理发设备，机器自动识别头发长短并设定剪去的长度，可以让理发流程更加标准化。

Q发屋在成立之初获得过一轮种子轮投资，其后依靠自有现金流不断开店，目前正在进行新一轮融资，以加快全国扩张的步伐。

三、创新的不确定性

以大中型企业为例，考察其运营和业务都必须确保其产品按照精确的标准制造出来，并且能够准时送到客户手里。在这个繁忙的高度组织化的环境中，维持低成本、高效率或消除冗余是至关重要的。但长期的经济增长取决于企业改进产品和制造流程的能力，这意味着企业需要以某种方式为创造和创新留出空间。也就是说，系统允许冗余的存在。这就出现了一个困境：以基础市场和技术的变化程度来衡量，任何一家企业寻求创新的力度越大，其创新失败的可能性就越大。然而，一家企业寻求创新的程度越低，企业自身倒闭的可能性就越大。

那么，企业如何一方面设计减少成本和冗余以提升竞争力，另一方面又设法提供冗余以实现创新？与所有两难问题一样，企业必须在营运中艰难地寻找动态平衡。最显著的方式是将研发从制造中分离出来，企业通常都是这么做的，也有许多改进和创新是从企业的营运中产生的，企业的营运为创新提供了广阔的空间。

实际上，企业一方面需要稳定的、静态的惯例来有效和快速地完成日常工作，以应对当前的竞争。例如，一家连锁店对遍布全国的零售外卖点进行食品递送，这需要高水平的效率控制。另一方面也需要开发新创意和新产品，以便在未来进行竞争。

在企业的长期生存中，所有组织内部都存在稳定性需求和创造性需求的基本矛盾，组织面临的基本问题就是要充分挖掘和探索未来的生存能力，挖掘包括效率提升、精准控制（提高确定性和降低不确定性），探索则包括搜索、发现、创新和拥抱变化。二元性就是要二者兼顾，在战略上对效率和创新做出权衡，需要突出高管团队建立动态能力的实质性作用。

创新过程管理包括尝试对组织的创造潜力进行挖掘、孕育新的想法、产生创造力，其核心就是对不确定性事件的管理。企业面临着结果的不确定性（包括市场不确定性），即市场需要什么；也面临着过程的不确定性，即应该怎么组织生产。皮尔森（Pearson A.W.）提出了不确定性矩阵图，能够帮助管理者应对不同类型的不确定性，如图 1-1 所示。

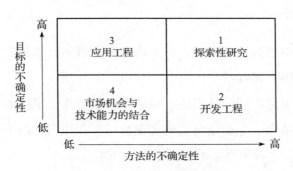

图 1-1 皮尔森不确定性图

资料来源：Pearson A.W. Managing Innovation: An Uncertainty Reduction Process［J］. Managing Innovation，1991.

皮尔森不确定性图为分析和理解不确定性与创新过程提供了一个框架。皮尔森分析了皮尔金顿公司（Pilkington）的浮法玻璃流程、3M 公司的 Post-It 系列软件和索尼公司的随身听（Walkman）在内的大量的主要技术创新案例。在这些案例研究中，创新项目都伴随着大量的不确定性因素，皮尔森将不确定性分成以下两个维度：

（1）目标的不确定性（业务或项目的最终目标是什么）。

（2）方法的不确定性（如何达到这个目标）。

这个框架基于上述两个维度，即纵轴上目标的不确定性和横轴上方法的不确定性，得到四个象限。

1. 第一象限

第一象限表示方法和目标不确定性都很高的业务。最终目标还没有明确的定义，如何达到这个目标也不清楚。这个象限被称为"探索性研究"或"蓝天研究"，因为有时这些工作距离现实如此之远，以至于人们把它比作在"云"里工作。这些业务通常涉及技术尚未成熟的工作，而且对潜在的产品或市场也未形成充分认识。一般大型组织才用必要的资源来资助这些探索性研究。例如，微软的大多数研究是在美国西雅图进行的，有趣的是，它把这个研究中心称为"校园"。

2. 第二象限

第二象限的目标是清晰的，一个商业机会可能已经被发现。但是，实现目标的方法还不具备。

企业可以围绕不同的技术或不同的方法启动几个不同的项目，努力攻关取得期望的结果。企业究竟如何实现目标存在相当多的不确定性，需要不断改进流程，寻找更有效的方法来降低成本。

3. 第三象限

第三象限的特征是目标存在不确定性，通常与如何最有效地利用技术有关，许多新材料属于这个领域。例如，凯夫拉尔纤维（用于制造防弹衣）现在被广泛用于不同的产品领域，其中许多产品的性价比很低，而有些新的改良产品会脱颖而出。

4. 第四象限

第四象限包含最具确定性的创新活动，企业的主导业务是结合市场机会与技术能力改进已有产品或创造新产品。由于具备较强的确定性，可以使用最少的新技术，快速成功地开发新产品。

　　不确定性图的价值在于一方面透过其简洁的框架来传达处理不确定性的复杂信息，另一方面能够识别很多创新过程中不确定性的组织特征。皮尔森不确定性图传达了一个重要的信息，即产品管理和流程创新管理千差万别。有时，人们清楚目标市场和所需要的产品类型的本质，而在某些情况下对正在开发的技术及其可能的用途知之甚少。大多数组织的活动都处于这两个极端之间，不同的状况需要不同的管理技能和组织环境。这就导致了关于创新所需的组织结构和组织文化的争论。

　　第一象限突出了创新活动的一个领域，即创意和研发可能无法立即转化为商业化的产品。

　　20 世纪 70 年代，在施乐的 Palo Alto 实验室里，计算机图形界面的早期软件技术就已经开发出来了，但施乐没有认识到这项研究的潜在价值，决定不再进一步发展该技术，这项技术后来在 80 年代被苹果公司和微软加以开发利用。关于如何评价研究项目价值，技术管理者也许能更好地理解技术，但市场经理看到的是广泛的市场机会。

　　另一个极端是第四象限，在这个领域，科学家常常把这类活动看作对已有技术的改进。然而，市场经理常常感到非常兴奋，因为项目的技术创新虽然少，却贴近市场。

　　第二象限和第三象限处于这两个极端之间。在第三象限，企业探索现有技术的潜力，管理层把精力放在要进入的市场上；而在第二象限，需要确保项目取得成功或及时放弃项目。

　　在上述所有特殊的组织环境中，不同业务的类型，依据项目的不确定性的程度，需要不同的专业管理技能。

☀ 创新视点 2

国轩高科高调切入固态电池

　　丰田汽车（Toyota）、三星电子（Samsung Electronics）、宁德时代（CATL）等都在研发次世代电动车驱动技术的固态电池（Solid State Battery）。2020

年 5 月宣布与大众汽车（Volkswagen）资本合作的国轩高科，也高调投入研发竞争。国轩高科将在 2020—2022 年引入固态电池技术，生产高安全性的固态电池，2025 年之后正式量产固态电池。

在此之前，比亚迪刚推出"刀片电池"，其续航里程达到了三元锂电池的相同水平。宁德时代也正将电池芯集中到电池包的 CTP（Cell to Pack）技术，发展到电池芯集中到底盘的 CTC（Cell to Chassis）技术。

相较之下，国轩高科技术优势主要集中在磷酸铁锂电池。为何国轩高科会高调宣布研发固态电池技术？业内人士认为，电动车驱动电池是材料、配方、结构、设备等相结合的技术成果，其中一项稍微变化，其他几项全部都要随之改变。从目前宁德时代与特斯拉（Tesla）的合作细节中可以看出，除了主打的三元锂电池外，宁德时代的技术路线也向磷酸铁锂电池发展，而在未来的无钴电池、固态电池等新技术竞赛中，宁德时代能否有所突破，仍充满了不确定性。而国轩高科则表示已持续进行了 3 年的固态电池研发，此外还有大众汽车的外援。大众汽车早在 2012 年就与 Quantum Scape 合作固态电池，并在 2018 年、2020 年先后投资 1 亿美元、2 亿美元，希望 Quantum Scape 在 2025 年前实现量产固态电池。国轩高科的高调发声，带有借助固态电池的布局超越比亚迪，直接与宁德时代较劲的意味。

2020 年 11 月工业与信息化部发布了《新能源汽车产业发展规划（2021—2035 年）》，有意把固态电池的发展拉高至国家战略层面。此后不少电动车驱动电池厂商，纷纷强调自家的技术优势。除了国轩高科，北汽新能源展出了首辆搭载固态电池的样车，辉能科技、清陶能源、赣锋锂业等也投入固态电池的研发。

不过，不少业界人士认为固态电池真正实现商业化，预计要到 2025 年之后。

资料来源：笔者根据多方资料整理。

第二节　创新的模式

在过去的十几年里，关于创新是由什么"推动"的问题趋向于两个学派：市场决定论和资源决定论。市场决定论认为，市场提供的环境能够促进或限制企业创新活动的程度。当然，最关键的还是企业识别市场机会的能力。资源决定论认为，市场是动态的、不稳定的，市场驱动导向无法为企业创新战略提供可靠的基础，而企业拥有的资源可以提供一个更加稳定的环境，可使企业根据自身的价值主张开展创新活动。当企业拥有有价值的、稀缺的和不易复制的资源时，企业就能够获得持续性竞争优势——常常以创新性新产品的形式出现。

关于创新模式的争论集中在两个学派：社会决定论学派和个人主义学派。社会决定论学派认为，创新是外部社会因素结合和影响的结果，如人口统计因素的变化、经济的影响和文化变迁，当条件适宜时，创新就会出现。个人主义学派认为，创新是独特的个人天赋，创新者是天生的。

一、好的运气

许多创新的历史案例都强调了意外发现的重要性。好的运气常常被用来解释一些创新的产生，大众媒体也会强化这种观点。毕竟，人们都梦想着能够有一个意料之外的重大新发明，然后名利双收。

如果我们仔细研究历史上的案例，就可以发现好运气其实是非常罕见的。毕竟，要意识到一项创新的每一步进展都需要研究人员拥有相关领域的储备知识。大多数发现都源于那些对特定科学技术领域着迷的人，也正是他们持续的努力才能最终取得进展。发现也许是不可预见的，用路易·巴斯德（Louis Pasteur）的话来说，就是"机会青睐有准备的人"。

二、线性模式

第二次世界大战后，美国经济学家开始提倡科学和创新的线性模式（Linear Model）。创新的产生源于科学技术基础、技术开发和市场需求的相互作用。这种模式（见图1-2）是重大的进步，主宰了科学和工业政策40年之久，对这些活动之间相互作用的解释形成了当今创新模式的基础。

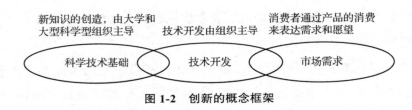

图 1-2　创新的概念框架

传统上，创新过程被视为一系列可分离的阶段或活动的序列。产品创新模式包含两个基本类型（见图1-3）：第一种，技术推动模式。这种模式假设科学家有了意想不到的理论创新和发现，研发设计人员把创意变成产品原型（Prototype）进行测试，制造工程部门设计出能有效生产这种产品的方法，市场营销部门把产品推销给潜在的客户。在这种关系中，市场是研发成果的被动接受者。技术推动模式在第二次世界大战后的工业政策中占据主导地位。第二种，市场拉动模式。这种客户需求驱动模式非常强调营销部门作为新创意发起者的作用，而这些创意是其与客户进行紧密互动产生的。创意被传达给研发部门进行设计，然后通过制造部门进行生产。在快速消费品行业，市场和客户的力量与影响力是非常大的。熟悉你的客户对于将创新转化为利润而言至关重要。只有知道顾客需要什么，才能找到创新的机会，看看是否存在能够运用这些创新机会的技术。要想具有创新性并不困难，难的是确保你的创意在商业上是可行的。

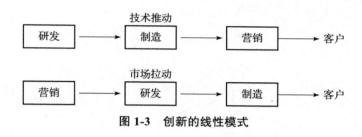

图 1-3　创新的线性模式

三、耦合模式

无论创新是由技术、客户需求、制造推动的还是由包括竞争在内的其他许多因素推动的，都偏离了问题的关键，好的运气模式关注的是创新产生后的工作，而没有关注创新到底是如何产生的。线性模式只能够解释创新的初始刺激来自何处，也就是创意或需求最初是如何产生的。耦合模式指出，研发、制造和营销三个职能部门之间知识的耦合孕育了创新，且创新开始的时间无法预知。

四、结构创新

亨德森（Henderson）和克拉克（Clark）将技术知识分成有关零部件本身的知识和如何连接零部件的知识（又称结构知识）两个维度。由此，我们可以将创新分为渐进性创新、模块化创新、突破性创新和结构化创新四类。它们的本质区别，一个是产品部件本身的创新；另一个是产品结构的创新，这是一种改变了产品的结构却不改变它的部件的创新。在亨德森和克拉克之前，按照突破性创新和渐进性创新的维度划分。如果创新是渐进性的，那么企业因为拥有现成的知识和资源来推动整个创新过程，因此会处于有利的位置。如果创新是突破性的，即颠覆式创新（见图 1-4）（熊彼特称之为创造性破坏），新进入者就会有很大的优势，因为它们无须改变自己的知识背景。此外，现有的企业会认为突破性创新非常难应对，因为企业的运营存在管理上的思维定式。

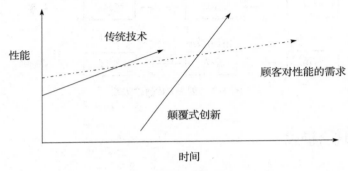

图 1-4　颠覆式创新

　　诺基亚公司就是非常典型的例子。这家公司垄断了传统功能手机市场很多年，在这期间，所有的渐进性创新都不断巩固着它作为市场领导者的地位。当突破性创新——智能手机技术出现时，诺基亚公司在市场新进入者面前则显得疲于防守。新技术需要完全不同的知识、资源和思维模式。这已经在很多行业都发生过，比如，电话银行和互联网银行给银行业带来了巨大的改变、音乐下载颠覆了激光唱片、蒸汽船颠覆了帆船、电子商务颠覆了零售业等。

五、互动模式

　　互动模式把技术推动和市场拉动模式结合在一起，强调创新的出现是市场、科学技术基础和组织能力互动的结果。

　　互动模式可能从许多节点上产生，创新没有明显的起点，信息流被用来解释创新是如何发生的。它可以被视作一个逻辑有序，但不一定连续，可以被分割成一系列职能各异但彼此相互作用和相互依赖的阶段的过程。图 1-5 描绘的创新过程展现了组织能力与市场和科学技术基础的联系，能够有效管理这个过程的组织将会取得创新的成功。互动模式虽然仍过于简单，但它更加完整地呈现了创新过程。

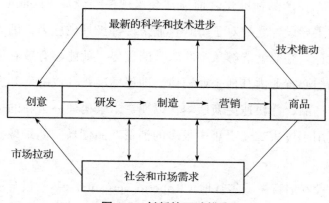

图 1-5 创新的互动模式

互动模式的核心是组织的研发职能、制造职能和市场营销职能。虽然这种模式乍看之下很像线性模式，但沟通的信息流有反馈的渠道。例如，常常会有这样的事情发生，职能制造部门发起的设计改进引入了一种不同的材料，甚至推动研发部门开发出一种新的材料。以下的每一点对于价值创新和价值获得都很重要。

（1）市场是创新的主要来源。

（2）企业竞争使企业技术能够更好地匹配需求。

（3）创新的外部与内部来源。

六、主导设计

将创新性的新产品推广到市场通常只是技术进步的开始。在行业层面，引入新技术通常会引起连锁反应：竞争者会对新产品做出反应，因此技术进步不仅依赖于企业的内部因素，还需要考虑竞争。无论产品创新（Product Innovation）还是流程创新（Process Innovation 或制造工艺改进），竞争环境和组织结构都会相互影响。有人认为创新生命周期可以分为三个阶段：不确定阶段、过渡阶段和专业化阶段。生命周期通常以一项重大的技术变革和产品创新为起点，紧接着就会出现竞争和流程创新。随着生命周期的推进，在产品标准化之前通常会出现主导设计（Leading Design）。赢得行业内主导设计之战对于每个企业来说都极具诱惑力，因为一旦成为行业主导设计，企业就能够从中获取垄断优势，就能够有效利用知识产权保护而不用担心行业内其他企业模仿。即使标准是开放的，开发者仍然能够开发周边产品，并快速更新版本，以期在未来构建一个新的标准。这种模式可以应用于过去二三十年中很多的消费产品创新，如录像机、随身听和手机。

设计学者罗伯特·威尔甘地（Roberto Verganti）说："设计引进了大胆而创新的竞争方式。设计驱动的创新不是源于市场，而是创造新的市场；不是推动新技术的产生，而是推出新的内涵。顾客还未曾要求过这些新内涵，但一旦体验过，就会爱不释手。"

威尔甘地列举了一个茶壶设计的例子。大部分茶壶都属于实用型的，用来煮开水相当有效率，或许一天只用 5 分钟，但其他时间却占据着厨房的空间。艺术家迈克尔·格雷夫斯（Michael Graves）的茶壶设计则能让人感到愉悦，吃早餐时心情更加舒畅。茶壶的外观很有吸引力，圆锥体设计，底部面积大，不会在炉面上产生晃动；茶壶的把手上安装有拱形垫料，避免倒开水时烫伤手；壶嘴采用小鸟造型，水开了时会发出汽笛声。这款茶壶不但不会占用空间，还成了家庭装饰的一部分，拥有这款茶壶的人可以向人们展示它并引以为傲。

七、开放式创新

切萨布鲁夫（2003）提出一个具有说服力的论点，即创新过程已经从公司内部封闭的系统转移到一个新型的开放系统，这个系统包括供应链上下游的众多参与者。这种模式利用廉价的、及时的信息流，更多地强调公司之间的联系。值得注意的是，正是切萨布鲁夫对新知识经济的重视，才形成了"开放式创新"（Open Innovation）的概念。

创新被描述为一个产生于社会互动中的信息创造的过程，创新过程的各个层面都在发生重大的变化，重构过程经历了三个领域的巨大变化，即促进创造性的技术、促进沟通的技术以及促进生产制造的技术。例如，信息技术改变了个体、团队和社区之间互动的方式。手机、电子邮件和网站就是改变最明显的互动方式，信息跨越公司边界相互渗透。制造工艺和运营技术上的变化，使低成本的快速成型和柔性制造变得更为切实可行。创新过程似乎正在经历相当大的变化，企业在从产品创意到商业化的过程中，与众多合作伙伴之间进行即时且紧密的互动。

此外在开放式创新模式中，有很多关于"用户工具箱"（User Toolkit）优缺点的争论，这些优缺点视乎能够进一步外化为公司抓住创新机会的能力。

到目前为止已经阐明了创新模式的复杂本质，工业创新过程中主导模式的发展历史如表 1-4 所示。

表 1-4　创新模式发展历史

时间	模式	特征
二十世纪五六十年代	技术推动	强调研发是简单的线性序列过程，市场是研发成果的被动接受者
20 世纪 70 年代	市场拉动	强调营销是简单的线性序列过程，市场为研发指明方向，研发对市场做出反应
20 世纪 70 年代	主导设计	在主导设计出现之前一个创新周期会经历三个阶段
20 世纪 80 年代	耦合模式	强调研发和营销职能的整合
二十世纪八九十年代	互动模式	技术推动和市场拉动模式的结合
20 世纪 90 年代	结构创新	意识到知识对创新的影响
21 世纪	开放式创新	强调创新过程外部化，以充分利用外部资源

各种模式和学派的局限性有以下几点。

（1）线性思维仍然是创新模式的主导。事实上，大多数创新模式展现出来的创新路径，都表现出了创新活动的阶段性，控制着从创意到进入市场的整个过程，而不是洞察实际创新过程的动态特征。

（2）科学一般都被认为以技术为导向，研发则和生产制造密切相关，而对行为科学缺乏足够的关注，因此，服务创新相对较少。

（3）新的技术能力和新兴的社会需求之间的复杂互动是创新过程中至关重要的组成部分，但在现有的模式中并未体现出来。

（4）创业者（个体或团队）的角色并未被加入其中。

（5）当前的创新模式并未嵌入企业的战略性思考，它们仍然是孤立的实体。

（6）研究人员多年来一直认为，在中低技术（LMT）密集型行业中，传统的科技创新模式不再适用，它无法解释持续的产品和流程创新。在中低技术密集型行业领域，主要是流程、组织和营销创新占主导地位，破坏性创新活动很少。在现代经济中，中低技术密集型企业和行业的规则很复杂，且经常被误解，这导致了一个不幸的倾向，即低估了研发密集领域之外的技术变革的重要性。

八、创新管理的框架

图 1-6 所示的框架被称为"循环创新模型"（Cyclic Innovation Model，CIM）说明创新网络过程的迭代性，并以一个无止境的创新循环形式表现出来，每个循环中又包含相互联系的小循环。循环的概念有助于展现出企业如何收集信息、如何使用技术和社会知识、如何开发出吸引人的提案。通过与其他有能力的企业建立联系和合作关系，企业就能够达成这些目标（开放式创新）。

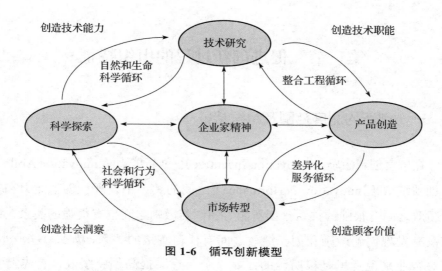

图 1-6　循环创新模型

　　从跨学科的视角来看开放式创新中的变化，行为科学、工程学、自然科学和市场被整合到一个连贯的过程系统中，并在四个主要的节点交叉。这些变化的结合中蕴含着很多的商业机会，企业家精神（Entrepreneurship）所扮演的中心角色就是如何利用这些机会。这个框架要表达的意思是，如果没有企业家的驱动，就不会有创新，而没有创新，就不会有新业务的产生。图 1-6 表明企业家精神和市场环境变化的结合是新业务产生的基础。采用这种方式来管理创新对企业有很大的帮助，流程不应该是简单的单向管道，而应该是拥有控制和反馈的相互联系的循环，思维模式也应该从线性向非线性转变。这样一个动态的环境网络就产生了，社会科学和行为科学可以和工程学联系起来，自然科学和生命科学也能够和市场目标结合起来。有了当今强大的通信技术，线性的串行管理过程已经逐渐被并联网络中大量能够独立运转的循环所替代。创新中的重要决策不再是在项目管理过程中阶段性地发生，而是在创新过程中自发进行，或者在循环网络的节点外进行。年轻人喜欢在这样的环境中工作，全世界年轻的创业者正在将新技术与新一代的思想相结合，从而建立能够去中心化的世界的全新组织。

第三节　促进创新过程的组织特征

一、创新的测度范围及组织特征

在考察创新激励（Innovation Incentive）、创新能力（Innovation Ability）和创新绩效（Innovation Performance）之间的关系中发现，创新能力和创新绩效之间有很强的关系，创新能力和创新激励之间也有很强的关系，研究没有发现创新激励和创新绩效之间有任何直接的关系，如图 1-7 所示。这对企业来说意思是很明确的：如果企业想要提高创新绩效，首先需要准备和开发能激励创新的因素，如适当的领导力、研发和创造力。在这样的环境下，创新能力的培养和建设就会慢慢形成。创新能力结合了技术和人文因素，换句话说，具备良好的科学实验室是创新能力的必要条件（Necessary Condition）而不是充分条件（Sufficient Condition）。此外，还需要一些有效的无形技能，如项目管理、创新经验以及风险管理等。

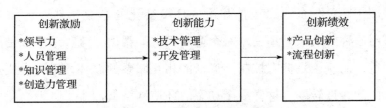

图 1-7　创新激励、创新能力和创新绩效的关系

资料来源：D.I.Prajogo 和 P.K.Ahmed，2006。

然而，试图测量创新流程是一种较大的挑战，因为对于实践者和学者而言，它的方法是多样化的。尽管如此，对于想要更好地理解如何改进创新管理的人来说，需要知道"原料"和可能的"配方"，这至少能让他们了解什么是必需的，以及什么时候可以把想法变成适销对路的产品。亚当斯等（2006）开发了一个创新管理流程的框架，利用一个说明性的测度来描绘这个过程，如表 1-5 所示。

表 1-5　创新管理的测度范围

分类框架	测度范围
输入	人员 物力和财务资源 工具
知识管理	创意产生 知识存储 信息流
创新战略	战略导向 战略领导
组织和文化	文化 结构
业务组合管理	风险 / 回报平衡
项目管理	项目效率 工具 沟通 合作
商业化	市场研究 试销 营销和销售

　　这个框架使企业内部的管理者可以评估自己的创新活动。创新不是一个线性过程，在一端输入资源后就能在另一端获得一种新产品或流程。在创新周期的关键阶段，创新需要各种各样的能力。与协调和管理所需的专业技能一样，每一种能力都需要自己的空间和时期。

　　图 1-7 和表 1-5 为我们提供了有力的证据，从中可以得到一系列影响创新流程的组织特征，如表 1-6 所示。

表 1-6　促进创新过程的组织特征总结

组织要求	特征
1. 成长导向	致力于长期增长而不是短期利益
2. 组织传统和创新经验	对创新的价值达成共识
3. 警惕性和外部联系	组织认识到威胁和机会的能力
4. 致力于技术和研发的程度	愿意投资长期的技术开发
5. 承担风险	平衡资产组合中引入不同的风险机会
6. 组织结构内部跨职能的合作和协调	个人之间相互尊重，并愿意跨职能协助

（续表）

组织要求	特征
7. 接受能力	认识、发现并有效利用外部技术的能力
8. 创造力的空间	管理创新困境和为创造力提供空间的能力
9. 创新战略	战略规划以及技术和市场选择
10. 多样化技能的协调	开发一种适销产品需要多样化的专业知识

资料来源：改编自亚当斯等，2006。

二、团队的组织结构

新产品开发团队的组织结构有很多种形式，表 1-7 给出了一个组织结构选择方案（Organization Structure Options）的实用列表，从表中的项目可以看出：选项越靠右边，公司员工对新产品项目的承诺越高。有时，我们会用"项目化"（Projectization）一词来表示选项越靠右项目化程度越高，或者还可以用轻量化（Lightweight）或重量化（Heavyweight）来描述，其中重量化等同于高度项目化。最左边的职能型（Functional）是指工作由多个部门完成，不以项目为重点。通常需要一个新产品委员会或产品规划委员会。一般工作风险较低，主要针对现有的产品线进行改进和设计出新规格等。长期在部门内工作的人员了解市场和企业，他们聚在一起就可以做出必要的决策，简单而有效率。轻量化团队也有其优点，因为团队负责人通常很容易确信成员们都已了解关键问题，沟通上也比较容易。缺点是会导致职能经理比较强势，甚至支配项目团队负责人，从而降低其办事效率。

表 1-7　新产品组织结构选择方案

选择方案				
职能型	职能矩阵型	平衡矩阵型	项目矩阵型	新事业
有（无） 委员会				内部的 外部的
0%————20%————40%————60%————80%————100%				
项目化程度				

为了解决这些问题，并赋予产品团队及其领导者更大的权力，我们有其他 4 个选项，其中有 3 个是矩阵式结构（Matrix Structures）的变形。如果矩阵式结构中的人一起做决策，影响力可能是 50/50，也可能倾向于职能部门主管或项目经理。项目化程度越高，项目经理的影响力就越大。举例来说，项目化程度越高，越可能促使研发人员与顾客及营销专员交流。一旦去掉他们的职能"帽子"，团队成员就能激发出新观点，同时也能在成功的创新中扮演新角色。

不同类型的矩阵式结构有不同的名称。职能型矩阵是选项中最轻量化的，团队由来自多个部门的人员组成，但这些人员仍与已有业务密切相关，团队成员以类似各职能部门专家的方式思考，他们背后的部门主管仍有较大的话语权。在平衡型矩阵（Balanced Matrix）中，职能的和项目的观点都很重要，对已有业务和新产品都有主导力量。最重要的选项是项目型矩阵（Project Matrix），可以这样认为，偶然的需求需要强有力的项目来推动，这时的项目化程度很高，团队成员中项目成员优先、职能人员其次。

新事业（Venture）组织形式将项目化扩张至极限，对新问世的产品或公司新产品的开发最有效用。团队成员调离他们所在的部门，将全部时间投注在项目上。虽然常规观念认为，新事业的组织形式特别适合新问世产品的开发，但仍存在如何管理团队的问题，特别是该团队主要在组织之外运作。许多企业发现，这些项目团队难以建立和 / 或管理，认为新事业形式不适合它们，因而采取比较轻量化的组织形式。从企业的角度来说，矩阵式结构难管理是出名的，常常演变成不可理喻的复杂化，并造成过高的管理费用。任何一个矩阵型组织都不可避免地存在角色冲突问题：团队成员到底应该把项目摆在第一位，还是把所属的职能部门放在第一位？在某些极度复杂的案例中，矩阵式结构确实会不利于创新，尽管执行上存在重重困难，企业确实必须考虑采用项目化的方法，让团队成员能有效率地在一起工作。无论如何，一旦有两个或多个来自不同部门的人员共事于一个项目中，便会产生冲突。

大多数有实际跨职能关系的创新公司，不只有结构化的工作指派。例如，3M 公司鼓励营销、技术及制造人员进行早期的、非正式的沟通（3M 公司称之为"三角蹬"）。团队成员一方面响应对方的想法，同时以非正式方式向对方提供资源和信息。员工工作环境设计有助于刺激跨职能间的整合，许多新办公大楼在每个楼层都设有咖啡吧，以鼓励跨职能交谈，而且这些工作站还被设计成能够轻易移动的。

然而必须记住的是，即使有这些新方法，冲突仍旧会发生。事实上，存在小规模的冲突也是好事。在职能部门中，合理的不同意见可以激发更多的重要分析，而且能够促进新产品开发的多样化。不过，管理冲突是最重要的，综合式的冲突管理，如正视和妥协等，与回避、安抚、强制等解决方法相比较，更有利于为创新创造一个积极的环境（见表 1-8）。

表 1-8　5 种冲突管理类型

冲突管理风格	定　　义	示　　例
正视	协作解决问题并达成一个各参与方一致认同的解决方案	对问题进行辩论，通过用户访谈，提出可能的解决方案，找到一个最受用户欢迎的方案
妥协	达成一个各参与方能够接受的折中方案	通过磋商将一系列特性融入产品设计中，确保项目继续进行
回避	回避冲突，或者让不一致的人群回避	地位不高的成员认为不值得惹麻烦，退出决策
安抚	使分歧最小化，寻求表面上过得去的解决方案	为了组织的融合，顺应那些对某个产品特性意志坚定的团队成员的意见
强制	强制制订一个方案	项目经理介入并制定决策

三、网络环境下创新组织的变化

1. 模糊化组织边界

网络技术的出现，使技术创新的各个环节得以在共享的信息平台上及时、并行地交流工作信息，如微软公司采用了并行的瀑布式（Waterfall

Model）创新模式。这种工作环境可以跨越组织边界，在更大范围内整合、利用创新资源。事实上，虚拟研究机构就是这么运作的。

网络技术是一种结构化技术，它的出现和应用使组织之间的结构和边界具有前所未有的灵活性，并扩大了资源的使用范围。同时，创新过程中的任何环节都不遵循传统的线性模式，而是在企业内部网络与外部网络的共同作用下，成为企业与外部网络的断点、过渡或直接联系，企业与市场网络的界限正在日渐模糊。

2. 扁平化组织结构

传统组织的特点为层级结构，这种结构来源于经典管理理论中的"管理幅度"理论。该理论认为，由于经验、知识、能力和经验的限制，管理者只能管理有限数量的下属。通常，初级经理能有效管理的人为 15 ～ 20人，中级经理能有效管理的人不超过 10 人，高级经理能有效管理的人不超过 7 人。在确定组织中的人员数量时，由于有效管理幅度的限制，必须提高组织的管理层次。管理层次与管理幅度成反比，层级结构在相对稳定的市场环境中效率较高，但外部环境的快速变化要求企业变化快、适应性强，而层次结构恰恰缺乏快速的感知能力和变化适应能力。

随着现代信息技术的发展，特别是计算机管理信息系统的出现，传统的管理幅度理论已不再有效，现代网络技术和功能强大的管理软件能够快速处理大量的反馈信息，并且能够通过互联网同时向所有对象发送信息，使企业创新的组织结构化成为网络环境下的必然趋势。

3. 增加用户的参与度

随着互联网的出现，企业的角色已经与过去发生了巨大的变化，用户已经开始要求与制造商进行对话。这些对话不再由企业单独控制，每个用户都可能与其他用户协商，甚至在某些情况下，与企业发起对话。在一个公众批评泛滥的市场环境中，使用者在创造价值的过程中逐渐摆脱了过去的传统角色，同时具有价值的创造者和顾客双重身份，在创造价值的过程中与生产商形成了竞争。

因此，在技术创新的人力资源分配中，企业人力资源要发挥所有利益相关者（以用户和企业员工为中心）的积极性和创造性，而并不是集中于少数技术权威的努力。企业必须根据产品技术和市场的不同特点选择不同的用户，在企业和用户之间建立适当且有效的关系，使用户为企业的新产品开发提供基础资源。用户参与产品开发主要是产生新的想法、产品概念和原型，用户参与产品的设计和开发，包括确认产品结构的选择、产品特性和产品结果的设计、产品界面的说明、制造工艺和流程的建立。

4. 组织学习成为网络环境中的关键能力

组织和信息量呈指数级增长，拥有可以有效利用的信息和知识就意味着拥有了市场。因此，企业技术创新的组织对个人知识和组织知识的学习显得越来越重要。企业要在激烈的网络环境竞争中获得优势，就必须在组织学习的基础上快速有效地组织自己的技术创新活动，并从不断创新中获取利润。

信息技术和网络技术对组织学习有着深远的影响。网络化学习为企业提供了灵活的学习结构，取代了传统的层次结构，相互学习是企业建立联盟的重要目标和动力。巴达拉科（Joseph L.Badaracco）认为，企业之间的隐性知识不能通过市场交易来获得，由于IT技术推动的企业知识管理对交互式创新过程的局限性，基于网络环境的知识管理方法越来越受到重视。

5. 社区化

长尾理论（Long Tail Theory）改变了传统的认识。在古典经济学中，社会资源被认为是稀缺和有效的，而长尾理论的提出认为，互联网社会使选择、空间和产品是无限的。传统经济学中的稀缺性经济学已经变成了富足性经济学。长尾理论对创新的启示是，创新不是少数精英的特权，而是大众集体创新的结果。例如，维基在线百科全书既有管理学、联邦政府这样的常规条目，又有"恺撒密码""第二次世界大战士兵吃的午餐肉"等更吸引人的、特有的长尾条目，并且此部分完全超越了大英百科全书。

广受欢迎的"用户创造的内容"（User Generated Content, UGC）有一个更具社群特性的网络效应。网络效应是越多的用户加入社区，他们贡献的内容就越多，每个用户受益也就越多。Youtube 充分利用了社区网站的这种特殊效应，并取得了显著的成效。

当今时代是一个信息和知识更加民主化、更加便利化的时代。面对这样的新环境，企业的创新机会大大增加。企业需要进一步改革为无边界、扁平化、社区化的学习性组织，以便有效地获取企业的内外部资源要素，从而更有效地选择日益丰富的创新资源，获取可持续的竞争优势。

创新视点 3

谷歌——互联网时代的创新组织新标杆

谷歌是一家自创办以来在血液里就流淌着创新基因（Innovation DNA）的公司。谷歌凭借什么保持着持续创新的动力呢？从以下几个方面可以初探这个创新永动机的一角。

1. 具备战略耐心

谷歌的使命是"整合全球信息，使人人皆可访问并从中受益"。公司做的每件事都是在为这个目标服务，它几乎每天都会宣布一款新产品或者新功能，尽管其中大部分投资目前都未盈利。谷歌前 CEO 认为，"市场普及率第一，收入其次……只要建立一个持续吸引眼球的业务，你总能从中找到办法赚钱"。

2. 营造轻松愉快的创新环境

在谷歌办公室里，巧克力、懒人球、巨型积木、电动滑板车，甚至宠物狗随处可见，根本不像是一个高速运转的科技公司。在谷歌，工作就是生活，轻松愉快的工作环境成为创新意识的孵化器，造就了无穷的创造力。

但谷歌在创业之初是另外一番景象，大家忙碌紧张，吃饭用快餐随便应付，没有时间锻炼身体和洗衣服。在公司发展到一定阶段后，谷歌给员工提供了种类丰富的免费餐饮，随处可见的体育器材和休闲设施，还有专门的洗衣房和按摩室。除此之外，公司还提供免费的班车和渡轮服务，接载员工上下班，这些交通工具都有无线互联网服务，方便员工在上下班时的路上工作。

3. 形成灵活高效的工作方式

依据关键问题，将有智慧、有激情的员工分成 3 ~ 5 人的小团队，以海量的计算数据作为支持，同时允许工程师抽出 20% 的时间，根据兴趣确定自己的研究方向，这是谷歌组织结构的基本原则。这种小团队蕴含着深刻的道理，在庞大的组织中，总有很多聪明人可以轻松"混"下去，即便是复杂的绩效考核也对这类人束手无策。但是，小团队却容不得聪明人浑水摸鱼，只有全力以赴才能被大家认可。在激发全体成员创造力的同时，也使小范围的绩效考核结论更加客观。小团队的工作方式成就了谷歌著名的"自下而上"的创新，给谷歌带来了新鲜的创意和活力。而这些特质正是一家快速发展的科技公司最宝贵的创造力所在。

谷歌有一个内部交流的网络平台，这个平台不仅能实现信息交流的功能，还鼓励工程师将自己的创新点子放在这里，由其他人对这些点子做出评价和建议。当这些好点子发展而来的产品足够完善的时候，就会被放在 Google Lab 里，向用户展示 Google 创意和产品，征集用户体验和反馈。

4. 鼓励尝试失败

谷歌快速地推出了大量的创新产品，这些产品可能并不完美，谷歌会让市场来选择。这种产品开发战略意味许多产品注定要失败，但公司高管并没有因此止步，而是鼓励员工尝试失败。谷歌创始人佩奇曾表扬过一名给公司造成数百万美元损失的高管："我很高兴你犯了这个错误，因为我希望公司能够行动迅速、做很多的事情，而不是谨小慎微，什么也不敢做。

5. 平等、授权、自下而上

平等、授权、自下而上，打破"特权阶级"，这是谷歌的创新秘诀。谷歌团队的架构非常扁平，只有总裁、总监、经理、员工四个层级。当然，除去结构上的扁平化，更难的是文化上的扁平。某谷歌工程师回忆，他参加的第一次技术讨论是在李开复的办公室里进行的。办公室很小，只有四把椅子，参加的人有六七个，于是他跟另外一个老同事就坐在了总裁的办公桌上。

资料来源：佚名. 向谷歌学习持续创新［J］. 化工管理，2008（1）.

四、动态竞争力转化为创新

企业的动态竞争力理论将外部环境和内部环境都视为动态的：由于企业自我调整导致内部各子系统不断变化，同时外部环境也在不断发生变化，内部流程管理的变化与外部环境的变化相结合，企业通过经验和实践学习构建了自身的知识和技能。除这些内在的组织流程外，企业长期以来与外部建立起来的联系，以及企业为这个关系网络的投资形成了一种独特的竞争能力。

每个企业都有一系列的基本流程，使其能够生产和销售特定的产品和服务。有些企业的动态竞争能力包含产品和服务创新、生产过程创新以及寻找和吸引特定顾客的创新，这使得很多企业能够有所发展。在更高的能力水平上，这种创新方式与有关的动态能力是渐进性的，这是因为创新引发的思想和方法上的高度重构。例如，戴森（Dyson）的无袋真空吸尘器、辉瑞（Pfizer）的万艾可和特斯拉（Tesla）的电动跑车。显然，在上述情况下，需要相当多的投资和政策来促进累积知识的发展，在企业内部分散技术解决方案，并且聚焦于可见的、紧要的和常见的问题。

图 1-8 展示了突破性技术出现后会发生什么，这适用于任何行业。我们选择风扇行业来说明这一点，这是一项成熟的技术，许多企业生产低价格的风扇，也有很多企业生产中等价格的产品。更进一步，为了满足顾客的特殊需要，如消音、更轻或更高的性能，有相当一部分企业会使用消音发电机或更好的材料进行生产，当然，这需要更高的价格。最后，不同的工厂因顾客的不同需要而生产质量不等的风扇，这些企业会使用不同的技术。通常，没有特殊要求的产品价格较低，有特殊要求的产品价格往往较高。

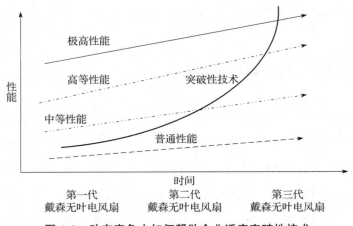

图 1-8 动态竞争力如何帮助企业适应突破性技术

风扇行业使用相同的技术长达 100 多年，是稳定且成熟的。事情的转机发生在 2009 年，戴森（James Dyson）发明了无叶电风扇（Air

Multiplier）。因为这项发明使用了独一无二的诱导剂和化工泡沫技术，能够不通过鼓吹空气来产生空气流。在性能方面，无叶电风扇最初有噪声且风力有限，因此人们开始追求提高性能。第二代产品的噪声更小，且使用了超级数字发电机，因此技术进步推动了产品性能的扩展延伸。随着时间的推移，这项耗资巨大的新发明可能影响了整个行业的工业化进程。

　　企业发现并利用技术机会的能力是区分企业成功与否的最基本的要素之一，可以将企业的核心竞争力（Core Competition）比作树根，将核心产品比作树干，将业务单元比作树枝，将最终产品比作花、叶和果实（见图1-9）。技术本身并不意味着成功，企业必须有能力将知识和技术转变成顾客想要的产品或服务。这种能力就是企业的核心竞争能力：运用资产进行价值创造活动的能力。

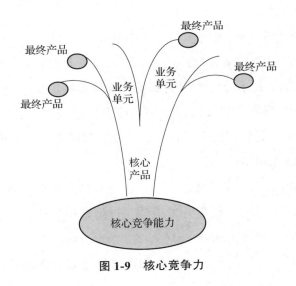

图 1-9　核心竞争力

五、知识学习与创新

学习型组织（Learning Organization）的概念在管理学中受到了前所未

有的重视。《组织科学》（*Organizational Science*）的一个特别版本详细叙述了这个主题。早期大量的关于学习型组织的理论关注的是组织的历史、组织先前的活动和学习对未来活动的影响。也就是说，组织先前的活动和已获得知识将对组织未来的活动产生强烈的影响。

不幸的是，组织学习这个术语被应用到管理的各个方面，从人力资源到技术管理战略，以至于它变成了一个非常模糊的概念。然而，其核心是一个简单的理念，即成功的企业有能力获得知识和技能，并有效地应用它们，就像人类学习的方式一样。可以说，那些长期成功的企业已经清楚地证明了其学习的能力。

1. 知识学习的方式

知识学习的方式包括"干中学""用中学""研究开发中学"和"组织间学习"四种方式。

（1）"干中学"和"用中学"。"干中学"（或"做中学"）和"用中学"主要体现在生产过程中重复操作效率的提高，这是操作知识的积累，这两种学习方式构成了技术能力积累的基础。与世界先进技术相比，中国企业还处于技术能力积累的初级阶段，研发能力普遍较弱。在此阶段，"干中学"和"用中学"是学习的主导模式，对提高技术能力具有重要意义。

（2）"研究开发中学"。

"研究开发中学"（或"R&D中学"）是在研发的创造性过程中进行知识吸收的学习过程。对"研究开发中学"过程模型的研究认为，研究开发可分为四个阶段：发散（Diverge）、吸收（Absorb）、收敛（Converge）、实施（Implement）。发散阶段产生创新想法，经过吸收和收敛阶段产生解决方案，实施阶段执行解决方案。据此，"研究开发中学"可分为连续循环的四个阶段：具体体验、沉思观察、抽象概念化、积极实验。基于该模型，将研发活动与学习过程的理解联系起来，可以认为研发是一个具有连续学习循环的学习系统（见图1-10）。

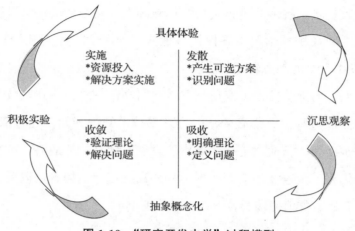

图 1-10 "研究开发中学"过程模型

研究开发不仅是一个知识整合与创造的过程（发散阶段），也是一个再学习的过程。研究开发所产生的新知识有许多是企业特有的隐性知识，是竞争对手所难以模仿的，这些知识的吸收和学习不仅使技术能力获得量的积累，也得到质的提高。因此，"研究开发中学"属于高能力学习层次，对企业技术能力的提高比"干中学"和"用中学"更为重要。

（3）"组织间学习"。与前三种学习方式相比，"组织间学习"一般是在战略性合作的过程中，组织吸收伙伴知识，提高自身技术能力。"组织间学习"不仅涉及显性技术知识，也涉及隐性技术知识，可以有效提高企业的技术能力。特别是在战略合作中，双方的吸收过程就是一个"组织间学习"过程。

"组织间学习"的有效性取决于两个组织在以下几个方面的相似性：①知识基础；②组织结构和薪酬政策；③主导逻辑（文化）。合作者在基础知识、低管理正规性、研究集中度、研究共同体等方面的相似性有助于"组织间学习"。

对于发展中国家来说，引进国外技术被认为是提高自主技术能力、调整产业结构、发展经济的有效途径。因此，发展中国家的技术发展呈现出从引进吸收技术到技术改进再到自主创新的发展路径。清华大学陈劲研究认为，三个阶段中的学习主导模式呈现从"干中学"到"用中学"，再到"研究开发中学"的动态转换。

事实上，无论是发达国家还是发展中国家，许多企业在其技术能力从弱到强的发展过程中，都必须从引进外部技术知识开始，通过消化吸收，再通过自主创新，从而促进技术能力的发展。此外，从战略角度来看，为获取竞争优势，企业技术能力发展过程的最终目标是拥有难以模仿的、独特的、具有战略价值的核心技术能力（见表 1-9）。

表 1-9　企业技术发展阶段中的知识学习机制

学习机制 企业技术 发展阶段	技术引进	消化吸收	自主创新	核心整合
主导技术能力	技术检测能力 技术引进能力	技术吸收能力	技术创新能力	技术核心能力
主导知识类型	Know-what	Know-how	Know-why, Care-why	Perceive-how, Perceive-why
知识来源	外部	外部	内部	内外部结合
主导学习模式	用中学	干中学	研究开发中学	组织间学习
组织学习层次	程序化学习	程序化学习	能力学习	战略性学习
主要途径	技术引进（购买硬件，购买软件）	内部研究开发	内部研究开发	合作研究开发 内部研究开发

2. 探索性学习与利用性学习

马奇（March J.G.）于 1991 年提出了探索性学习（Explorative Learning）和利用性学习（Exploitative Learning）概念后，这两种现象很快就成为了研究的热点。

探索性学习是指可以从探索、改变、冒险、尝试、实验、应变、发现、创新等方面描述的学习行为，其本质是对新选择方案的实验。利用性学习是指可以利用提炼、筛选、生产、效率、选择、实施、执行等术语来描述的学习行为，其本质是对现有能力、技术、范式的改进和扩展。这两种类型的学习对组织来说都非常重要。探索性学习可能会导致组织偏离其现有的技术基础，而涉足全新的隐性知识。相反，由于组织积累了相关的经验和知识，利用性学习的不确定性较小。因此，探索性学习的回报在时间和空间上比利用性学习更为遥远而又不确定。

探索性学习和利用性学习的特点使组织倾向于选择对现有方案进行利用性学习，而放弃对未知世界的探索性学习。只进行利用性学习的组织会产生技术惰性，过去的成功会导致组织在时间和空间上的短视，从而妨碍组织去学习新思想，最终导致僵化。而只进行探索性学习的组织需要承担大量的实验成本，它们往往拥有大量尚未开发的新想法，但又没有能力开发出来，或者缺乏足够的经验，无法成功开发这些创意。

因此，在知识获取过程中，组织不应该实施单一的探索性学习或利用性学习。组织能力的动态发展同时依赖挖掘利用现有技术和资源来确保效率得到改善，以及通过探索性学习创新来创造变异能力。探索性学习和利用性学习的平衡是系统生存和繁荣的关键，组织所面临的一个基本问题就是必须既要充分利用利用性学习，深化和提升现有技术，又要投入足够的资源进行探索性学习以确保未来发展。两者之间的平衡理论比较如表 1-10 所示。

表 1-10 不同平衡理论的比较

平衡理论	时空分离理论	结构分离理论	情景双元理论	空间域理论
分析层面	组织层面	组织层面	个体与团队层面	组织（间）层面
学习焦点	一定时点只聚焦一种学习	两种学习同时进行	两种学习同时进行	只从事某种擅长的学习
实现途径	间断式均衡	跨单元的整合来实现平衡	个体同时追求协作与适应	外在化组织间的协调整合

（续表）

平衡理论	时空分离理论	结构分离理论	情景双元理论	空间域理论
基本假定	市场、环境等稳定发展，变化缓慢	高度差异化的单元	所有员工都需具备双元思维能力	企业资源、能力有限
管理风格	积极主动管理	积极主动管理	提供支持性情景	积极主动并非必要条件
面临的挑战	管理学习的转化和解决自强化惯性	跨单元的协调和管理高层团队的矛盾	管理组织单元内的矛盾	识别适用的领域
代表性研究	Tushm 和 Anderson（1986）	Tushm 和 O'REilly（1986）	Gibson 和 Birk in shaw（2004）	Lavie 和 Rosenkopf（2006）

资料来源：林枫，孙小薇，张雄林，等. 探索性学习—利用性学习平衡研究进展及管理意义［J］. 科学与科学技术管理. 2015（4）：55-63.

第四节　企业家精神

一、创新行为和企业家

理查德·坎蒂隆（Richard Cantillon）在 1730 年出版的著作《商业性质概论》中提出了企业家（Entrepreneur）的概念。坎蒂隆将社会分为两个主要类别——固定收入工薪阶层和非固定收入工薪阶层。根据坎蒂隆的观点，企业家属于非固定收入工薪阶层，他们支付已知的生产成本，但获得不固定的收入，因此坎蒂隆将企业家视作冒险者，而让·巴蒂斯特·萨伊（Jean-Baptiste Say）将企业家视为计划者。

几年之后，亚当·斯密（Adam Smith）在 1776 年出版了发人深省的《国富论》，他在书中清楚地解释了促使面包师提供面包的不是仁慈而是利己主义。从斯密的角度来说，企业家是将需求转化为供给并从中获取利益的经纪代理人。1848 年，著名经济学家约翰·斯图亚特·穆勒（John Stuart Mill）将企业家精神（Entrepreneurship）描述为私营企业的创立。这个概念包括冒险者、决策者和希望通过有限的资源创造新商业项目并从中获取财富的人。

约瑟夫·熊彼特（Joseph Schumpeter）是为数不多的对商业有不同观点的知识分子之一，他将商人比作无名英雄：那些通过他们的意志和想象力的纯粹力量创造新企业的商人们，在这样做的过程中，推动了人类历史上最良性的发展和大众影响力的传播。他曾经观察到："伊丽莎白女王有丝袜，但资本主义的成就通常不在于为女王提供更多的丝袜，而是让工厂里的女孩能接触到这些丝袜，作为他们不断努力的回报——资本主义的进程并不是偶然，而是通过其机制的优点，逐步提高群众的生活标准。"但是，熊彼特认识到，商人通常是无情的强盗大亨，他们沉迷于建造私人王国的梦想，并愿意做任何事情来粉碎他们的竞争对手。20 世纪 30 年代，熊彼特在其著作中明确了"创新"和"企业家精神"之间的联系，他认为企业家精神是影响经济增长的因素。企业家精神的本质是"创新"，"我们将实施的新组合称为企业，而那些实施的人我们称之为企业家"。他认为，创新是经济发展的核心，创新使新企业有机会代替旧企业，但是它也能宣判这些新企业的失败，除非它们能够持续不断地创新。其中最著名的说法是，熊彼特将资本主义比作"具有创造性破坏力的永恒的风暴，那些让这场风暴持续的人正是这些企业家。"他确定了企业家的核心功能，即搬运资源，让资源得到更有效的利用，无论这有多费力。

二、企业家精神

对很多人来说，企业家和企业家精神最恰当的解释是乔治·萧伯纳（George Bernard Shaw）的名言：一个理智的人会让自己去适应这个世界，而一个不理智的人则会坚持尝试让这个世界去适应他。因此，这个世界上所有的进步，都依赖于这些不理智的人。

下面的创新行动捕捉到了作为一位企业家的真正意义。

苹果：把它们卖三次

在爱尔兰都柏林的一个贫困地区，一个 8 岁的小男孩比利会先用 1 先令买一箱苹果，然后在周六下午，当几百人聚集在一起看当地的足球队比赛时将这些苹果卖掉。如果他能卖掉所有的苹果，这 1 先令就能给他带来大量的收益。但是，他的创业技能不止于此。然后，他会把木质的苹果箱搬到体育场，以 1 便士的价格卖给那些坐在后排的观众，以便这些观众站在箱子上能够获得一个更好的视野。当比赛结束的时候，小比利会把这些木箱收集起来，破碎后捆成一捆柴卖掉。

企业家精神可以被描述为企业家承诺建立一家新企业的行动过程。创业是一种具有创造性的活动，能够创造或建立一些以前几乎没有的东西。创业是一种在别人认为的混乱、矛盾、困惑中发现机遇的能力，承担风险，进行商业冒险并获得利益。类似地，企业家是开创这个企业的人，他寻找改变并做出响应。关于企业家的定义有很大的分歧，经济学家认为，企业家和土地、劳动力、资本一起作为生产的四个要素；社会学家则认为，特定的社区和文化能够促进创业。美国经常被认为是一个拥有支持创业的文化的国家。还有一些人认为，企业家是提出有关市场和产品的想法的创新者。简单地说，企业家是能够感知机会、组织机会所需的资源并利用机会的人。

彼得·德鲁克（Peter Drucker）的经典著作《创新与企业家精神》（*Innovation and Entrepreneurship*）在 1985 年首次出版，将创新和企业家精神视为有组织、有目的、系统化的活动。德鲁克认为，"创新是企业家精神的特殊功能"，而企业家"是创造新财富的来源，或是利用现有的资源提高其创造财富的能力的手段"。

德鲁克在这本书中更关注大规模的创业活动，而不是小范围的经营管理。书中反复强调的主题是良好的企业家精神通常是市场导向和市场驱动的。和许多人的观点相反，德鲁克认为，创新并不是受到一个好创意的启发，而是"有组织、系统的、理性的工作"。创新可以被掌握并融入公司或非营利组织中。

正是对个体企业家角色的分析，才将企业家精神和创新管理的研究区分开来。企业家精神的关键是风险以及愿意花时间和金钱来冒险的意愿。霍华德·史蒂文森（1990）在哈佛商学院开始创业教学时，对企业家精神做出如下定义：企业家精神是指在你目前所能控制的资源之外追求机遇。

这个定义同时考虑到个人和个人所处的社会，个人识别出一个可以追求的机会，然后，作为一名企业家必须寻求更广泛的社会资源。史蒂文森认为，创业活动可以和管理者活动区别开来（见表 1-11）。

表 1-11 企业家精神的定义过程

关键商业维度	企业家	管理者
战略导向	被机会的感知所驱动	被当下可掌控的资源所驱动
机会承诺	快速承诺	长期持续的演化
承诺过程	多阶段，每一阶段保持最少的曝光量	单一阶段，对决定完全承诺
资源控制	不定期通过租赁实现对所需资源的利用	对所需资源的拥有或雇佣
管理结构	多个扁平化的非正式网络	正式的等级结构
奖励体系	以价值和团队为基础	以个人资源为基础，促进导向

创新视点 4

"将相本无种，鸿才出少年"三用（创）人才群英会

富士康科技集团是从事电脑、通信、消费电子、数位内容、汽车零组件、通路 6C 产业的高科技企业，拥有超过 100 万员工和全球顶尖 IT 客户群，连续多年雄踞中国大陆出口 200 强榜首。

2015 年，富士康开始举办三用（用对位置、产业、性格）人才群英会，选拔优秀年轻人（35 岁以下，公司年资 2 年以上，考核绩效"优等"），以发现和培养具有企业家精神潜质（创意、创新、创业）的未来接班人。报告人分享自己在集团工作、学习及所见所闻（过去），集团职业生涯发展规划及公司能提供的协助与资源（现在），对未来的创新想法与对自我成为接班人的期许（未来）。该活动每季度举办一次，历时 3 年，选拔了一批年轻人进入董事会办公室和总裁办公室历练，公司期许未来可以培养 1000 名企业家，包括 100 名世界 500 强公司董事长或 CEO。

第五节　智能革命

如果观察近十几年，我们会发现生活发生了巨大的变化：天气变化信息不再依赖每天守时看的电视天气预报，而是随时看手机上精确到小时的气象软件；识别方向不再用纸质地图或指南针，了解交通信息也不再靠交通广播，导航软件不仅能提供路线信息，还能根据实时交通状况及时更新路线；黑胶唱片已经成为怀旧的文艺符号，曾经风靡一时的"随身听"已经停产，取而代之的是个性化的音乐推荐与不断更新的流行曲目推送。我们在脸书（Facebook）或微信（Wechat）朋友圈里建立各种关系，我们的朋友圈就是我们的"虚拟生活"，是现实生活的记录和反映，在物理世界里是不可见的，但却可以得出这个人的生活社群、行为习惯、过往经历等。我们生活中的不同时刻在朋友圈中被记录，其内涵和信息量随着我们的成长得到丰富。在网络世界中，我们可以随时随地追溯自己和朋友的记忆，时间旅行在现实生活中或是天方夜谭，但在网络世界中却可以轻而易举地实现。除了这些"看得到"的联系，在网络世界中还可以根据数据建立基于人与人之间关联性和相似性的 "看不到" 的联系，我们自动被划分为不同的社群，相同社群内部的人由于某些特征的相似性，使其活动具有相互借鉴的意义，从而利用群体的数据对个体的活动进行精准的预测。

谷歌可以从一个人的搜索记录和浏览记录去预测他是否有犯罪倾向，此计划已被列为美国国家安全局的重要反恐手段。亚马逊（Amazon）、天猫（Tmall）、拼多多（PDD）可以根据消费记录对用户的喜好进行预测并精准推送产品广告。同样的，未来的产品如机床、汽车、飞机、船舶等，正如电脑、手机等资讯产品一样，由实体和软体相结合，任何产品都可以存在于虚拟和实体两个世界。虚拟世界代表实体状态和相互关系的模型和运算结果更加精准地指导实体的活动，使实体的活动相互协同、相互优化，实现价值更加高效，准确的传达。显然这一切的变化是第四次工业革命（Fourth Industial Revolution, 4IR，或者称为工业 4.0）的结果。

一、智能化与知识化

1. 智能化

近十年来，围绕智能化（Intelligentization）主题的讨论从来没有停止过，从多年前的物联网、大数据、云计算、工业 4.0、工业互联网等，到 "什么是智能化" "智能化在做什么" "智能化有什么用" 等问题一直是大家思考和热议的话题。

在世界工业变革和中国创业的热潮下，各国都将智能化作为其工业发展的关键，同时各国也在寻求对于智能化的理解，但结果往往都是模糊和抽象的。智能化从字面上可以理解为一种感官描述，直观来说就是用 "物的智慧" 来补充和替代 "人的智慧"，让人觉得 "物" 具备了 "人" 一样的智慧。这也是很多处于实践中的企业都提出的 "只要用户觉得智能就是智能" 的理念。

想要理解 "智能化在做什么"，需要到智能化的内部寻找答案。从各行业的实践中可以看出，智能化是在信息化的基础上，借助数据分析、数据挖掘等创新的智能化技术，从已有的数据和信息基础上挖掘出有价值的知识，并通过在各领域中的应用来创造出更多的价值。即智能化是"数据—信息—知识—价值"（DIKW）的转化过程，在这个转变过程中，数据和信息是信息时代的产物，知识和价值才是智能化时代的关键。因此，智能化的本质就是通过对知识的挖掘、积累、组织和应用，实现知识的成长与增值，这个过程可称为"知识化"（Knowledgeablization）。

智能化是知识化的应用与表征，知识化是智能化的本质与内涵。能够看清楚这一点，对现今社会大量涌现的智能化方面的概念就不难理解。

（1）当"知识化"与装备相结合，就形成智能装备。

（2）当"知识化"与服务相结合，就形成了智能服务。

（3）当"知识化"与产业相结合，就形成了智能产业。

（4）当"知识化"与城市、工厂、社区、医疗相结合，就形成了智能城市、智能工厂、智能社区、智能医疗等。

这些概念恰恰回答了"智能化有什么用"这一问题，即智能化通过知识化的创新应用，将知识切实地转化为社会生产力，进而带动整个国家在经济、社会、军事等领域的转型发展。

2. 知识化

既然知识化是智能化的本质与内涵，那么，知识是什么？怎样实现知识的转化？在哲学中，关于知识的研究称为认识论，而对于"知识是什么"这个问题，在知识论中仍然是一个争论不休的问题。我们尝试从工业领域的角度对知识做出解释。可以被理解为五个"Know"。

（1）知道是什么的知识（Know What），即关于事实方面的知识。

（2）知道为什么的知识（Know Why），即关于原理和规律方面的知识。

（3）知道何时的知识（Know When），即关于时机和趋势方面的知识。

（4）知道怎么做的知识（Know How），即关于技艺和策略方面的知识。

（5）知识是谁的知识（Know Who），即关于人的能力水平方面的知识。

知识并不是独立存在的，就像信息需要一个载体，知识则需要存在于某种 "知识体" 中，且知识体的模式决定了知识应用的效率和价值。其实在自然经济时代、农业经济时代和工业经济时代，知识也是作为生产要素存在的，但因为缺乏革命性的技术支撑，知识大多是以人脑或人的经验为载体，很难实现标准化和规模化的应用，使知识向价值的转化存在效率不高、规模有限等局限性，很难转变为主要社会生产力，因此在整个经济增长中，知识只能处于相对边缘化的状态。当然，还有另一个主要的原因在于以前对知识创造的需求并不迫切。

3. 智能化时代知识的载体转移

可以看到，智能化时代之前知识的载体是人，而在智能化时代，开始让 "物" 学会像 "人" 一样能够自主地发现知识、理解知识和应用知识，即将知识从人的大脑、人的经验等传统载体中，转移到具有更强可操作性和想象空间的机器和计算机等载体中，并在其中实现知识的挖掘、积累、组织、应用等成长与增值行为，从而实现灵活的、标准化的、规模化的知识应用，大大提升知识转化为生产力的效率与能力。

为了实现这种知识在载体之间的转移，机器载体需要具备与人一样的产生知识的智慧，即需要具备以下几个重要的能力。

（1）感知能力。具有能够感知外部世界、获取外部信息的能力，这是产生智能活动的前提条件和必要条件。

（2）记忆和思维能力。能够存储感知到的外部信息及由思维产生的知识，同时能够利用知识对信息进行分析、计算、比较、联想和决策。

（3）学习和自适应能力。通过与环境的相互作用，不断学习和积累知识，使自己的知识和能力不断成长，来适应环境变化。

（4）行为决策能力。即对外界的刺激做出反应，形成决策并传达相应的信息。

二、人工智能的深刻影响

人工智能（Artificial Intelligence，AI）概念的提出，始于 1956 年美国达特茅斯会议。人工智能从诞生至今经历了三次发展浪潮。在前两次浪潮中，由于算法的阶段性突破而达到高潮，之后又由于理论方法缺陷、产业基础不足、场景应用受限等原因而没有达到人们最初的预期，并导致了政策支持和社会资本投入的大幅缩减，从而两次从高潮陷入低谷。近年来，在移动互联网、大数据、超级计算、传感网、脑科学等新理论新技术以及经济社会发展强烈需求的共同驱动下，以深度学习、跨界融合、人机协同、群智开放、自主操控为特征的新一代人工智能技术不断取得新突破，迎来了人工智能的第三次发展浪潮。

1. 人工智能驱动新一轮科技革命

人工智能是当前科技革命的制高点，以智能化的方式广泛联结各领域知识与技术能力，释放科技革命和产业变革积蓄的巨大能量，成为全球科技战的争夺焦点。世界主要发达国家纷纷把发展人工智能作为提升国家竞争力的主要抓手，努力在新一轮国际科技竞争中掌握主导权，围绕基础研发、资源开放、人才培养、公司合作等方面强化部署。例如，美国为人工智能研发投入了大量资金，确保其人工智能在全球的领先地位；英国利用其在计算技术领域的积累，致力于建设世界级人工智能创新中心；日本以建设超智能社会 5.0 为引领，旨在强化其在汽车、机器人等领域全球领先优势。

日本"工匠文化"的核心是人，但是以传统全员生产维护（TPM）和精益管理（Lean Manufacturing）的方式将知识固化在人的身上已经慢慢变得不可持续。一方面，这个过程往往要经历很长的时间，随着新知识产生的速度越来越快，其效率已经受到严峻的挑战；另一方面，以人作为知识的载体，对知识的利用效率非常低，因为人的精力和大规模并行处理多个问题的能力非常有限。最后，人最终是要消失的，很多的知识也会随着人的消失而失去。随着日本老龄化问题愈发严重，尤其是选择制造业的年轻从业者数量急剧下降，日本制造的"工匠文化"可持续性正在面临非常严重的挑战。

而德国的"器匠文化"在利用效率和可复制性方面都胜于"工匠文化"，所以德国的制造系统，能够变成一种产品成为德国出口的重要引擎。但是，"器匠文化"的一个突出弱点是在使用智能装备的过程中，人自身的技能却在慢慢退化。德国的双元制教育模式虽然受到许多国家的推崇，但是在德国内部却越来越少的被年轻人选择，所以德国正在逐渐丧失高水平的工程师和技术人员。现在的德国汽车工厂内，已经有超过一半的工人是移民。以取代人作为结果的"器匠文化"也面临可持续性的挑战。

无论是"工匠"模式还是"器匠"模式，都是为了获得知识。知识的定义是对已发生事情的内在逻辑进行洞察的过程，并能够依此去管理未来相似的事情。在实现知识的自成长过程中，我们仍然要填补一些技术上的缺口，首先是认知科学方面的突破，从算法层面实现比较性学习（Comparative Learning）、竞争性学习（Competitive Learning）与逻辑性学习（Logistic Cognition）的内在机制。其次是要理解知识的本质目的，信息—物理系统（Cyber-Physics System，CPS）在知识管理方面的目的是帮助人而非取代人，在人与人的交互过程中去帮助人获得知识，通过人在回路（Human-in-loop）的方式，使人的智能与机器的智能相互启发地增长，内在是认知学习算法的突破，外在是新的人机交互形式的产生。所以，去评价阿尔法狗（Alpha Go）的成功并不能仅局限在它能够挑战人类，更在于它能够帮助人类在围棋中领会更深的哲学。

2. 人工智能打造经济发展新引擎

当前，以智能家居、智能网联汽车、智能机器人等为代表的人工智能新兴产业加速发展，经济规模不断扩大，正成为带动经济增长的重要引擎。一方面，人工智能驱动产业智能化变革，在数字化、网络化基础上，重塑生产组织方式，优化产业结构，促进传统领域智能化变革，引领产业向价值链高端迈进，全面提升经济发展质量和效益。另一方面，人工智能的普及将推动多行业的创新，大幅提升现有劳动生产率，开辟崭新的经济增长空间。据埃森哲预测，2035 年人工智能将推动我国劳动生产率提高 27%，经济总增加值提升 7.1 万亿美元。

3. 人工智能显著提升社会生活质量

人工智能在教育、医疗、养老等民生服务领域应用广泛，推动服务模式不断创新，服务产品日益优化，创新型智能服务体系逐步形成。在医疗方面，人工智能不断提升医疗水平，特别是在新冠肺炎疫情期间，人工智能在疫情监测、疾病诊断、药物研发等方面发挥了重要作用。在教育方面，人工智能的应用加快了开放灵活的教育体系的建设工作，能够实现因材施教，推动个性化教育发展，进一步促进教育公平和提升教育质量。在养老方面，人工智能在助残养老领域的应用不断丰富和创新，在帮助残疾人和老人提升生活自理能力和尊严感方面发挥重要作用。例如，护理型机器人通过与照护对象进行交互性治疗，可以降低老年人的孤独感，极大地改善老年人的生活。

💡 创新视点 5

从 "AI+" 到 "+AI"：以技术创新重构中国经济

"AI+" 和 "+AI" 区别是什么？在 "AI+" 时代，AI 公司是以技术为主，以天才科学家为核心创业。这类公司非常少，毕竟懂得 AI 的科学家有限，他们被资本追捧，成为第一批 AI 公司。四五年前，随着懂 AI 的人才越来越多，工具也越来越普及，所以更多传统公司开始思考该怎么融入 AI。因此，我们逐渐进入 "+AI" 时代，即传统公司主导的 AI 应用。当然，再过五年，我相信 AI 会进入下一阶段——无处不在。AI 应用会变得越来越简单，传统公司也能够用更简单、更接地气的模式把 AI 引入公司，就像今天的 IT 状态一样。可以看到几个更具体的例子："AI+公司"早期以语音、视觉、芯片等方面为主，而"+AI"公司则聚焦在零售、金融、制造、交通、能源等领域。据普华永道（PWC）预测，人工智能在 2030 年将给世界带来 100 万亿元人民币的经济价值，这些价值将主要由"传统企业 +AI"的模式创造。

为什么"传统企业 +AI"可以创造这么大的价值？有以下几个重要的理由：

第一，传统行业体量大，新增价值更显规模化效应。例如，一家银行或一家造车公司，如果 AI 可以帮助它提升 3%、5% 的效率，产生的价值就已经很巨大了。

第二，传统公司积淀深、门槛高。AI 从业者可能认为技术门槛是最高的，但其实正如前面所说，AI 的门槛已经在逐渐降低。现在，一家银行想融入 AI 变得相对容易，但 AI 公司想做一家银行是非常困难的。

第三，传统行业能带动技术升级的生态链裂变。传统行业已经形成规模化的上下游生态，技术变革将牵动整个生态链价值提升，带来裂变效应。

第四，传统公司转型需求各异，定制化程度高。AI 虽然强大，但普及性有限，目前并没有 AI 能成为一个平台直接拿来使用。每一家企业都需要根据自身需求进行相当高程度的定制化，比如，有些独特的数据需要收集、清理，有的公司可能要增加更多传感器。

今天中国面临一个非常重要的时刻，传统行业面临很多挑战，特别需要降本增效。作为世界的制造大国，我们现在面临着人力成本越来越高、生产力和效率不足、人口与全要素生产率下降的问题，使中小企业生存不易。我们虽然有发达的前端，消费者界面的效率得以大幅提高，但后端依然落后，效率欠缺，与发达的前端极不匹配。还有很多线下商业业态落后，中国目前仍然有 700 万家传统的"夫妻店"。很多传统行业亟待提升效率，如教育、医疗，而人工智能可以做到。

从产业发展的角度来说，过去 10 年巨大的价值创造，主要来源于前端创新。而未来 10 年，我们看到的最大机会是传统行业的"+AI"赋能，效率提升。此外，还有两个因素让我们看好"+AI"：第一，新冠肺炎疫情对世界是个灾难，但它改变了我们的使用习惯，让更多的业务从线下转移到线上，加速了 AI 的落地。第二，新基建传统企业拥抱 AI 需要在计算、通信、数据方面都有非常好的基础，数据中心、5G、IOT、大数据都是非常重要的基础设施。所以，我们相信"+AI"在新基建之下，对重构、提升中国经济将扮演一个重要的角色。

资料来源：改编自李开复（创新工场董事长兼首席执行官）2020 世界人工智能大会云端峰会主题演讲。

三、智能化时代的创新价值链

1. 工业革命时代的价值链

从上游到下游，工业生产系统的价值链（Value Chain）关系依次是设计创新与需求创造、原材料与基础赋能技术、关键装备与核心零部件、生产过程与生产系统、产品和服务。这样的价值链是由第二次工业革命后的分工体系所决定的，并一直延续至今。

这种价值链关系下的生产系统以产品的买卖关系为主，并由最终用户对产品的需求状态决定价值链的话语权。客户对产品的需求所遵循的规律通常是"从无到有"（From Zero to One），然后"从有到精"（From A to Extract），最终到需求饱和的过程。在"从无到有"的过程中，价值链上的各个角色在分享市场红利的同时，也以产能的制约因素决定话语权。在"从有到精"的过程中，价值链上各个角色的市场红利受到挤压，由技术积累形成的竞争优势（Competitive Advantage）差异开始显现，以质量和成本的制约因素决定话语权。而当整个市场对某个特定的需求达到饱和时，整个价值链都将会受到冲击，终端客户的价格压力将会一层一层地传递到产业链的上游，话语权的掌控者能够定义客户新需求，也能够为客户创造价值，同时还能分享红利给服务提供商。

在传统的价值链关系下，价值链上的各个角色存在着对利益追逐的根本矛盾。在经济快速增长期，制造企业和用户企业之间的矛盾会被大量的订单和充裕的现金流掩盖，随着产品与市场的成熟，市场经济增速放缓，二者之间的矛盾会日趋显著。在市场压力和资金压力下，制造企业势必会采取生产线升级、管理系统信息化等措施提高生产效率，降低生产成本。然而，无论设备制造企业如何提升制造端的智能化，其成本最终会转移给客户，对于现金流同样紧张的用户企业来说，任何上游生产要素的投入都会产生成本，也会向下传递到用户企业从而增加他们的成本。而对于用户来说，对价格的期望永远是越低越好，当最终用户向制造商提出降价要求时，这个要求会一层层地传递给产业链的上游，彼此在相互挤压价值空间后形成新的妥协。在这种价值链关系下，"智能制造"（Intelligent Manufacture）都不应该成为最终目的。如何为用户创造新的需求和价值才是目的。用户不会因为一辆汽车是智能工厂生产就会去为多余的价格买单，他们关注的是性能、质量、时尚、安全和舒适，还有更重要的如 "无忧驾驶" 这些不可见的价值空间。

以往面向用户提供售后市场服务的角色，主要是产品的原始设备制造商（OEM），提供的服务大多集中在设备应用场景的解决方案和维护方面，且越接近价值链的上游，为最终用户服务的机会就越少，造成这种现象最主要的原因是产业链的上下游信息不对称，越是上游的角色为最终用户提供知识服务的成本也就越高，其最大的成本来自信息成本和渠道成本。而智能化能够将整个价值链上的各环节衔接，使位于产业链之间的协作成本大幅降低。未来的新型产业链关系不再仅仅是制造一个产品，而是集合整个产业链的知识为最终用户提供增值服务，通过提供服务的方式参与到用户企业的使用场景中，解决用户使用场景中的隐形风险、浪费和焦虑，共创业态融合的分享型价值链关系（Shared Value Chain）。

2. 智能革命时代的价值链变化

智能化时代的新型价值链关系如图 1-11 所示。

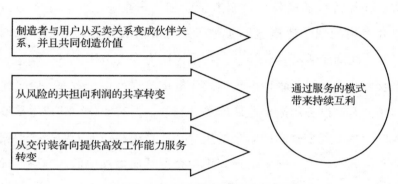

制造者与用户从买卖关系变成伙伴关系，并且共同创造价值

从风险的共担向利润的共享转变

从交付装备向提供高效工作能力服务转变

通过服务的模式带来持续互利

图 1-11　智能化时代的新型价值链关系

这种新型价值链关系更加具有可持续性（Sustainability），因为在以往的模式下，卖产品只能赚一次钱，对产品的需求一旦开始减少，价值链上的各个环节都会受到损失，各方为了保证自己的利益最大化，都会想方设法挤压上下游的价值空间；而在分享型价值链关系下，只要用户仍然使用产品，价值服务（Value Service）所带来的收入就会源源不断，而价值链上各个角色的关系，也会变成以提升用户价值为导向的紧密合作与价值共享（Value sharing）。这种分享型价值链也决定了知识作为生产要素的边际生产力，如何实现知识要素高效率和规模化的利用，也是智能制造所面临的新要求和新挑战。

如果智能制造能够成为新工业革命的赋能技术，必须满足以下两个要求：

（1）提升知识作为核心生产要素的边际生产力（Marginal Productivity），使知识的产生、利用和传承过程中的效率和规模得到跨越性提升。

（2）重新优化生产组织要素的价值链关系，使整个产业链中的各个环节围绕最终用户的价值并以高效的协同方式为其提供服务。

总体来说，智能制造需要重新定义生产要素的价值，在解释智能制造如何实现过程之前，我们以了解产品价值的本质作为切入点。

任何工业产品的价值都可以从两个方面去理解：作为生产要素的价值和作为消费品的价值。两者虽然都需要通过买卖关系才能实现其自身价值的转换，但两者在买卖结束后所起的作用却是不一样的。对于消费者来说，用户得到产品以后就进入了该产品的消费环节，通过消费该产品满足其特定需求的程度就是其消费价值。而将产品当作生产要素的用户不是把生产要素用来消费的，而是将其投入生产过程中；同时，生产要素在进入生产过程之前仅仅是可能的生产能力，只有在它们进入生产过程中并与其他生产要素协作进行生产活动，创造了产品和服务之后，才变为现实的生产价值。也只有在此时，生产要素才能体现其价值，生产要素的所有者才能获得相应的收入。因此，生产要素所有者所获得的价值决定了生产要素的价值。

人类社会在经历了 200 多年的科技革命后，已经积累了巨大的存量，工业的基础设施和大量基本生产要素，如机床、电力设施、动力设施、制造装备、交通装备等需求都已趋于饱和。以德国为例，其工业出口产值从 2006 年开始已经连续 15 年没有增长，根本原因就在于发展中国家已逐渐完成工业化升级，对工业装备的需求已经基本饱和。同样意识到这个问题的还有美国通用电气公司（GE），它们意识到装备销售过程中的获利远远不及在产品使用过程中的价值服务，客户需要的价值也远不止对产品状态的保持，更在于如何去使用这些能力来实现更高效的价值再创造。

在对存量能力的应用中，起关键作用（Key Effect）的就是知识和经验。使用同样的机床，有些企业能够以很低的成本生产精密度很高的产品，而有的企业却不能，所以受到的限制并不在于可见的功能，而在于不可见的知识因素。传统对知识的消费模式（Consumption Model）主要有两种方式：一种是将知识固化到设计、控制、专家系统（Expert System）和管理制度中，这种模式的问题在于从知识产生到投入生产的周期非常长，且迭代的灵活性不足，难以适应当今复杂动态的工业环境；另一种是以人作为知识服务的载体，熟练的技工、远程专家诊断（Telemedicine）和专家咨询服务等都是这类模式，虽然能够满足灵活性要求，但是效率非常低。

以知识为核心使生产要素发挥最大的能力，归根结底是在精准的状态评估前提下，对管理和控制活动进行实时的决策优化，并协同和调度相关的活动参与者，进行高效率执行的过程。

其中的三个关键词分别是"状态评估""决策优化"和"协同执行"，也是实现上述能力中最大的挑战。

（1）状态评估（Condition Assessment）。要了解活动相关的个体和环境的实时状态，其中许多状态是不可测量，需要利用建模的手段从可测的相关参数中进行预测，更重要的是还要对个体之间的相互影响关系进行精准的评估和预测。

（2）决策优化（Decision Optimization）。要在精准掌握状态的基础上，对各种决策所带来的影响进行精准的分析推演，并在多目标并存的环境下充分考虑之间的交换，以实现整体目标的最大化价值。

（3）协同执行（Collaborative Execution）。现有的工业系统将主要精力放在以信息驱动执行的协同上面，于是有很多的成本投入到数字系统、信息渠道、管理系统和控制系统上。但是，进行状态评估和决策优化的主体依然是人，这些执行协同系统只能够按照特定的模式和规则，或是按照人的指令执行。这里所说的决策是一个非常广义的概念，大到一个公司战略的决策，小到一个工人对某一个参数的调整，各种决策无时无刻不发生在生产系统中。于是又产生了一个新的挑战，即受制于对状态评估精准性的限制，以及对多维信息源和多决策目标分析复杂度的处理能力不足，人的决策在最优性和实时性方面都难以适应工业系统的复杂度和动态性要求。

然而，一些新技术的产生为解决这个挑战带来了新的机会。首先，物联网（IoT）和先进传感技术（Advanced Sensing Technology）的普及，使原本相互独立的装备和个体连接起来，获取信息的广度、深度和及时性已经不再是难题，更重要的是数据的获取变得低成本且简单。于是，大数据（Big Data）环境在工业系统中开始逐渐形成，在这些数据中隐藏着丰富的隐匿性问题的线索，如经历数十万次在各种环境下进行操作行为的飞机发动机，它的数据中蕴藏着发动机油耗效率与环境参数、状态参数和操作参数之间的关系。在对这些相关性进行充分挖掘和建模后，就能够对油耗进行更加科学和透明化的管理。

这些技术也使人类获取知识的途径产生了革命性的变化。过去，人们去理解物理世界规律的方式是首先提出假设，然后从理论进行论证，再通过大量实验进行验证，最后对其中普遍的规律和限制进行总结，这样才能够获取被认为是可用的知识。从 18 世纪的欧洲文艺复兴开始，这一套理解事物和获取知识的方式已经统治了学术界和工业界 300 年之久。然而，物联网和大数据环境为我们获取知识提供了一个新的途径，即每一次的使用对我们来说都是一次有价值的实验，实验的环境也从实验室移到了真实世界中，我们可以充分地认可和拥抱世界的多元性、丰富性和不确定性，因此并不需要去追求普适和确切性的结论，更重要的是以目的和价值为导向，每一次的使用都成为对工业系统认知和经验的一次正向反馈。在过去的几十年中，人类一直在追求具备人脑认知和计算能力的技术，深度学习神经网络（Deep Learning Neural Network）和认知计算（Cognitive Computing）等算法框架从 20 世纪 70 年代就已经提出，但在当时却找不到能够达到其运算性能要求的计算器。现在计算器的计算能力不但得到了大幅度提升，云计算（Cloud Computing）和边缘计算（Edge Computing）等丰富的架构形式也增加了计算资源使用的灵活性，如图 1-12 所示。在这些条件下，融合了网络通信、大数据环境、云计算和管理控制的智能革命就有可能去辅助甚至代替人成为精准状态评估和优化决策的主体。在这种情况下，制造企业才能够面向最广大的用户，尤其是中小企业用户，可以以较低成本提供与大企业相同的定制化服务。

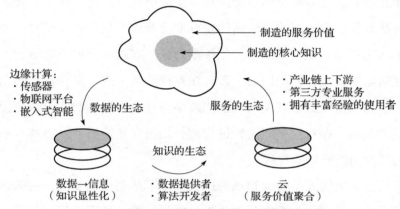

图 1-12　云 + 边缘计算：构建制造价值转型的三个生态

资料来源：李杰. 工业大数据：工业 4.0 时代的工业转型与价值创造［M］. 北京：机械工业出版社，2015.

智能革命是互联网和新一代信息通信技术与现代工业技术深度融合所形成的产业和应用生态。其本质是以机器、原材料、控制系统、信息系统、产品以及人之间的网络互连为基础，通过对工业数据的全面深度感知、实时传输交换、快速计算处理和高级建模分析，实现智能控制、运营优化和生产组织方式变革。

智能革命与制造业的融合将带来三方面的智能化提升：一是智能化生产（Intelligent Production），即实现从单个机器到产线、车间乃至整个工厂的智能决策和动态优化，显著提升全流程生产效率、提高品质、降低成本。二是网络化协同（Networked Collaboration），即形成众包众创、协同设计、协同制造、垂直电商等一系列新模式，大幅度降低新产品开发、制造成本，缩短新产品上市周期。三是个性化定制（Personalized Customization），即基于互联网获取用户个性化需求，通过对产品运行的实时监测，提供远程维护、故障预测、性能优化等一系列服务，并反馈优化产品设计，实现企业服务化转型。

智能革命驱动的制造业变革将是一个长期过程，构建新的工业生产模式、资源组织方式也并非一蹴而就，将由局部到整体、由浅入深，最终实现信息通信技术在工业全要素、全领域、全产业链、全价值链的深度融合与集成应用。

⊙ 创新视点 6

尚品宅配的创新矩阵

尚品宅配是国内第一家采用数字科技为用户提供定制化家居服务的公司。尚品宅配将实体的卖场搬到了网上，并且通过数字技术将顾客"家的空间"也搬到了网上，用户可以在高度仿真的 3D 成像技术的帮助下选择不同的家具摆放在"虚拟的家"中，挑选符合自己生活哲学和品位的搭配风格。尚品宅配为用户提供服务的方式也是多种多样的。第一种方案是用户在网上预约，由服务人员上门测量尺寸并设计解决方案，设计人员会根据所采集的数据建立房屋空间的立体模型。随后用户可以到体验门店在自己的房屋模型中放入虚拟的家具，从而感受不同风格和不同布置下的效果，用户也可以选择设计师推荐的设计方案。在完成在线的设计后，用户可以立即在线下单，订单立刻传送到工厂开始生产，用户还可以在线跟踪生产进度和修改订单，真正做到从测量、设计、生产到布置的完全定制化解决方案。第二种方案是用户可以下载"我家我设计"APP，利用手机测量房间尺寸后快速绘制出自家的平面户型图，软件随后自动生成家居的三维立体环境，用户可以轻松选用海量家具建材，在立体环境中进行虚拟装修和在线下单。如果用户想偷懒，尚品宅配还提供上百个房间的经典户型图供用户选择。第三种方案是在线寻找设计师帮用户完成新家的定制，在报名成功后将自动生成需求点，用户可以解说需要的设计要求并上传户型图，然后设计师会在线与顾客沟通共同制定设计方案，三个工作日后一个完整的方案就会提供给用户，待用户确认后即可由设计师完成网上下单。

使用这样的方式，尚品宅配消减了昂贵的卖场租赁和管理费用，将库存基本降到了零，用最小的成本提供了居家体验，并且最大限度地满足了用户的定制化需求。除此之外，每一个用户都为尚品宅配贡献了一份设计方案和数据，从这些数据中进行深度挖掘就可以更好地了解用户的不同需求，从而为未来的用户提供更加精准的服务。尚品宅配的创新矩阵如图1-13 所示。

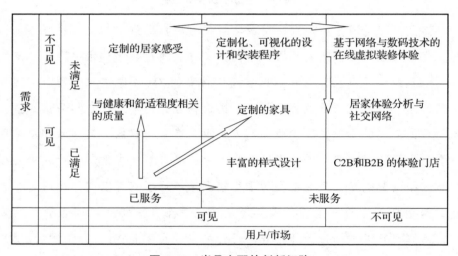

图 1-13 尚品宅配的创新矩阵

从冰山理论来看，产品所创造出来的商机，其实只是浮出水面的冰山一角而已，隐藏在水面下的、来自服务所带来的商机才是无穷庞大的。过去制造业习惯以产品制造导向看市场变化，现在必须反过来，制造出以客户需求为导向的产品，才能支配市场；未来谁能从硬件转移至软件、将数据转化成信息、将销售产品转换成销售服务，谁就会是下一波市场的赢家。

对于企业而言，转型提供服务化产品不是凭空跳跃的改变，而是以自己现有的核心产品与技术为中心，向外延伸相关配套服务。必须建立在顾客的立场思考才能设计出具有商业价值的产品和服务的理念；同时为了提高同行的进入障碍，创新技术与企业管理的规划亦不可忽略。随着科技的快速发展，企业及社会整体已从机械化、自动化的年代进入数字化、智能化的年代，企业所能提供的产品亦将不再是一个单纯的、孤立的商品，而是会与外部信息连接的智能产品和服务组合。

资料来源：改编自杨汉录等. 工业互联网转型与升级 [M]. 厦门：厦门大学出版社，2020.

章末案例

苹果是如何组织创新的？

苹果公司以其在硬件、软件和服务方面的创新而闻名。苹果公司从 1997 年史蒂夫·乔布斯（Steve Jobs）回归时的约 8000 名员工和 70 亿美元收入增长到 2019 年的 13.7 万名员工和 2600 亿美元收入。然而，在公司创新成功中发挥关键作用的组织设计和相关的领导模式，却较少为人所知。

当乔布斯回归苹果公司的时候，公司的规模和范围都是传统的结构，它被划分为若干事业部，每个事业部都对自己的损益负责。事业部总经理管理着麦金塔（Mac）产品、信息设备和服务器产品等部门。分散的事业部经理常常倾向于相互争斗，尤其是在转让价格上。乔布斯认为传统的管理方式扼杀了创新，在重返首席执行官（CEO）岗位的第一年，一天之内就解雇了所有事业部总经理，将整个公司置于一个损益表之下，并将分散在各事业部相同的职能部门合并为一个职能组织（Functional Organization）。

对于当时这样规模的苹果公司来说，采用单一职能型组织结构或许并不令人意外。事实上，令人惊讶的是，现在苹果公司的收入已经是 1998

年的近 40 倍，公司组织结构也比 1998 年复杂得多，但苹果公司仍然保留了单一职能型组织结构的传统，高级副总裁只负责部门职能，而不是产品。与乔布斯之前的情况一样，现任 CEO 蒂姆·库克保留了这一传统，在苹果公司的设计、工程、运营、营销和零售等主要产品的组织结构图上占据了唯一的位置。实际上，除了 CEO，苹果公司没有传统意义上的总经理：控制着从产品开发到销售的整个过程，并根据损益表进行判断。

苹果公司致力于单一职能型组织并不意味着它的结构保持不变。随着人工智能和其他新领域重要性的增加，公司组织结构已经发生了变化。在这里，我们将讨论苹果独特而又不断演进发展的组织模式，在创新方面的好处和领导能力方面的挑战，这对于想要更好地理解"如何在快速变化的环境中取得成功"的个人和公司来说，是大有裨益的。

1. 为什么是单一职能型组织

苹果公司的宗旨是创造丰富人们日常生活的产品。不仅包括开发全新的产品类别，如 iPhone 和 Apple Watch，还包括在这些产品类别内不断地创新。也许没有什么产品功能能比 iPhone 的相机更能体现苹果对持续创新的承诺了，在 2007 年的新产品发布活动上，史蒂夫·乔布斯只花了 6 秒钟介绍相机，此后，iPhone 相机技术不断创新：高动态范围成像（2010 年）、全景照片（2012 年）、双闪（2013 年）、光学防抖（2015 年）、双镜头相机（2016 年）、人像模式（2016 年）、人像照明（2017 年）和夜间模式（2019 年）。

2. 苹果公司的领导人需要有深厚的专业知识、专注细节和合作性争论

苹果公司凭借专业知识为中心的功能型结构，持续创新的基本信念是在某领域拥有最多专业知识和经验的人应该拥有该领域的决策权。这基于两个想法：首先，在技术变革频繁和高颠覆性的市场竞争中，苹果必须依

靠对颠覆性技术有深入理解的人的判断和直觉。早在市场反馈和市场预测之前，公司就必须押注哪些技术和设计可能会在智能手机、电脑等领域取得成功，依靠技术专家而不是总经理，大大增加了投资成功的概率。其次，如果评判投资和领导力的首要标准是短期利润和成本目标，那么苹果给客户提供最好产品的承诺就会打折扣。值得注意的是，高级研发主管的奖金是基于全公司的业绩，而不是特定产品的成本或收入。因此，在某种程度上，产品决策不受短期财务压力的影响。财务团队不参与工程团队的产品路标（Road Map）会议，而工程团队不参与定价决策。

我们并不是说苹果公司在决定采用何种技术和产品时没有考虑成本和收入。一般公司以总成本和目标价格权衡产品的设计和工程，而苹果公司的研发领导者权衡产品的功能和成本。

在一个职能型组织中，个人和团队的声誉是一场赌局的控制机制（Control Mechanism）。2016 年，苹果决定在 iPhone7 Plus 中引入双镜头（Dual-lens Camera）拍照模式，相机成本对用户的影响相当大，这是一个巨大的赌注。一位高管告诉我们，资深领导者保罗·胡贝尔（Paul Hubel）发挥了核心作用，"超越了他的滑雪板"（Out Over His Skis），也就是说，他和他的团队正在冒一个极大的风险：如果用户不愿意为更好的镜头支付溢价，这个团队下次提出一个昂贵的产品功能特性或升级时，其先前建立的用户信誉将很可能所剩无几。双镜头创新成为 iPhone7 Plus 成功的标志性特性，也成功地提升了胡贝尔和团队的声誉。

当领导者是在自己领域有深厚专业知识的人，而不是只对会议数字目标负责的总经理时，就更容易在成本和用户体验的增值之间取得平衡。一般事业部结构的基本原则是责任和成本控制相一致，而单一职能型组织的基本原则是专业知识和决策权相一致。因此，苹果公司的组织方式和它的创新之间的联系是显而易见的，正如钱德勒的著名论断，"结构遵循战略"（Structure Follows Strategy）——苹果公司并没有如他所预期那样，采用多元化职能公司结构。

现在让我们关注建立在单一职能组织结构基础之上的苹果公司领导模式。自从史蒂夫·乔布斯实施了单一职能型组织以来，从高级副总裁到各层级管理者，一直都被要求具备三个关键的领导特质：深厚的专业知识（Deep Expertise），能够有意义地参与到各自职能范围内的所有工作中；专注细节（Immersion in the Details）；善于合作的集体决策（Willingness to Collaboratively Debate）。当管理者具备这些特质时，最有资格的人就能以适当的方式做出决策。

3. 深厚的专业知识（Deep Expertise）

苹果不是由总经理监督管理者的公司，相反，它是一家专家领导专家的公司。其假设前提是，把一个专家培养成管理者比把一个管理者培养成为专家更容易。在苹果，硬件专家管理硬件，软件专家管理软件等（偏离这一原则的情况很少），领域专业化这种管理方法深入各层级组织。苹果的领导者相信，在某一领域的世界级的人才愿意为该领域的世界级的人才工作，并与之共事。这就像加入一个运动队，你可以向最好的球员学习，也可以和最好的球员一起打球。

早期，史蒂夫·乔布斯接受了苹果公司的管理者（应该是专业领域的专家）的观点。在 1984 年的一次采访中，他说："苹果公司经历了艰辛探索的阶段，我们想走出去，哦，我们要成为一家大公司，让我们雇用专业的管理人员吧。我们雇用了一群专业的管理人员，这根本对公司无用……他们知道如何管理，但他们不知道如何做事。如果你是一个能人，为什么要为一个你无法从他身上学到东西的人工作呢？你知道令人兴奋的事情是什么吗？你知道谁是最好的经理吗？他们是伟大的个体贡献者，从来不想成为一名经理，但决定自己必须成为……因为其他人不会……做得像他们一样好。"

最近的一个例子就是苹果公司软件应用业务的负责人罗杰·罗斯纳（Roger Rosner），该业务包括文字处理（Pages）、电子表格（Numbers）、演示文稿（Keynote）、作曲（Garage Band））、电影编辑（iMovie）和提供新闻内容的应用（News）等提升工作效率的应用（Apps）。罗斯纳曾在卡耐基梅隆大学学习电子工程，2001 年加入苹果公司，担任高级工程经理，后来成为 iWork 应用软件的总监、生产力应用软件的副总裁，2013年开始担任应用软件副总裁。罗斯纳是专家的典型代表，他以前在几家较小的软件公司担任工程总监，从多年的工作经验中获得了深厚的专业知识。

在单一职能型组织中，专家领导专家意味着专家们在一个特定的领域，创造了一个相互学习的广阔的空间。例如，苹果的 600 多名镜头硬件技术专家，组成了一个由镜头专家格雷厄姆·汤森（Graham Townsend）领导的团队。由于 iPhone、iPad、笔记本电脑和台式电脑都包含镜头，如果苹果公司按各业单元分割，这些专家将分散在各个产品线中，这将稀释他们的集体专长，降低解决问题、改进和创新的能力。

4. 专注细节（Immersion in the Details）

融入苹果公司文化的一条原则是"领导者应该了解其所负责领域下三阶的细节"，因为这对于高层快速有效地跨职能决策至关重要。如果经理们参加决策会议时没有掌握细节，那么决策要么在没有细节的情况下做出，要么推迟。经理们常常向高层领导讲述他们的战斗故事，而高层则深究电子表格、代码行或产品测试结果中的细节。

当然，许多公司的领导也坚持认为，他们和团队都专注于细节，但很少有公司能与苹果匹敌。

想想苹果的高层领导是如何极度关注产品圆角的切线的形状的。圆角的标准方法是使用圆弧连接一个矩形物体的垂直边，这样会产生从直线到曲线的有点突兀的过渡。相比之下，苹果的领导人坚持使用连续的曲线，这导致了一种被设计界称为"蠕动"（Squircle）的形状：斜边开始得更快，但不那么突兀，没有曲率突变的硬件产品的优点是它能产生更柔和的高光

（也就是说，光线在角落的反射几乎没有跳跃）。两者之间的差别非常微细，执行起来也并非仅仅是一个复杂的数学公式。它要求苹果公司的运营领导必须以极其精确的公差来生产数以百万计的 iPhone 和其他具镜面反光的产品。这种对细节的深度专注不仅仅是对低层人员的要求，更是对管理层的核心要求。

拥有各自领域的专家，能够深入钻研细节的领导者，对苹果的运营有着深远的影响。领导者可以推动、探究和"嗅出"一个问题，他们知道哪些细节是重要的，应该把注意力集中在哪里。苹果公司的许多人认为，与专家共事和谐融洽，甚至令人兴奋，因为专家们能提供比总经理更好的指导，所有人都能在自己选定的领域里努力，做好自己毕生引以为傲的工作。

5. 善于合作的争论（Willingness to Collaboratively Debate）

苹果公司有数百个专业团队，即使是新产品的一个关键零件，也可能需要几十个团队。例如，具有人像模式的双镜头需要不少于 40 个专业团队的合作：芯片设计、镜头软件、可靠性工程、运动传感器、视频工程和镜头传感器设计等。苹果究竟是如何开发和销售这种需要高度合作的产品的呢？答案是合作性争论。由于没有任何职能部门单独面对产品或服务，因此跨职能合作是至关重要的。

当争论陷入僵局时（有些人不可避免地会出现这种情况），更高级别的高级副总裁或者总裁就会参与进来打破僵局。即使是最优秀的领导者，在对细节足够关注的前提下快速地完成工作也是一项挑战。因此，从拥有苹果运营经验的候选人中补充许多高级职位（包括副总裁），就显得尤为重要。

然而，考虑到苹果的规模和管理的幅度，即使是管理团队也只能解决有限数量的问题。副总裁和总监级别以下的许多无效横向沟通，不仅可能破坏特定项目，而且有可能冲击整个公司。自然地，团队必须高效合作，充分发挥职能型组织的作用和主导地位。

这并不意味着人们不能表达自己的观点，领导者应该持有强有力的、有根据的观点。但当有证据表明他人的观点更好时，领导者也愿意改变自己的想法，当然，这样做并不容易。一个领导者必须树立忠诚和开放的心态：深刻的理解和忠诚于公司的价值观和共同的目标，并承诺披荆斩棘，勇往直前。

iPhone 人像模式（Portrait Mode）的案例充分说明了领导层对细节的密切关注、团队之间激烈的合作性争论，以及经最终争论解决问题并形成共同目标的力量。2009 年，胡贝尔想出了一个点子，想要开发一种 iPhone 的功能，可以让人们用"焦景"（withbokeh，日语术语，指令人愉悦的背景模糊）拍摄人像照片，摄影专家通常认为这已是最高质量的照片。当时只有昂贵的单反相机才能拍出这样的效果，但胡贝尔认为，凭借双镜头设计和先进的算法技术，苹果公司可以在 iPhone 上增加这一功能，他的想法很好地契合了摄影团队的既定目标："更多的人在更多的时间拍出更好的照片。"

当团队努力将这个想法变成现实时，几个挑战出现了。第一次尝试产生了一些令人惊叹的人像照片，但也出现了一些"失败案例"，即算法无法区分凸出轮廓的中心物体（如一张脸）和模糊的背景。例如，如果要拍摄铁丝网后面一个人的脸，就不可能构造一个算法来捕捉到前面的铁丝网与人脸具有相同的清晰度，而旁边的铁丝会像背景一样模糊。有人可能会说，"谁在乎铁丝网这个案子？"但是对苹果公司团队来说，会产生这种想法的人是极其罕见的，回避罕见或极端的情况——工程师们称之为"角落案例"（Corner Cases）——将违反苹果严格的零"人造产品"（Zero Artifacts）的工程标准，指的是"在数字化过程中由相关技术引入的任何不希望或无意义的数据更改"。传感器软件和用户体验部的副总裁米拉·哈格蒂（Myra Haggerty）曾监督制件（Firmware，介于软件与硬件之间）和算法团队，她回忆说，"极端情况引发了镜头团队和其他相关团队之间的许多激烈争论"。镜头软件团队最终向副总裁麦斯汇报，他决定将该特性的发布推迟到次年，以便给团队时间来更好地处理失败案例——胡贝尔承认"这是一个艰难的决定"。

为了在质量标准上达成一致，工程团队邀请了高级设计师和营销领导来交流。设计师和营销领导们带来了意外的艺术灵感，他们问道："怎样才能画出一幅美丽的肖像画？"为了重新评估零"人造产品"的标准，他们收集了著名的肖像摄影师的照片。他们注意到，这些照片通常脸部边缘模糊，但眼睛清晰。因此，他们要求算法团队达到同样的效果。当团队成功的时候，他们知道有了一个可接受的标准。

另一个问题是，在模糊背景下预览人像照片的功能。镜头团队设计的功能是方便用户能看到拍照后修饰的照片，但是人机接口（Human Interface）设计团队却坚持用户应该能够看到一个"实时预览"和拍照前如何调整预设照片的参数。人机接口团队的成员约翰尼·曼日瑞（Johnnie Manzari）给镜头团队做了一个演示。"当我们看到演示时，我们意识到这就是我们需要做的"，汤森（Townsend）告诉我们，他的镜头硬件团队的成员不确定他们能否做到这一点，但困难并不是不能提供良好用户体验的借口。经过几个月的努力，一个关键的利益相关者——视频工程团队（负责控制传感器和镜头操作的低阶软件）找到了一种方法，双方的合作终见成效。人像模式是苹果 iPhone 7 Plus 营销的核心卖点，事实证明，这是用户选择购买并乐于使用手机的主要原因。

正如这个例子所显示的，苹果的合作性争论涉及不同功能部门的人，他们可能不同意、推托或拒绝，在彼此不同想法的基础上提出最佳的解决方案。这需要高层领导开放的心态，也需要领导者激励或影响其他领域的同事，为实现共同目标做出贡献。

虽然汤森对相机的出色表现负有责任，但他还需要负责几十个其他团队——每个团队都有一长串自己的任务——为人像模式项目贡献他们的时间和精力。这就是苹果闻名的责任制原则（Accountability without

Control）：即使你不能管控其他团队，其他团队也有责任让项目成功。这个过程可能会混乱，但会产生很好的结果。就像人像模式项目一样，当不同的团队为了一个共同的目的而工作时，就会出现 "良性混乱"（Good Mess）。当团队把自己的日程安排凌驾于共同目标之上时，就会发生 "恶性混乱"（Bad Mess）。如果产生了 "恶性混乱" 的事情，没有或不能改变自己行为的领导者将会从岗位上除名或被迫离开公司。

随着公司进入新的市场，进入新的技术领域，公司组织的职能结构和领导模式已经演进。如何建立各领域的专业知识，最好地实现合作和快速决策，一直是首席执行官的重要职责。蒂姆·库克（Tim Cook）近年来实施的调整包括将硬件功能领域划分为硬件工程和硬件技术功能领域、增加人工智能和机器学习的功能领域、将人机界面从软件中移出并与工业设计融合，创造一个集成的设计功能。

组织增长带来的另一个挑战是高层执行团队面对的数百名副总裁和总监的压力。适应组织的规模和管理的幅度，苹果需要提拔足够多的管理层来掌控细节，但管理层数量的巨量扩张，会使营运良好的合作无法保持下去。

意识到这个问题后，苹果一直严格限制高级职位的数量，以尽量减少跨功能活动中必须涉及的高管数量。2006 年，也就是 iPhone 发布的前一年，该公司有 1.7 万名员工；到 2019 年，这个数字增长了 8 倍多，达到 13.7 万名员工。与此同时，副总裁的数量几乎翻了一番，从 50 人增加到了 96 人。不可避免的是，高管领导着更大、更多样化的专家团队，意味着需要监管更多细节和核心专业知识之外的新领域。

在过去 5 年左右的时间里，许多苹果经理一直在演进上述领导方式：专家领导专家、专注细节，以及合作性争论。我们采纳并概括为自由支配型领导模式（Discretionary Leadership），并将其纳入了苹果副总裁和总监的一个新的教育项目，其目的是在一个更大的范围内解决此挑战性问题，让这种领导模式在公司的所有领域推动创新，而不仅仅是产品开发。

在苹果公司规模较小时，期望领导者成为专家并专注于组织内几乎所有事情的细节可能是合理的。然而，现在需要训练他们将自己的时间和精力花在何处和如何行使更大的自由支配权。他们必须决定哪些活动需要充分专注细节，因为这些活动为苹果创造了最大的价值。其中一些活动属于他们现有的核心专业知识（仍然需要学习），而另一些属于需要学习的新领域的专业知识。那些需要领导者较少关注的活动可以由他人代理（领导者既可以教导别人，也可以委派别人，如果领导者不是专家的话）。

应用程序副总裁罗斯纳（Rosner）提供了一个很好的例子。与其他许多苹果的经理一样，他不得不应对苹果公司的巨大增长带来的三项挑战。首先，在过去 10 年里，无论是员工总数（从 150 人增加到大约 1000 人），还是他正在负责进行的项目数量，都出现了爆炸式增长。显然，他不可能深入研究所有项目的所有细节。其次，他所负责的组织功能组合的范围已经扩大：在过去的 10 年里，他被赋予新的职责，包括新闻、剪辑（视频编辑）、书籍和 Final Cut Pro（高级视频编辑）领域。尽管应用程序是他的核心专业领域，但在其他的一些方面，包括新闻编辑内容、图书出版如何运作以及视频编辑他并不是专家。最后，随着苹果产品组合和项目数量的扩大，需要更多不同功能组织的协调，这大大增加了多部门跨组织协作的复杂性。例如，罗斯纳负责新闻部门的工程方面，而其他的管理者则监管依赖于该工程的操作系统、内容以及与内容创建者（如《纽约时报》）和广告商的商业关系。为了应对这一切，罗斯纳已经调整了他的角色。作为一名领导其他专家的专家，他一直专注于影响用户使用的软件应用程序及其架构的顶层方面的细节，他一直与各部门的经理紧密合作。

但是，随着职责的扩大，他已经把一些东西从他自己的熟知领域（Owning Box）转移到了他的教授领域（Teaching Box），包括传统的生产力应用程序，如 Keynote 和 Page。现在，他会指导其他团队成员并给予反馈，可以按照苹果的标准开发应用软件。作为一名讲师，罗斯纳并不只在白板前讲课，相反，他对自己团队的工作提出了强烈的、常常是激烈的批评。显然，总经理们应该会发现，管理者如果没有自己的核心专业知识，教导团队是困难的。

罗斯纳面临的第二个挑战是，除了他的专长之外，还参与了一些其他活动。六年前，被任命负责新闻（News）的工程和设计，他必须学习如何通过应用程序发布新闻内容——了解新闻出版、数字广告、个性化新闻内容的机器学习、隐私架构以及如何激励出版商的方法。因此，一些工作进入了他的学习领域（Learning Box），为获得新的技能，他面临着一个陡峭的学习曲线。经过六年的紧张学习，罗斯纳已经掌握了该领域的一些专业知识，现在该领域已在他自己的熟知范围内。

只要一项特定的活动还在学习领域中，领导者就必须采取初学者的心态，用一种似乎自己知道答案的方式提问下属（实际上领导者并不知道答案），这与领导者向下属询问熟知范围和教授范围的互动方式截然不同。

最后，罗斯纳把一些领域，包括他不在行的 iMovie 和 Garage Band 委派给了具备必要能力的人。对于委派授权领域（Delegating Box）的活动，他召集团队，就目标达成一致，监督和审查进展，并让团队负起一般管理的责任。

苹果的副总裁们把大部分时间都花在了熟知和学习领域（Owning and Learning Boxes）上，而其他公司的总经理们则把大部分时间都花在了委派领域（Delegating Box）上。罗斯纳估计，他把 40% 的时间花在自己熟知（Owning）的领域活动上（包括在特定领域与他人合作），约 30% 花在学习（Learning）上，约 15% 花在教授（Teaching）上，约 15% 花在委派（Delegating）上，如图 1-14 所示。当然，这些数字因人而异取决于他们的业务和特定时间的需求。

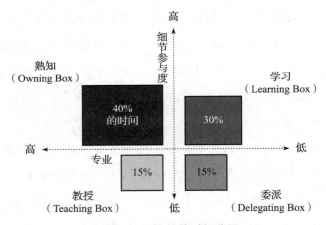

图 1-14 罗斯纳的时间分配

　　自由支配型领导模式保留了有效的职能组织的基本原则，即专业知识和决策权与规模保持一致。当像罗斯纳这样的领导者在他们原来的专长之外承担新的责任时，苹果公司就能有效地进入新的领域，而当领导者教给其他人他们的技能并授权工作时，团队就能扩大规模。我们相信，通过这样的组织方式，苹果将继续创新和繁荣。

　　在大型公司中，苹果的单一职能型组织即使不是独一无二的，也是罕见的。它公然违背了流行的管理理论，即当公司变大时，应该重组为多元化事业部，在向事业部的转换中丢失了一些至关重要的东西：决策权与专业知识的结合。

　　为什么公司总是坚持让总经理负责业务部门？我们相信，其中一个原因是做出改变是困难的。

　　它需要克服惯性，在管理者之间重新分配权力，改变以个人为导向的激励制度，并学习新的合作方式。对于一家已经面临巨大外部挑战的公司来说，这是令人生畏的。折中的步骤可能是在事业部中培养专家—领导—专家模型，在任命下一个高层职位时，要选择在该领域具有深厚专业知识的人，而不是可能成为最佳总经理的人。苹果的过往记录证明，冒险是值得的，它可以产生非凡的效果。

　　资料来源：摘自哈佛商业评论，2020（11-12）.

本章小结

（1）人类社会发展的历史就是一部创新的历史。创新是持续成长的不二法门。企业只有通过研发形成自己与众不同的技术、知识积累，尤其是形成自己的研发人才积累，才能使别人难以模仿和超越，保持长久不衰的竞争优势。

（2）创新＝理论概念＋技术发明＋商业开发。

（3）工业创新过程中主导模式的发展历史：技术推动、市场拉动、主导设计、耦合模式、互动模式、结构创新、网络模式、开放式创新。

（4）所有组织内部都存在稳定性需求和创造性需求的基本矛盾，不确定性图传达了一个重要的信息，即产品管理和流程创新管理千差万别。

（5）跨职能团队被普遍认为是最有效的创新产品开发团队模式。具体的团队结构包括职能型、职能矩阵型（轻量级）、项目矩阵型（重量级）、新事业（自制型）。

（6）学习型组织的概念受到了前所未有的重视，组织必须既要充分的利用利用性学习，深化和提升现有技术，又要投入足够的资源进行探索性学习以确保未来发展。知识学习包括多种形式，主要有"干中学""用中学""研究开发中学"和"组织间学习"四种方式。

（7）创业是一种在别人认为的混乱、矛盾、困惑中发现机遇的能力，承担风险并获得利益。企业家精神是指在你目前所能控制的资源之外追求机遇。创新是企业家精神的特殊功能。

（8）智能化时代，开始让"物"学会像"人"一样能够自主地发现知识、理解知识和应用知识，从而实现灵活的、标准化的和规模化的知识应用，大大提升知识转化为生产力的效率与能力。人工智能驱动新一轮科技革命，打造经济发展新引擎。

Integrated Product Development

Process

第 2 章

集成产品开发流程体系

显而易见，产品开发是一个涉及多个学科的组织行为，需要基于一系列来源不一样的输入内容而作出正确的决策。随着科技的发展，一系列新产品开发模型应运而生，每个模型都有其独特之处，适用于不同的情境中。以学习和持续改进为重点，将每个模型中的元素融于自身企业的产品开发流程模型，才是真正的先进的产品开发实践的标志。

集成产品开发提供一种将产品开发中的功能、角色和行为集成起来的框架。

它被定义为："系统地、综合地运用不同职能体系的成果和理念，有效、高效地开发新产品、满足客户需求的方式。"

IPD 为企业带来的价值主要是实现了以下三个转变：①从偶然成功转变为构建可复制、持续稳定高质量的管理体系；②技术导向转变为客户需求导向的投资行为；③从纯研发转变为跨部门团队协调开发、共同负责。

IPD 如何解决产品开发的典型问题?

IPD 是一种领先的、成熟的产品开发方法论,是已被大量实践证明的、高效的产品开发模式,解决了企业在产品开发中面临的典型突出问题。

1. 新产品上市后,要么不适合市场需求,要么与竞争对手相比没有竞争力

原因分析:产品开发以结果为导向,而不是以市场为导向,产品开发团队不对产品的市场成功负责,没有做好客户需求的调研,或者理所当然地理解客户需求,在开发实现前没有明确定义产品的概念,"闭门造车"式的产品开发。

IPD 解决方案:基于市场的创新,确保产品开发团队对市场成功负责,并在项目任务书(Charter)中明确定义产品的目标客户和竞争定位。从客户的角度定义需求,进行深入、细致的市场调研,明确客户对产品的差异化价值,并使用 $APPEALS(客户需求分析)方法实施需求管理流程。

2. 产品投入市场时间(TTM)过长

原因分析:职能部门直接干预项目,或拒绝放弃对项目的控制,没有形成真正的项目团队;协调和沟通困难,不能及时解决错误,却被层层放大,导致不断的修改,并延长产品测试和试生产的时间;开发活动基本上是接力式的,而不是并行的,遇到技术难题,一时解决不了;很多工作因为关键开发人员的离职需要很长时间才能完成;项目管理效率低下,项目计划或任务没有及时完成。

解决方案：建立跨部门的 PDT（专业数字集群）团队，减少沟通流程和协调工作，提高沟通效率，尽快发现问题，因为发现错误越晚，纠正错误的成本越高；建立 CBB（中文第一）库重用，减少开发时间，建立分层的项目计划和监控流程；将产品开发与技术开发相分离；实施并行工程，实现产品异步开发模式；建立开发规范，完善文档管理。

3. 投资于不应投资的产品是一种严重的浪费

原因分析：缺乏产品战略和规划指导，过程中缺乏业务决策评审，缺乏完整的分析和评审，项目缺乏资源（人力资源、技术资源等）保障。

IPD 解决方案：建立产品平台、产品线组合策略，以投资的观点评审项目决策点，及早取消不应继续的项目；利用管道技术，在项目间合理分配资源，避免投资于不能保证资源的项目；运用产品组合分析，优先投资最合适的项目。

4. 产品开发的质量得不到保证

原因分析：没有建立或实施严格的技术评审制度，技术评审不规范，甚至没有评审，大量使用新器件、新模块和新技术，技术不过关、不稳定。

IPD 解决方案：建立严格的技术评审制度，及早发现问题；建立稳定的共享基础模块库，提高产品的质量；有效地区分研究、技术开发、产品开发管理，储备可靠、先进的技术。

5. 产品开发团队士气低落

原因分析：项目经理领导能力不足、对项目团队缺乏重视、缺乏沟通、评价不合理、激励不到位、团队合作氛围不佳。

IPD 解决方案：选拔合格的项目经理，培养其领导能力，各层面充分沟通；建立有效的项目管理以及团队评价和激励机制。

简言之，IPD 是一套产品开发管理系统解决方案。它不仅可以针对性地解决企业产品开发面临的问题，更长远的是对企业产品开发管理体系的整体优化和完善，激励学习型组织，大大提升企业的持续产品开发能力。

资料来源：笔者根据多方资料汇编。

第一节　产品开发：一个"风险与回报"的过程

罗伯特·库珀（Robert Cooper）曾经提出一个有趣的说法，新产品开发大致等同于一个"风险管理"的赌局，赌局的规则是：

（1）如果不确定性高，则赌注下得少些。

（2）随着不确定性降低，赌注增加。

埃隆·马斯克（Ellon Mask）是太空探索技术公司（Space X）和特斯拉公司（Tesla Motors）的创始人、首席执行官。他曾说："来冒险吧！做点刺激的事儿！你不会为此后悔的。"虽然他的胆气令人钦佩，但大多数组织考虑到新产品失败的历史记录，会谨慎地选择规避风险的发展之路。

大多数研究显示，新产品失败率超过 50%。对大多数组织而言，一个关键问题是：是否有可能降低失败率？如果有可能，如何降低？

一、"模糊前端"的重要性

一般来说，产品创新过程分为三个阶段：模糊前端阶段（Fuzzy Front End，FFE）、产品开发阶段（New Product Development，NPD）及商业化阶段（Commercialization），如图 2-1 所示。在模糊前端或创新前端阶段，产品战略形成并在业务单元（或产品线）内展开交流，机会得以识别和评估，并进行创意生成、初始概念开发、全面筛选和评估、产品定义、项目机会和最初的执行研究等。这个阶段充满着种种模糊不清的现象，如果不一一加以克服，企业很难冲破产品创新的"迷雾"。

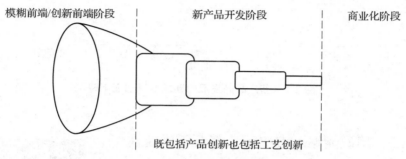

模糊前端/创新前端阶段　　　　新产品开发阶段　　　　商业化阶段

既包括产品创新也包括工艺创新

图 2-1　产品创新过程模式

对制药业新产品开发的研究表明，在模糊前端阶段产生的 3000 个产品创意中，只有 14 个能够进入产品开发阶段，最终能够进入商业阶段的产品只有一个。也就是说，从创意的产生到产品实现开发的概率只有 0.47%，而产品一旦进入开发，其从开发到商业化成功的概率也有 7.14%。由此可见，现阶段新产品开发的成功率是极低的，产品开发失败的真正关键还是在从创意产生到产品开发这一过程。许多项目并不是在开发过程中失败的，而是在一开始就注定会失败，即使在产品开发阶段花费了很大的力气，但由于最初判断或研究的失误，都会以失败告终。在新产品开发过程中，模糊前端的执行效果是产品开发成败的分水岭。对模糊前端的有效管理不仅能够提高新产品开发的绩效，也能节省 30% 的新产品开发时间。但是，现阶段对新产品模糊前端阶段并没有实现真正意义上的有效管理。图 2-2 展示了整个产品开发过程中的累计成本，早期产品开发成本相对低，但是从原型（Prototype）开发的后期开始，从规模化到商业化的产品开发流程中，成本大幅上涨。在相对较低成本的模糊前端阶段，组织有机会较为清晰地探索新产品的潜力。

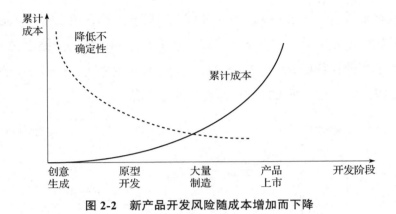

图 2-2 新产品开发风险随成本增加而下降

二、知识能够改进决策，降低不确定性

对模糊前端的有效管理不仅能够提高新产品开发的绩效，也能节省 30% 的新产品开发时间。产品开发的成功建立在一系列正确的决策之上，决策来自知识、信息和数据。图 2-3 是一个应用广泛的标准的决策框架，这个基本框架正是产品开发流程模型的基石。

做出正确决策所需要的知识、信息和数据来源十分广泛，包括但不限于以下内容：组织记录、组织员工、外部顾问、发表的文献、专利、竞争对手、客户。

图 2-3 标准的决策框架

第二节 新产品开发流程模型

新产品流程（New Product Process，NPP）被肯尼斯·卡恩（2013）定义为："为了将最初的想法不断转化为可销售的产品和服务，公司所开展的一系列条理化的任务和工作流程。"

产品开发流程的早期定义可以回溯到化学产品开发八阶段流程——出现于 20 世纪 40 年代。20 世纪 60 年代，美国宇航局（NASA）将阶段化开发的概念加以应用，使用的是"阶段评估流程"，即项目开发被划分为多个阶段，在每个阶段完成之后进行一次评估。

20 世纪 60 年代中期，博斯、艾伦和汉密尔顿设计了一个由 6 个基本阶段构成的流程。这一流程为近年来推出的众多流程奠定了基础，博斯等提出的 6 个阶段是：探索（Exploration）、筛选（Screening）、商业评估（Business Evaluation）、开发（Development）、测试（Testing）、商业化（Commercialization）。

新产品流程及其在工业上的广泛应用是在 20 世纪 80 年代出现的，这要归功于库珀的门径理流程（Stage-Gate）。在过去的 30 年里，我们目睹了许多的新产品开发流程模型的发展，这些模型旨在满足基于不同产品和市场环境的特定组织的需求，这些流程模型分述如下。

一、门径管理流程

新产品专家库珀和艾杰特在 20 世纪 80 年代早期首先提出了门径管理流程（或阶段—关口流程，Stage-Gate Process）。这一流程也在不断更新，图 2-4 展示了门径管理流程的基本模型。

图 2-4　门径管理流程基本模型

门径管理流程模型的主要阶段是：

（1）发现（Discovery）。寻找新的机会和新产品创意。

（2）筛选（Scoping）。初步评估市场、技术需求以及能力的可获得性，包括初步筛选和全面筛选。

（3）立项分析（Business Case）。也被称作计划（Project Planning），是建立在全面筛选阶段之上的一个关键阶段，包括更为深入的技术、市场以及商业可行性分析。

（4）开发（Development）。产品设计、原型、可制造性设计、可装配性设计、大规模制造准备和上市规划。

（5）测试与修正（Testing and Validation）。测试产品及其商业化计划的所有方面，修正所有假设和计划。

（6）上市（Launch）。产品的完整商业化，包括规模制造以及产品上市阶段。

在门径管理流程中，划分出的阶段数量应根据具体情况进行调整，这取决于：

（1）新产品上市的紧迫性。时间越紧张，流程受到挤压，阶段就越简化、越轻便。

（2）与新产品的不确定性或风险水平相关的技术和市场领域的现有知识。现有的知识面越广，风险越小，所需的阶段就越小。

（3）为降低风险，当不确定性越大时，所需的信息越多，将导致流程阶段越多，流程阶段更长。

1. 阶段

阶段（Stage）是整个产品开发流程中的一个确定区域，包括：

（1）活动（Activities）。项目负责人和团队成员依照项目流程计划必须完成的工作。

（2）综合分析（Integrated Analysis）。通过跨职能部门间的交流，项目负责人和团队成员综合分析所有职能活动的结果。

（3）可交付成果（Deliverables）。综合分析结果的呈现，这是团队必须完成并在进入关口时所要提交的内容，也被称为"过关密码"。

2. 关口

关口（**Gate**）是产品开发流程中的一个确定节点。流程进展至此处时，需要做出有关项目未来的关键决策，包括以下几项。

（1）可交付成果（Deliverables）：关口评审点的输入内容。可交付成果是前一阶段行为的结果，是事先确定的，每个关口都有一个可交付成果的标准清单。

（2）标准（Criteria）：评判项目的标准。这些标准通常被设计为一个包括财务标准和定性标准在内的打分表，由此决定项目是否通过以及项目的优先级。

（3）输出（Outputs）：关口评审的结果。关口处必须给出明确的输出内容，包括决策（通过/否定/搁置或重做）及下一阶段的路径（通过审批的项目计划、下一个关口的日期和可交付成果）。

近年来，库珀强调，虽然流程的基本原理始终不变，但应该不断修改门径管理流程的应用以适应具体的环境。库珀在诸多文章中介绍了门径管理流程为适应不同的产品开发环境、满足不同的公司需求而发展的新过程，特别是适应客户网络互联的快速开发和迭代开发的需求，并与其他流程模型相结合。

二、精益产品开发

精益产品开发（Lean Product Development）建立在丰田首创的精益方法（Toyota Production System，TPS）的基础上。TPS 基于消除浪费（Muda，日语的意思是无用——没用的、惰性的、浪费的），其主要目的是从制造流程中去掉浪费。这一原理被引用至产品开发流程中。

精益产品开发是有关生产率（Productivity）的（马斯特利，2011），包括以下主要内容：

（1）每小时或每单元产生的利润。

（2）对设计者或开发者的有效利用。

（3）更短的上市时间。

（4）单位时间内完成更多的项目。

（5）在更多的时间内积累更多满意的客户。

（6）更少的浪费。

詹姆斯·摩根（James M. Morgan）和杰弗里·莱克（Jeffrey K. liker）在《丰田产品开发系统——员工、流程和技术的整合》（*The Toyota Product Development System：Integrating People，Process and Technology*）一书中，就产品开发给出了以下建议：

（1）建立由客户定义的价值，消除无法带来的增值的浪费（八大浪费）。

（2）在产品开发前端投入更多精力，全力探索所有可能的解决方案，最大化设计空间。

（3）创建高水准的产品开发流程。

（4）实施严格的标准化流程，尽可能消除变异，产出可预期的结果。

（5）建立首席工程师体系，由他从头到尾负责开发流程的整合。

（6）平衡职能专长和跨职能整合。

（7）培养每位工程师的能力。

（8）充分整合供应商，将其纳入产品开发体系。

（9）建立学习与持续改善（Learning & Continuous Improvement Process）的理念。

（10）营造支持卓越和不断改进的组织文化。

（11）采用与人员和流程相匹配的技术。

（12）通过简单的可视化沟通，使整个组织协调一致。

（13）善用有效的标准化工具和组织学习工具。

精益产品开发的核心概念如图 2-5 所示。

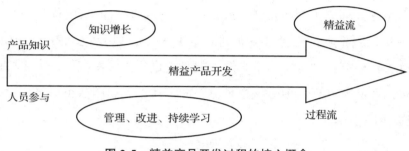

图 2-5　精益产品开发过程的核心概念

三、敏捷开发

敏捷开发（Agile Development）模型是由杰夫·萨瑟兰（Jeff Sutherland）在 1993 年创建的一种流程，灵感来自橄榄球队的"争球"（Scrum）阵。敏捷流程是最流行的敏捷实施框架，通过该方法，软件生成得以按规划的步调进行，并由一系列固定长度的迭代过程开发出产品。

2001 年 2 月，17 位软件开发者在犹他州讨论轻量级的开发方法，发布了敏捷软件开发（Agile Software Development）宣言。"我们正在寻找更好的开发软件的方法。我们全力以赴，同时也互相帮助。在探索在路上，我们总结出以下几点：

（1）个体和交互胜过过程和工具。

（2）可运行的软件胜过面面俱到的文档。

（3）客户合作胜过合同谈判。

（4）响应变化胜过遵循计划。

尽管在每一句中，右侧的事项确有价值，但我们认为左侧的事项更专业、价值更大。"

虽然敏捷产品开发的具体应用可能会依组织而改变，但基本要素通常保持不变，包括产品代办列表、冲刺、产品主管、敏捷教练、敏捷团队。

1. 产品待办列表

产品待办列表（Product Backlog）是一份系统所需求的优先级次序排列的清单，包括功能性和非功能性的客户需求，以及技术团队生成的需求。尽管产品待办列表有多个来源，但是确定优先级次序是产品主管的唯一职责。产品待办列表项是一个足够小的工作单元，团队可以在一次冲刺迭代周期中完成。

2. 冲刺

"冲刺"（Sprint）是完成特定任务后，开发阶段进入评审环节的一段时间。规划会议是每次冲刺的起点，产品主管和开发团队商讨并决定冲刺所要完成的工作。冲刺周期由敏捷教练决定，冲刺开始后产品主管暂停工作。产品主管将依照冲刺会议上设定的标准，决定接受或否决这些工作（见图 2-6）。

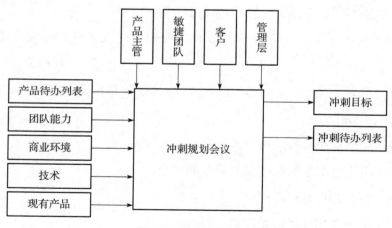

图 2-6　冲刺规划会议

3. 产品主管

在划分产品待办列表的优先级和罗列需求时，产品主管（Product

Owner）是代表客户利益、拥有最终决定权的人。团队必须随时可以联系到他，特别是在冲刺的计划会议期间。在冲刺开始后，产品主管应当不再管理团队或变更任务。产品主管的主要职责是平衡有竞争关系的利益相关者之间的利益。

4. 敏捷教练

敏捷教练（Scrum Master）是团队和产品主管之间的协调者。他的工作职责不是管理团队，而是通过以下方式帮助团队和产品主管：

（1）消除团队和产品主管之间的障碍。

（2）激发团队的创造力，给团队授权。

（3）提高团队生产力。

（4）改进工程工具和实践。

（5）确保团队的进展信息是最新的，所有各方都能看见。

5. 敏捷团队

敏捷团队（Scrum Team）通常由 7 个人组成，也可增加或减少 2 个人。为实现冲刺目标，团队成员通常由多个职能部门、不同专业的人员组成。软件开发团队的成员包括软件工程师、架构师、程序员、分析员、质量专家、测试员以及 UI 设计师等。

（1）敏捷产品开发的优势。敏捷过程为业务需求难以量化或难以成功的产品开发项目提供了新的可行机会。

凭借敏捷方法，快速变化的前沿开发可以快速编码和测试。一旦出现错误，也容易纠正。

通过定期会议定期更新工作进展情况。敏捷是一种轻量级的管控方法，因此项目开发有明显的可视性。

与其他敏捷方法一样，它本质是迭代的，需要用户的持续反馈。

冲刺周期较短、反馈及时，团队更容易应对变化。

通过日常会议评估团队成员的工作效率，提高团队成员的工作效率。

通过日常会议可以提前发现问题，随后迅速解决问题。

敏捷方法与任何技术或编程语言兼容，特别是快速发展的 Web 2.0 项目或新媒体项目。

在流程和管理方面的运营成本最小，从而使项目进展更快、花费更少。

（2）敏捷产品开发的局限性。敏捷是出现"范围蔓延"问题的主要原因。这是因为，除非有一个明确的截止日期，否则项目管理相关者会不断要求团队交付新功能。

如果任务没有明确定义，对项目成本和时间的预估是不准确的。在这种情况下，可以将任务分散为多次冲刺。

如果团队成员没有全力以赴，项目将永远不会完成，甚至会失败。

因为敏捷方法可以由小团队完成，它适用于快速变化的小项目。

敏捷方法需要有经验的团队成员。如果团队中有新成员，项目可能不能按时完成。

如果敏捷教练信任项目团队，敏捷方法就能很好地配合项目团队。若敏捷教练对团队成员实行过于严格的控制将会给团队带来极大的挫败感，导致团队缺乏动力，进而导致项目失败。

任何一个团队成员在开发过程中离开都会对项目开发产生巨大的负面影响。

除非测试团队能够在每次冲刺后进行回归测试，否则项目质量经理很交付实施和量化。

敏捷方法是在协作环境中通过自组织团队进行产品迭代开发的过程。敏捷开发在快速变化的软件行业的应用极为普遍，这与硬件行业是不同的。

有关敏捷产品开发的进一步介绍可阅读其他参考资料。

☀ 创新视点 1

快速迭代——互联网时代的产品开发模式

迭代是一个重复反馈的活动过程，每一次迭代的结果都会作为下一次迭代的初始值，从而不断逼近目标或结果。如果把迭代的思想应用到设计开发的规划、组织中呢？迭代开发（Iterative Development）同样借鉴了进化、淘汰的观点。整个开发工作被组织为一系列短周期项目，每一次迭代都包括需求分析、设计、实现与测试，并以上次迭代的结果为起点，再次开始迭代过程。

迭代开发是指需求在没被完整地确定之前，开发就迅速启动，每次循环不求完美，但求不断发现新问题，迅速求解，获取和积累新知识，并自适应的控制过程。在一次迭代中完成系统的一部分功能或业务逻辑，然后将未成熟的产品交付给领先用户，通过他们的反馈来进一步细化需求。从而进入新一轮的迭代，不断获取用户需求、完善产品。例如，谷歌的开发战略就是这种"永远 Beta（贝塔测试）版"的迭代策略——没有完美的软件开发，永远都可以更好，永远在更新或改善功能。谷歌邮件 Gmail 在推出 5 年之后才撤掉贝塔版的字样，成为稳定的服务。在与苹果 iOS 智能手机操作系统的竞争中，后发的谷歌采取了与苹果完全不同的迭代开发战略。谷歌在其操作系统 Android 上采用了开源软件的模式，与多家企业合作生产平板电脑和智能手机安卓系统。从 Android 2.3.3 升级到 Android 4.0，只用了约半年时间，许多手机都来不及更新换代以支持新版本的操作系统。而 Android 4.1 和 Android 4.2 接踵而来。这么快的迭代是谷歌的许多合作厂商应接不暇，不同操作系统之间产生适配问题。但谷歌更新的速度与决心都远超苹果，在合作厂家之间掀起迭代竞争，迫使它们不断更新产品，从而使安卓系统在短期内赶上了苹果 iOS 系统。腾讯微信也遵循迭代开发的过程，迅速达到亿级用户——尤其是微信的早期版本迭代速度非常快，使微信得以快速发展核心能力，奠定了用户基础。由此可见，循环迭代开发特别适用于高不确定性、高竞争的环境，也适合分布在全球的不同企业，不同开发小组之间的合作，其本质是一种高效、并行、全局的开发方法。迭代开发有以下四个原则。

1. 问题先行

硅谷创业者艾里克·莱斯所提出的"精益创业"理念，可以看作迭代开发的"创业板"。莱斯也提出要问题先行，先找出创业计划中风险最高的部分（或者客户最需要的部分）作为切入点，开始系统地测试，即注重从测试版实验中发现问题，而非精心构建商业计划；注重聆听用户反馈，而非相信直觉。而在此之前，无须一次性投入开发完善的产品。目前，这一理念被硅谷的很多企业奉为创业圣经。

2. 快速试错

失败并不可怕。莱斯在"精益创业"中提出，失败给出了最好的验证原来各种假设的机会，在失败后要有精准的测量，从而为下一次试错提供学习机会。莱斯描绘了每一次迭代中的"建设—测量—学习"过程（见图 2-7）。多次迭代可以使设计团队快速获取经验，同时迭代也将灵活性地植入开发过程，使开发团队的认知能力随着新的信息而变化。当见证了多次的迭代后，设计团队就不会倾向于过分依赖某一特定的变化，会根据环境的变化而进行调整。这样，迭代的试错反倒提高了开发团队的信心和成功机率，加速了设计进程。

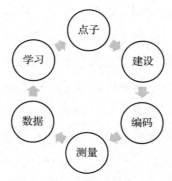

图 2-7　精益创业的"建设—测量—学习"过程

3. 微着力微创新

迭代试错要挖掘出用户的隐秘需求，需要的不是颠覆性创新，而是微创新。开发团队可以先根据用户特征，开发出符合基本要求的测试版，交付给领先用户在模拟环境下测试，从而证实其功能和用户需求的准确性。如果两者匹配不是很理想（通常都不是很匹配），就需要对需求信息和解决方案信息的位置进行再次修正。这个叠循环迭代的过程不断重复，直到获得可接受的匹配度。因此，微创新在从产品定义到生产上线的周期中间的各种迭代中扮演着重要角色。

4. 和用户一起嗨

迭代开发还意味着亲民的用户关系——让用户参与研发过程，在体验参与中树立品牌与影响。在社交网络时代，用户参与战术既是开发要素也是营销策略。小米联合创始人黎万强总结，小米的主战场是社会化媒体渠道。"小米跟很多传统品牌最大的不同是和用户一起玩。不管是线上还是线下，每次产品发布的时候，我们都在想怎样让用户参与进来"。

资料来源：孙黎，杨晓明. 迭代创新，网络时代的创新捷径［J］. 清华管理评论，2014（6）.

四、设计思维

设计思维（Design Thinking）作为一种确定和创造性地解决问题的系统化的协作方法，主要包括两个阶段：确定（发现与界定）问题和解决（创造与评估）问题。这两个阶段同等重要，但在实际操作中，大多数员工和项目团队都会偏重于解决问题。

1. 发现

发现新的客户需求是设计思维框架中的第一种模式。许多产品开发团队都会面临这样一个挑战：迷失在众多的产品和技术中。虽然这是专业技能扎实的表现，但是也限制了开发者的眼界；市场信息被限制在现有产品规格里。因此，不管进行多优秀的研究，甚至邀请用户加入，都很少会在现有产品基础上实现大的突破。突破性成果通常从开放式探索客户需求开始，尤其是那些解决难度大、尚未被发现的潜在需求，这种需求又被称为客户洞察（Customer Insight）。

那么，如何发现客户洞察，从而获得优秀的解决方案呢？方法有很多。一般都是定性方法，可以让开发团队置身于客户角度来思考问题。这个过程通常被描述成以获取客户共鸣（Empathy）为中心的过程，即思考和理解客户所处的环境、体验和行为。

信息收集到一定程度，项目团队就需要开始对这些信息进行合成，这不是说项目的发现工作到此结束。实际上，发现模式是信息收集和信息合成两个过程间的不断迭代。信息合成就是总结信息并从中获取有用信息的过程。由于信息本身是定性的（图片、文本、录音等），信息合成过程和常见的市场调研存在很大区别。开发团队需要的不是各种信息和数字，而是把定性的信息转化成具体的客户需求。项目团队确定了一系列关键的客户需求之后，就可以进入下一模式——确定模式。

2. 界定

在这一阶段，项目团队应该已经掌握了足够的有关客户及客户所处环境的合成信息。现在的问题是，如何确定最具潜力、最值得在接下来的阶段继续开发的需求和洞察。为了实现这一目的，我们经常把这些需求和洞察描述成具体的问题说明，用作下一阶段（创造模式）的初步行动——创意生成的基础。这些问题说明通常比较简短，描述了客户类型、尚未满足的需求，以及为什么选定的需求值须继续开发。例如：

（1）家有青少年的忙碌父母（客户类型）。

（2）需要有一种方法来调和和协调全家成员的日程安排（需求）。

（3）由于缺少可靠的、及时更新的信息，日程之间的冲突导致部分活动被遗漏，并造成不必要的压力。

接着，项目团队需要汇总这些问题说明，以便在下一模式中解决。这时，多重投票法（Multiple Voting）是一种非常有用的方法。不管投票选创意还是选问题说明，都有多重方式。而我们的目的只有一个：借助从发现模式来获得不断完善的集体智慧。

3. 创造

在设计思维中，创造模式的目的是开发一个或一套可以与目标市场分享的概念，从中获取反馈，然后经过迭代不断完善。虽然客户可以直接就一个想法提供反馈，但是为了获得最优质的反馈，最好还是借助概念原型（Prototype）的力量。这是因为一个好的原型不仅可以给客户带来实实在在的体验，并在此基础上进行反馈，也为设计者提供了一个观察客户实际行为的机会。因此，创造模式的两项主要活动是创意生成和原型制作。

创意生成是创造模式的第一项主要内容。生成创意的工具和技术多种多样。项目团队可以再次多重投票来确定哪些创意最具潜力。我们最少需要考虑：①需求性（能否为企业带来持续的财务或战略收益）；②执行可行性（是否有能力提供此项产品）；③利益可行性（是否能为企业带来持续的财务或战略收益）。

当设计思维的从业者说起原型时，通常指的不是媒体中出现的光鲜亮丽或功能完备的原型，而是那些提供基本的产品体验或产品特征的简单原型。我们通常把这类原型称为"低保真原型"。这些原型可以是三维的实体，也可以是"应用软件"概念的一系列草图，甚至服务场景扮演。设计思维的一个独特之处在于，使用原型来启发创意——通过不同方式来展示概念，从而推动和提升创意生成。因此，项目团队需要制作一系列原型，然后从中选择一个或多个向潜在客户展示并收集反馈。

4. 评估

设计思维框架的最后一步是评估。评估的目的是收集有关概念原型，以及其中涉及的想法和设想的反馈。通常可以利用获得的大部分反馈对概念进行迭代和完善，尤其是在四个模式的第一遍迭代过程中。换言之，评估并不仅是我们的验证机制和"终点",更是一种学习机制。

一般来说,评估模式主要由两项活动组成。一是与潜在客户分享原型以获取反馈。为了获得最优价值的反馈,我们必须利用原型来给客户营造一种体验,这一点单靠演示是不够的。二是收集了足够的反馈之后,项目团队开始进行反馈整合。根据反馈的整合结果,项目团队会决定下一步执行设计思维框架中的哪种模式。当然,我们的最终目标是把概念原型变成完善的产品或服务。就设计思维来说,这一目标需要经过多次迭代一种或几种模式才能实现。

在实践中,第一遍迭代通常是按照上面讲过的顺序来进行:确定问题(发现和界定),然后解决问题(创造和评估)。不过,设计思维并不是一种线性流程,而且在大多数情况下也不会按照线性顺序来进行。设计思维的目的是尽快生成潜在解决方案——即使我们的知识还不完备,得出的解决方案仍然存在欠缺,然后从这些初始的解决方案中获取更多知识,得到更明确的想法和更好的解决方案。

因此,了解设计思维的最好方式就是把它当成一种迭代的方法,而不是一系列固定的步骤,所以我们用的是"模式",而不是"步骤"。迭代的次数取决于项目本身,而且在项目初期,几乎很难确定这个数字。这是一种基于项目目标、限制及进度的主观判断。在整个项目过程中,项目团队及领导的关键任务之一,就是决定项目进展方向,包括决定切换模式的时机,以及对概念进行足够的说明和评估之后,从设计思维框架内的概念评估转入更传统的线性开发流程的时机。

五、集成产品开发

集成产品开发(Integrated Product Development,IPD)被卡恩(2013)定义为:"系统地、综合地应用不同职能体系的成果和理念,有效、高效地开发新产品满足客户需求的方式。"

集成产品开发的概念起源于"并行工程"(Concurrent Engineering),它在 20 世纪 90 年代中期被广泛地应用于航空航天工业。"并行工程是一种集成、并行设计产品及相关过程的系统方法，包括制造和支持。这种方法使得开发商从一开始就要考虑产品生命周期中的所有因素，从概念到实施，从质量、成本、进度到用户需求"（温纳，1988）。

并行工程通常被认为已经取代了传统的流程"瀑布模型"（Waterfall Model）。21 世纪初，瀑布流程被广泛地应用在软件行业（见图 2-8）。近年来，瀑布流程在软件行业中的普及程度有所下降，它已经成为集成产品开发模型的前身。

瀑布流程的五个典型阶段。

（1）要求：了解设计产品所需的功能、用途、用户需求等。

（2）设计：确定完成项目所需的软件和硬件，然后将它们转化为物理设计。

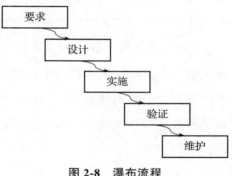

图 2-8　瀑布流程

（3）实施：根据项目要求和设计规范编写实际代码。

（4）验证：确保产品符合客户期望。

（5）维护：通过客户确定产品设计中的缺陷或错误并予以纠正。

20 世纪 80 年代早期，在采用了瀑布流程一段时间后，IBM 公司逐渐转向了集成产品开发流程。IBM 给出了选择的理由："满足客户需求，遵守法律法规，达到安全标准，减少维护成本并优化利用企业资源。为了满足这些复杂的要求，公司已在数个最佳软件上投入巨资。问题是，对这些软件的整合并不总是成功的，这些软件系统反而发展成了支离破碎的产品信息孤岛"。在美国，众多著名企业纷纷实施 IPD 以提高创新能力，如 Apple、Tesla、Amazon、Google 等公司。在中国，华为从 1998 年率先引进并实施 IPD，使产品创新能力和企业竞争力获得大幅度提升。

通过成功实施 IPD，能给公司带来以下好处（PRTM 咨询公司的统计）：

（1）产品投入市场时间缩短 40%～ 60%。

（2）产品开发浪费减少 50%～ 80%。

（3）产品开发生产力提高 25%～ 30%。

（4）新产品收益（占全部收益的百分比）增加 100%。

近年来，一些机构致力于以集成产品开发原理为核心，利用循序渐进的方式来改进整体的产品开发体系，以实现以下目标：从产品开发基本工具的应用推进到项目管理的应用，再推进到市场产品需求、产品规划，最终构建出基于知识获取和管理的学习文化。

如图 2-9 所示，IPD 更多的是为产品开发的改进提供实践框架，而不仅仅是一个模型或流程。这个框架囊括了大多数常见的产品开发流程中的基本原则，且特别注重学习和持续改进。本书旨在为个人和组织不断学习和持续改进 IPD 提供知识基础和成功的范例。

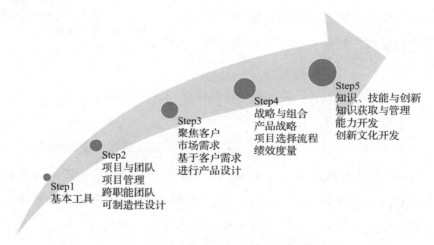

图 2-9　基于集成产品开发系统的组织实践层级

六、新产品开发流程模型的对比与总结

随着成功地产品开发条件的深入理解，组织逐渐适应并改进了流程方法，以满足特定的组织环境和产品类别的需求。前文我们介绍的近年来开

发和应用的重要模型都有特定的优点和局限性，选择其中某个模型并将其应用于一些特定情况可能是合适的，但大多数情况都需要将多个模型进行适当的组合。

1. 敏捷与精益

敏捷与精益的区别很容易理解。虽然大多数人觉得它们在某种程度上是相同的，但事实并非如此。

精益旨在减少浪费和提高运营效率，特别适用于制造过程中常见的重复性任务。对于产品开发而言，精益方法的真正价值在于它的聚焦点——核心原则或指导方针是新产品开发流程的基础。精益不是一个确定的、专注于成功开发新产品所需的特定行为和任务的流程。

敏捷的设计初衷是在短时间内执行任务，频繁地与客户交互，并对变化做出快速响应。

当应用于产品或产品组件的开发时，敏捷的结构、流程和角色都被清晰地定义。简言之，敏捷体现了以时间为中心的迭代哲学——以循序渐进的方式构建产品，以小件形式交付产品。它的主要优势之一是在任何阶段（取决于反馈、市场条件、企业障碍等）都具有适应和变化的能力，并且只提供与市场相关的产品。

从根本上说，敏捷与精益无关，在开发新产品时不需要追求精益，在提高运营效率时也不需要追求敏捷。

2. 敏捷与门径管理

门径管理流程不是项目管理或微计划模型。相反，它是一个全面的、完整的、从创意到上市阶段的体系，是一个跨职能（涉及技术产品开发人员以及营销、销售和运营部门）的宏观规划流程。它极其关注关口，关口构成了一个投资决策模型的基础。在关口处要解答的关键问题是：你在做正确的项目吗？你是在正确地做项目吗？

与此相反，敏捷是专为快速开发软件而设计的。在实践中，开发阶段包括一系列的冲刺，每个冲刺或迭代产生一个工作产品（可运行代码或软件），并可以向利益相关者（客户）展示该工作产品。一次迭代可能无法为产品添加足够的功能或使产品达到发布要求，但在每次迭代最后结束时都会有一个潜在的可用版本（发布），这正是迭代的目标。若要发布一个产品或新功能，通常需要多次迭代。

如表 2-1 所示，罗伯特·库珀对门径管理和敏捷的特点做了很好的解释。他依据普遍共识——门径管理适用于开发硬件，而敏捷适用于开发软件，这两者是相互排斥的。库珀（2015）认为："敏捷和门径管理是无法相互替代的。相反，敏捷是一种有效的微计划工具和项目管理工具，可以用于门径管理流程中，以加快某些阶段的速度——可能是开发阶段和测试阶段。"

表 2-1　门径管理与敏捷

特　点	门径管理	敏　捷
方法类型	宏观规划	微计划、项目管理
范围	从创意到上市，端点到端点	只在开发和测试阶段
组织宽度	跨职能——技术、市场、制造	技术（码农、工程师、IT 员工）
重点	在市场上发布一个新产品	开发和测试后的软件产品
决策模型	投资模式：生 / 杀模式，高层管理者参与	主要是战术性的：下一次冲刺所需的行动

3. 集成产品开发与其他流程模型

顾名思义，集成产品开发提供一种将产品开发中的功能、角色和行为集成起来的框架。它被定义为："系统地、综合地运用不同职能体系的成果和理念，有效、高效地开发新产品、满足客户需求的方式。"

集成产品开发模型中内置的一个功能是"学习和持续改进"，图 2-10 是一种产品开发成熟度模型。该模型展示了一个专注于产品开发过程和技术的组织如何演变成一个基于知识的学习型组织。

　　理论上，门径管理模型的宏观规划特性和决策基础，敏捷模型的微计划和灵活性，精益对减少时间与精力浪费的重视，以及学习型组织对产品开发的综合集成是潜在可互补的，而不是相互排斥的。将每个模型中的元素融合为一个真正适合于产品开发流程的模型，并专注于学习和持续改进才是真正先进的产品开发实践的标志。

第三节　集成产品开发流程体系

　　典型的集成产品开发流程分为六个阶段，分别是概念阶段、计划阶段、开发阶段、验证阶段、上市阶段、生命周期管理阶段。集成产品开发流程的逻辑模型如图 2-10 所示。

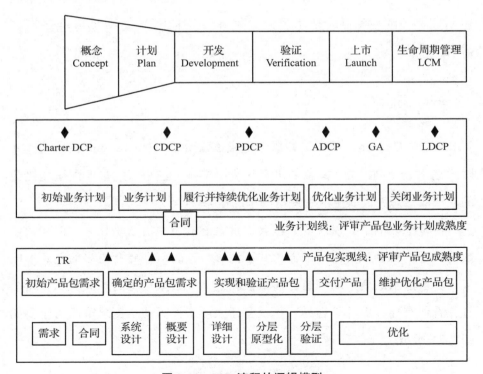

图 2-10　IPD 流程的逻辑模型

从图 2-10 来看，IPD 流程包括"业务计划线"和"产品包实现线"两条主线。这两条主线是"产品开发是一种投资行为"和"基于需求的开发"两大 IPD 核心理念的体现。

在"业务计划线"中，开发的对象是产品包业务计划；在"产品（包）实现线"中，开发的对象是产品（包）。随着产品开发过程的推进，产品（包）业务计划和产品（包）都逐步成熟。在 IPD 流程中，设置了若干商业决策评审点（Decision Check Point，DCP）和技术决策评审点（Technical Review，TR），分别检查产品（包）业务计划的成熟度和产品（包）的成熟度。在进行决策评审时，由企业高层决策团队（Integrated Product Management Team，IPMT）来对产品包业务计划进行评审，并给出决策结论，决定是否继续投资从而来控制产品开发的投资风险。在 TR 评审时，由各领域的专家对产品（包）的成熟度和风险进行评审以控制产品（包）实施的技术风险，确保开发的产品能满足最终客户的需求。

一、概念

概念（Concept）阶段又称概念生成（Concept Generation）阶段，在此阶段选出一个高潜力 / 紧急的机会，让用户参与进来。搜集匹配这些机会的新产品概念并同时生成一些新的产品概念。

在有些案例中，仅仅依靠机会识别就能搞清楚需求是什么。但在大多数情况下，机会识别阶段的需求并不清晰，这时就需要有更多的创意生成工具，创造出的新产品创意，通常被新产品开发人员称为产品概念。这个过程看似有趣，但并不容易，甚至会让人产生挫折感。概念阶段的概要如图 2-11 所示。

目标	□ 该阶段的主要目标是回答"做什么"的问题，对产品机会的总体吸引力及是否符合公司的总体策略做出快速评估

关注	□ 主要关注于分析市场机会，包括估计的财务结果、成功的理由及风险
	□ 是基于有效的假设，而不是详细的数据
	  ➤ 若概念得到批准，则在计划阶段将对假设进行证实
	  ➤ 若概念没有得到批准，则不浪费资源

交付	□ 初步业务计划 □ 端到端2级项目计划

图 2-11　概念阶段的概要

二、计划

计划（Plan）阶段又称概念与项目评估阶段（Project Review），在此阶段评估这些新产品概念，随进随评，评估依据是技术、营销、财务评判指标，排序并选出 2~3 个最好的概念。在明确产品定义、团队、预算、框架性开发并完成产品创新章程（Product Innovation Charter，PIC）或项目（业务）计划书之后，申报项目计划书的获批。

创意在进入开发阶段前，需要对其进行评估、筛选、分类整理。这个活动通常称为筛选（Screening）。很多企业采取的是快速浏览、计算现金流折现和净现值等一系列步骤。

快速浏览法十分必要，因为生成的新产品概念数量往往十分庞大，很容易就达几千个。快速浏览之后，就是第一次正式评估。不同的创意采取不同的评估方法，如最终用户筛选、技术筛选或二者同用，最后将各种观点汇总起来并进行全面筛选（Full Screening）。全面筛选采用某种评分模型方法来决定创意是否通过并实施开发。

如果通过了全面筛选，下一个评估就是项目评估（Project Evaluation）。这一阶段的评估对象不再是创意，而是该创意的投资计划书。该计划书要陈述顾客对这个产品有什么要求，各方意见达成一致形成产品说明

（Product Description）或产品协议（Product Protocol）。协议应强调该新产品能实现哪些利益，而不是强调该新产品应有哪些特性。

本阶段由于缺乏准确优质的信息，使得技术前评估复杂化。事实上，前三个阶段（产品战略与规划、概念生成、概念 / 项目评估）构成了在新产品流程中提到的"模糊前端"。虽然等到项目收尾大多数模糊都将消除，但此时此刻，我们不能因信息局限而裹足不前。计划阶段的概要如图 2-12 所示。

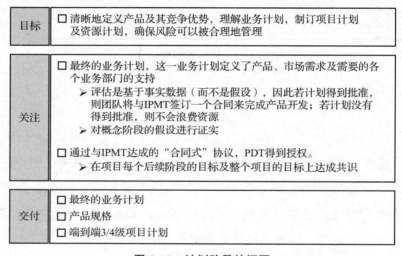

图 2-12　计划阶段的概要

三、开发

1. 资源准备

资源准备（Resource Preparation）常常被新产品经理所忽视。对于那些改进类或产品线延伸类的产品来说，忽略资源准备不会造成大的影响，因为企业已经建立和运营的模式与该新产品是匹配的，企业文化是正确的，市场数据是可靠的，现任管理者已做好新工作的准备了。但如果某个创新章程偏离企业原有的熟知领域太远，就会引发匹配性问题。如果企业想要退出那种全新的产品，团队需要做好充分的准备，包括相关培训、企业项目审核机制的有关内容改版、专项审批等。

2. 开发工作的主体

在完成上述步骤后，实际上开发要完成三件事情：①产品或服务本身、营销计划、商业计划或财务计划。产品流程包含工业设计（Industrial Design）、原型（Prototype）、产品规格（Product Specification）、系统设计（System Design）、制造工艺（Manufacture Process）等新产品导入（New Product Instruction，NPI）流程。

在产品开发过程中，营销策划者忙于定期的市场监测（追踪外部市场的变化），但营销决策越早越好。营销决策和技术决策交叉密不可分，包括包装设计、品牌名称选择、营销预算等。这一过程中概念评估继续进行，持续评估技术工作和营销计划的结果。重点是产品原型评估，以确认正在开发的技术满足顾客的需求和愿望，为顾客创造价值，并在商业化时有利可图。

3. 综合商业分析

如果一个新产品开发出来了，并得到了顾客青睐，某些公司会在产品上市前对产品进行全面的商业分析（Business Analysis）。此时，财务分析仍然不可靠，但足以帮助管理层确定项目是否值得做。在上市阶段财务状况变得越来越紧张，达到了真正的通过/退出决策点，不同行业的具体情况不同。开发阶段的概要如图 2-13 所示。

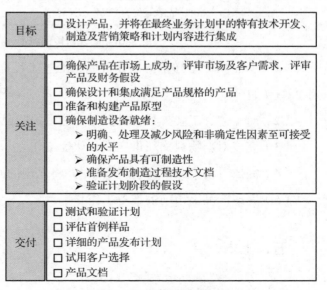

图 2-13　开发阶段的概要

四、验证

验证阶段（Verification）的主要目标是回答"我做得对吗？"的问题。为此需要验证产品的功能、性能、批量一致性，以及客户环境下的需求满足度等，并验证制造供应链系统的准备情况。验证阶段的概要如图 2-14 所示。

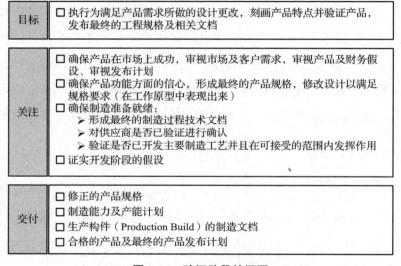

目标	☐ 执行为满足产品需求所做的设计更改，刻画产品特点并验证产品，发布最终的工程规格及相关文档

关注	☐ 确保产品在市场上成功，审视市场及客户需求，审视产品及财务假设、审视发布计划
	☐ 确保产品功能方面的信心，形成最终的产品规格，修改设计以满足规格要求（在工作原型中表现出来）
	☐ 确保制造准备就绪：
	  ➢ 形成最终的制造过程技术文档
	  ➢ 对供应商是否已验证进行确认
	  ➢ 验证是否已开发主要制造工艺并且在可接受的范围内发挥作用
	☐ 证实开发阶段的假设

交付	☐ 修正的产品规格 ☐ 制造能力及产能计划 ☐ 生产构件（Production Build）的制造文档 ☐ 合格的产品及最终的产品发布计划

图 2-14　验证阶段的概要

（1）产品从原型样本的制作开始，经过工程样机、设计变更、小批量生产直至量产。

（2）对工艺、工装夹具、批量生产能力的验证，保证批量生产能力。

（3）完成对新物料、新供应商的认证工作。

（4）完成贝塔（Beta）测试验证，并将发现的问题闭环处理。

（5）完成产品上市前的准备工作。

五、上市

狭义的上市或商业化指企业决定销售某个产品的时间或决策（通过 /

不通过）。广义的上市不是某一个时间点，不是所说的"发布之夜"，而是一个阶段，是产品发布前和发布后的邻近几周或几个月。在这个阶段，产品团队的日子就像进入快车道一样。制造部门不断提高产量，营销策划员则因为看好最终目标市场与机会，开始深入拟定许多上市技术。而本阶段最关键的步骤就是市场测试（Market Test），就像一次上市前的彩排，管理者希望在彩排时发现的问题能够在发布前夜得到解决，否则发布只能延期。发布通常称为上市，但是现今大多数企业会用至少几周时间来逐步完成上市导入。这期间，供货商开始上线产品、培训销售队伍，分销商开始进货和培训，更多的相关市场支持人员开始接受教育。上市阶段的概要如图 2-15 所示。

图 2-15　上市阶段的概要

现在，你可能已经注意到，新产品流程的价值在于，将机会（真正地开始）转变为利润流（真正地完成）。流程始于某件事，但不是产品（而是机会），终于另一件事，也不是产品（而是利润）。

实际上，发布一个新产品只是向世界告知一个新概念，即使幸运地成功了，产品实际上也只是一种临时的外在形态。在产品偏离预期时马上会有一种力量出来，推动它去改进。流程各阶段就是一个新产品的概念演进过程（见图 2-16）。新产品不可能像鸡从蛋中孵出那样横空出世。本书将讨论在新产品流程中如何运用分析工具，从早期创意生成和概念评估，到筛选、定位、开发、市场测试及上市管理等。

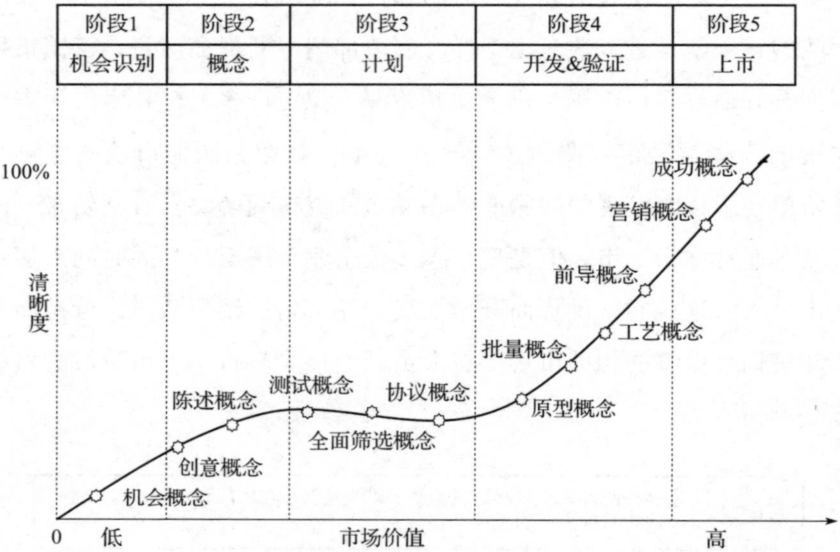

阶段1	阶段2	阶段3	阶段4	阶段5
机会识别	概念	计划	开发&验证	上市

图 2-16　新产品的概念演进过程

六、生命周期管理

产品生命周期（Product Life Cycle，PLC）是指大多数产品所经历的从出现到消失的四个阶段：导入期、成长期、成熟期和衰退期。产品生命周期对营销策略、营销组合和新产品开发的影响显著。很多产品开发战略关注于通过产品改进或增加产品特性和功能进行产品更新，以此作为延续产品生命周期的手段，如 iPhone。

产品生命周期的关键是导入阶段。在此阶段，产品经理必须聚焦于出售的产品是什么（What）、出售给谁（Who）、产品如何到达目标市场（How），以及在哪里（Where）何时（When）推广，说服目标市场客户购买（Why）。图 2-17 概述了产品生命周期各阶段。

综合以上集成产品开发流程的 6 个阶段的输入和输出如图 2-18 所示。

每个企业可以结合行业、企业和产品特点，形成符合自身实际的产品开发流程。

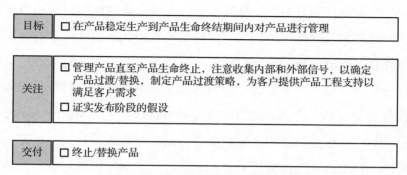

图 2-17 产品生命周期阶段的概要

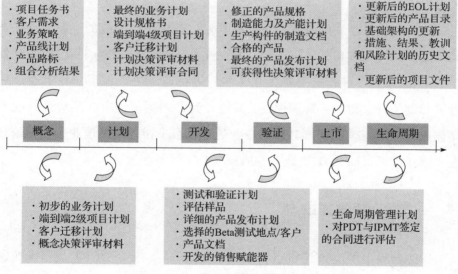

图 2-18 IPD 各阶段的输入 / 输出

第四节 集成产品开发中的商业决策机制

建立产品开发管理中的商业决策机制，主要是为了解决管理决策层

（Integrated Product Management Team，IPMT）在产品开发项目中何时介入、如何介入、介入后做什么的问题。

产品包业务计划是 IPMT 对项目进行投资决策的依据，也是各个领域制订项目计划和管理项目的依据，体现了开发团队对商业机会的分析和评估，以及基于此制定的管理项目的依据；体现了开发团队对商业机会的分析和评估，以及基于此制定各个领域的运作策略和计划，目的是保障产品能够取得商业成功。产品开发团队或称项目执行层（Product Development Team，PDT）在汇报时要将产品包业务计划浓缩成汇报材料，汇报材料包括但不限于供 IMPT 进行决策的必要信息，如市场分析的结论、产品包描述、上市策略和各个职能领域计划、财务分析和盈利分析、存在的风险、资源需求等。

产品包业务计划的制订是在产品开发过程中逐步完成的。起始点是产品开发团队接受项目任务书，经过概念生成阶段，对初始产品包业务计划（或新产品章程）进行进一步优化，然后进行概念决策评审，评审通过后进入计划（概念和项目管理评估）阶段，到计划决策评审时形成最终的产品包业务计划。很多推行 IPD 的企业通过模板来指导产品包业务计划的开发，这样可以帮助 PDT 团队有效地提高开发效率和质量。

一、商业决策评审点

IPD 流程中的决策评审点（Decision Check Point，DCP）是用来控制产品开发的商业风险的。在产品开发管理体系的建设中，应定义产品开发过程要设置多少个决策评审点、每个决策评审点的含义和评审要素。每个推行 IPD 产品管理体系的企业，通常都会制定适合本企业的 DCP 和评审要素。IPD 流程中典型的 DCP 设置如图 2-19 所示，下面简要介绍典型的 IPD 流程中各 DCP 的含义，供各企业在设置决策评审点和评审要素时参考。

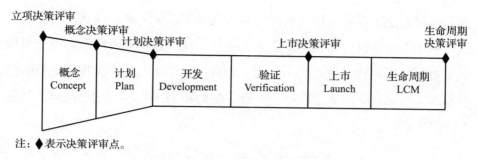

注: ◆表示决策评审点。

图 2-19　产品开发的五大决策评审点

1. 立项决策评审点（Charter Decision Check Point，Charter DCP）

这个评审点是立项（或产品规划）流程（Charter Decision Process）和产品开发流程之间的衔接点。

有些企业的立项流程没有单独拎出来，而是直接将立项和产品开发的概念或计划阶段合在一起了。有些企业特别重视产品立项，成立了专门的立项团队（Concept Development Team，CDT）制订项目任务书。在这种情况下，立项团队输出的项目任务书需要经过 IPMT 的决策评审，评审通过后才能正式批准项目，建立 PDT 团队，项目进入 IPD 流程的概念阶段。

2. 概念决策评审点（Concept Decision Check Point，CDCP）

在概念阶段结束时要召开一个概念决策评审会，项目执行层（或产品开发团队）正式向管理决策层报告优化后的商业计划，由 IPMT 决定继续或终止项目。如果商业计划获得批准，项目就进入计划阶段，项目所需的资源投入也一并进入计划阶段。

3. 计划决策评审点（Plan Decision Check Point，PDCP）

在计划阶段结束时召开计划决策评审会，PDT 提出最终的商业计划和要实施的产品开发项目合同，IPMT 做出继续或终止项目的决定。最终的商业计划提供了越来越详细的内容和计划承诺。如果商业计划被批准，则 PDT 和 IPMT 签订产品合同（或产品协议），项目进入开发阶段。该合同代表了 IPMT 和 PDT 之间的相互承诺，IPMT 承诺为 PDT 团队提供必要的资源和指导，并在合同完成后给予奖励，而 PDP 将按照签订的合同要求开发和交付产品包。

4. 上市决策评审点（Availability Decision Check Point，ADCP）

上市决策评审点是产品正式公开发布、推向市场之前的最终决策评审，需要 IPMT 明确做出继续或终止决定。ADCP 评审的主要目的有两个：一个是证实项目在计划阶段制订的商业计划中的估计和假设，以避免市场变化带来的商业投资风险；另一个是在产品发布之前，评估产品在各个领域的准备情况。如果 ADCP 通过，则意味着决策团队同意 PDT 在上市阶段的资源投入，产品可大批量推出。

5. 生命周期决策评审点（Life Decision Check Point，LDCP）

这是产品开发团队或生命周期管理团队在产品生命周期终止时设置的决策评审点，根据生命周期管理计划或产品的市场绩效表现，向 IPMT 提出产品生命周期终止计划和建议，IPMT 将做出同意 / 不同意的决定。IPMT 在做出决策时，必须审核产品生命周期终止是否与公司或产品线的战略一致，它是否会对现有的和潜在的客户满意度产生影响，如果会，如何弥补。

在 PDCP 和 ADCP 之间没有常设的业务决策评审点，IPD 针对复杂程度高、预测难度大、项目周期长等特殊项目，允许在项目具体运行过程中设立临时决策评审点，即 T-DCP。

DCP 决策评审主要集中在市场、策略、资源、前景和产品本身 5 个维度。不同 DCP 阶段的关注重点是不同的，每个企业可根据自己的业务特点制定 DCP 评审要素和评审要求。

二、商业决策评审的结论

在 IPD 体系中，每个 DCP 决策评审的结论都有明确的规定，即只可能有三个结论：通过（Go）、不通过（No Go）、暂缓或重提（Redirect）。

1. 通过

如果评审结论是通过，代表 IPMT 认可该阶段 PDT 开发的产品包业务计划，接受项目计划往下进行的建议，并承诺提供下一阶段项目所需要的资金和资源。

2. 不通过

如果评审结论是不通过，代表 IPMT 接受 PDT 团队给出的终止该项目的建议，同意项目以有序的方式终止，然后由 IPMT 将资源重新分配给其他项目。

3. 暂缓或重提

如果评审结论是暂缓或重提，代表产品业务包计划中的信息和数据不足以支撑 IPMT 给出通过或不通过的决策结论，PDT 需要收集更多的决策信息，完善汇报材料后再开会决策。

第五节　集成产品开发中的技术评审体系

一、产品开发的技术评审点

在典型的 IPD 体系中，技术评审（Technical Review，TR）被定义为召集企业内部和外部专家资源，对产品开发过程中的技术要素进行一系列分层次、跨领域、多角度的评审，以确保产品开发过程中的质量。IPD 没有把技术评审看作一个单独的活动，而是作为一套系统，设立了 6 个 TR 评审点来控制产品开发的风险，如图 2-20 所示。

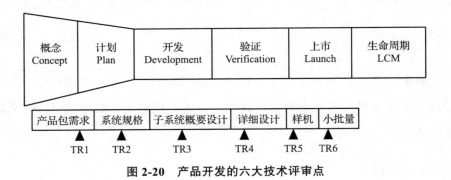

图 2-20　产品开发的六大技术评审点

（1）产品包需求（或产品概念）技术评审点（TR1）。

（2）系统规格（或产品级概要设计）技术评审点（TR2）。

（3）子系统概要设计技术评审点（TR3）。

（4）详细设计（或 BBFV 测试）技术评审点（TR4）。

（5）样机技术评审点（TR5）。

（6）小批量（或 Beta 测试）技术评审点（TR6）。

需要指出的是，并不是所有行业和企业的技术评审点都是 6 个。技术评审点的设置数量取决于两个方面：一是产品开发的复杂度，二是客户需求和质量的要求程度，要根据企业实际并综合权衡产品开发的复杂度来设置评审点，不能"一刀切"。但作为企业产品开发的基础流程，技术评审点的设置要照顾到大多数新产品开发的通用情况。这里的 TR 技术评审点是一个产品级的技术评审，这些评审点的位置通常设置在产品的技术状态发生改变的节点，如从产品概念方案到产品总体方案，从产品原型验证到产品工艺验证之间。通过这样设置 TR 技术评审点，可以避免将技术风险带入下一阶段。

从系统角度来看，产品由各个子系统和外部接口组成，子系统由模块及部件组成，相互之间有内部接口，整个系统通过外部接口与外界产生交互，内部的子系统和子系统之间、模块和模块之间通过内部接口相互关联。在现实世界中，大部分人造产品都可以抽象为一个系统，这些子系统或模块是完成特定功能的实体，这些实体之间的关系就构成了系统的架构。满足同样需求的系统可具有不同的架构，但优秀的架构应遵循"高内聚，松耦合"的原则，也就是构成系统的子系统或模块，其内部的功能应尽可能地相互关联，而不同子系统或模块之间应尽可能减少相互的耦合。这样子系统或模块可独立由专门组织完成，相互之间的需求分解分配及系统的集成会较方便。例如，软件和硬件子系统的解耦，可通过软件人员和硬件人员独立完成，接口也相对容易清晰地定义。

　　要保障系统的质量，也就是满足产品开发的需求，需要进行基于过程的分层评审。产品级 TR 评审包括三个层次：模块级评审、子系统级评审和系统级评审。各评审之间的关系可以用图 2-21 所示的金字塔结构表示。

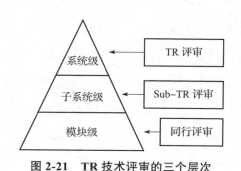

图 2-21　TR 技术评审的三个层次

1. 系统级技术评审

　　系统级技术评审是对各领域在产品开发过程中关键路径上的关键交付件的综合评审，涉及系统层面的需求评审、方案评审、设计评审、测试评审等。这个系统级的评审在 IPD 中就是技术评审，主要由产品开发项目组及领域技术专家完成。

2. 子系统级技术评审

子系统级技术评审是指对组成系统的各个子系统的评审，如通信系统中对硬件子系统的评审、软件子系统的评审、结构子系统的评审、电源子系统的评审等。产品系统的子系统划分方法决定了有多少子系统技术评审点，这些评审通常在领域内进行。子系统级技术评审也叫 Sub-TR 评审，由子项目的项目经理组织完成。

3. 模块级技术评审

模块级技术评审是对组成子系统的各个模块的评审，如构成硬件系统的电源模块、交换模块、通信硬件模块，构成软件系统的某调度算法模块、某排序模块等的技术评审。模块级技术评审通常称为同行评审，主要由相关领域的专家团队完成。

以上三个层次的评审可以认为是从模块到子系统，再到系统级的分层评审体系。而在实际开发过程中，这些模块、子系统、系统都是从不同领域逐步开发并集成的，从系统的动态形成看，产品开发过程是各个领域的子开发过程的集成。因此，在进行系统级技术评审前，要先完成各领域的子过程活动，并通过领域内小组评审、领域内跨项目的同行评审等形式完成领域内的子评审，才能进行系统级的技术评审，以保障技术评审质量。

二、技术评审的流程和结论

技术评审会首先要制订技术评审计划，评审计划是保障每个技术评审会的质量和效率的必备条件。开会前，PDT 团队的各个领域代表都要对照评审要素表进行领域自检，确保领域内的遗留问题得到解决，如果确实有不满足的自检项，应给出原因，供评审员评审。PDT 的系统工程师（SE）

组织准备技术评审会汇报材料并组织预审，确保在会前将预审发现的问题处理完毕，然后才能启动技术评审会。技术评审会一般由系统工程师主持，各个 PDT 核心代表和被邀请的专家参加。基于 IPD 体系技术评审会的一般流程如图 2-22 所示。

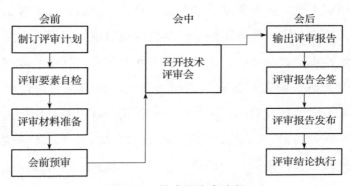

图 2-22 技术评审会流程

IPD 体系规定技术评审有三个明确的结论，分别是通过（Go）、有条件通过（Go with Risk）、暂缓或重提（Redirect）。技术评审没有否决或不通过（No Go），也就是技术评审不能决定项目是继续还是终止。

（1）通过。评审结论为通过，代表评审没有发现遗留问题，或者只发现了一些可以很快解决的问题，项目可以进入下一个阶段。

（2）有条件通过。评审结论为有条件通过，代表评审发现的遗留问题解决起来有一定的风险，但不会影响下一阶段的活动，可以保证在能够解决的前提下进入下一个阶段，或者只发现了一些可以很快解决的问题。

（3）暂缓或重提。评审结论为暂缓或重提，代表评审发现的遗留问题将影响下一阶段的活动，必须先解决问题，否则不能进入下一个阶段。

技术评审会后，一般在两个工作日内输出评审报告，并组织评审委员和专家会签，会签完毕后向项目组和相关人发布评审结论，PDT 根据评审结论执行后续活动。

技术评审是产品开发过程中重要的技术和质量保障手段，但在实践中很多企业的技术评审形式化严重，没有起到应有的技术决策的作用。归纳起来主要存在以下问题。

1. 技术评审和商业决策评审没有分离

决策评审主要从业务角度看这个项目是否有价值，评审对象是产品包业务计划，技术评审主要评审的是产品包的成熟度。很多公司将商业决策会议和技术评审会议合在一起开，既有技术专家参与评审技术问题，又有高层领导从市场、财务、盈利等方面进行商业评审，导致评审主体不明确，结果哪个方面都没有起到很好的评审作用。甚至开发团队迫于行政压力，只好听领导的指示，因为出了问题就是领导的责任；不听领导的，如果出了问题就是自己的责任。因此，建议没有做到二者分离的企业尽快建立技术评审机制，将二者分开。领导只参与决策评审，不参与技术评审，即使参与也是以专家的身份，而不是以领导的身份。

2. 将技术评审会议开成解决方案讨论大会

这种情况往往是因为没有将技术评审看成一个系统级的评估会、检查会，而是作为一个方案讨论会议。IPD 体系下的技术评审不是用来讨论方案的可行性或解决技术难题的，而是作为系统级评估产品包成熟度的。

3. 没有制订技术评审计划

技术评审计划对于做好事前准备工作非常重要，包括整个项目中有几个技术评审点、几个 Sub-TR 评审点，每个评审点的时间、地点、关注的内容、参与的专家都需要提前做好计划，预留足够的预审时间。只有做好评审计划，团队才能有明确的目标，也能避免选出的专家不合适。没有预留足够的时间给评审委员和评审专家去预审，导致评委和专家不能发现深层问题，评审质量难以保障。评审过程中争执过多，占用了大量时间，没有把有争议的地方在小范围内解决掉，这也是没有做好评审计划的表现。

　　技术评审要素表（TR Checklist）是一个非常有用的评审工具，将公司相关领域经常犯的错误和容易遇到的风险作为提醒项列成一个检查表，可以大大提高评审效率，也能避免评审时提出不适当的评审意见。

4. 评审中发现的问题没有得到闭环跟踪

　　对评审发现的问题进行闭环处理才能真正将评审决议落到实处。有些企业的评审就是走形式，评审出来的问题由问题提出人跟踪，被评审者不愿更改，特别是在产品开发后期，迫于进度压力，带着问题"一路绿灯"通行。

三、技术评审要素表

　　技术评审要素表是提升企业技术评审质量的重要工具，也是 IPD 产品管理中技术评审要求落实的重要实践总结。技术评审要素表是企业产品开发过程中的知识传承与经验总结，包括高频、关键的风险点，关键的开发设计准则，设计过程的规范，创建 TR 评审要素表的目的是提升 PDT 团队的工作效率，帮助团队通过自检发现问题，使各评审专家聚焦于相关技术领域，识别项目技术风险。

　　技术评审要素表需要技术评审专家团队（TRG）定期维护和优化，以便适应成熟度不断提升的产品开发团队。经过优化的评审要素表要定期发布，保障每一次评审都可以站在前人的肩膀上，不断积累企业的智力资产。

　　很多企业开始并没有评审要素表作为评审工具，评审要素表的创建、维护、优化实际上也是一个逐步积累和完善的过程，随着企业研发团队的不断成熟，其会逐步由初级阶段向高级阶段发展。

　　表 2-2 所示的是某产品线 TR1 评审要素表的模板，主要由评审要素、检

查项目、类别、自检结果和评审结论构成，其他 TR 点的评审要素内容类似。

表 2-2　某企业产品线 TR1 评审要素表（局部）

序号	评审要素	检查项目	类别（A/B）	自检结果	评审结论
1	SE	产品包需求是否清晰并依据产品包需求模板进行了整理			
2		需求是否确定了优先级			
3		选择的产品备选概念中的关键设计点是否可行？是否存在高风险？是否对高风险进行了记录			
4		产品备选概念是否考虑了今后平台型的衍生			
5		所有和产品包需求、设计需求、产品备选概念相关的问题是否被记录并进行了风险评估			
6		产品包需求是否充分转换成了设计需求			
7		是否对先前开发类似产品时所积累下的经验和教训进行了分析			
8		在产品开发过程中，准备选用的关键芯片所需要的供应商支持是否违反公司安全规定			
9		信息安全需求是否已考虑			
10		系统的设计需求是否有抗反向工程的措施			
11		产品备选概念和设计方法是否考虑了环保需求			
12	硬件	硬件概念使用的 PCB 和芯片技术及其成熟度是否满足开发和交付的需要			
13	软件	是否分析了 CBB 软件使用方案，明确了有哪些 CBB 可用并制订了使用计划			
14		是否有第三方软件使用计划			
15	UCD	所有可用性需求是否得到满足			
16		是否针对关键用户进行了任务分析，并定义了用户使用场景			
17		是否已经完成前一版本的可用性问题分析，并作为可用性需求的输入			
18		对关键用户交互场景的定义和概念设计是否可行？是否存在风险			

（续表）

序号	评审要素	检查项目	类别（A/B）	自检结果	评审结论
19	总体	是否制订了共享的硬件和软件使用计划概要			
20		是否制订了智力资产计划概要			
21		是否制订了详细的 CBB 软件共享清单和计划			
22		是否输出了明确的器件复用清单			

注：（1）"评审要素"列。指对应领域所关注的评审要素。

（2）"检查项目"列。指对应的评审要素有哪些检查项目或考虑项。

（3）"类别"列。指该评审要素检查项属于"A：必须满足"项，或是"B：非必须满足"项。

（4）"自检结果"列。要求领域负责人按要求说明本领域的交付件在会前进行自检的情况，如果自检结果不符合要求，需要在"自检结果"列中说明原因。

（5）"评审结论"列。该列填写技术评审时评委达成的一致意见，是满足还是不满足，有无风险。

创新视点 2

为什么产品开发团队要对市场成功负责？

从经济学的角度来看：产品开发是一种投资行为，最终追求的是投入产出比，即投资回报，而高投资回报是建立在市场成功基础上的。如果产品投入市场后的投资回报率是负的，这就意味着资源被浪费了，从经济学的角度来看，这是不值得的。因此，就经济行为而言，项目执行层（或产品开发团队，PDT）应对产品的投资成功负责。

从管理学的角度来看，跨部门的流程运作需要各部门通力合作，共同密切关注最终客户，对最终结果负责。如果流程的每一个环节都只关注自身己可控的目标，必然导致各自为政，甚至相互扯皮、推诿等现象，最终影响流程的最终结果。IPD 流程的结果就是产品取得市场成功，PDT 运作的是从接受项目任务书（Charter）到产品发布上市的核心环节，当然应该对产品在市场上的成功负责。

从文化的角度来看，以技术为导向的工程师文化并不合适企业，从长远来看会带来很大的危害。华为明确提出要颠覆工程师文化，要在开发部门倡导商业文化、商品文化、市场文化，产品开发工程师应该成为工程师商人、产品商人。

第六节　敏捷化的集成产品开发

传统的 IPD 是一个"瀑布"式的开发模式，随着市场变化得越来越快，在客户都不清楚自己要什么的情况下，形成完整的产品包需求就变得越来越困难。此时，传统的 IPD 似乎过于"重"，这种"重"影响了企业对市场和客户的快速响应。随着敏捷思想在软件开发中的流行，IPD 也开始抛开繁重的评审和决策逐步轻量化起来。客户的需求不再是一次性全部满足，而是逐步满足并迭代交付。在交付周期内频繁发布新版本，并对不确定的需求则进行快速试错。

这种开发模式首先对客户的价值需求进行优先排序，根据价值需求交付正确的产品，并匹配团队的资源和能力，从"尽力而为"转变为"说到做到"。避免开发团队为了一次性满足客户的所有需求，求多求全，导致需求过载。所谓过载就是开发需求的工作量大大超出了团队的交付能力，使开发陷入缺陷数量多、系统设计差、修复缺陷时间长、团队疲劳的恶性循环。

一、IPD 敏捷化

传统的基于 IPD 的项目管理关注产品需求、成本和进度，强调在计划决策评审（PDCP）前一次性确定需求和方案，并一次性确定业务计划，基线化产品需求和设计规格。产品开发项目敏捷化后，更关注客户的价值、产品的质量，注重"小步快跑"的开发过程。敏捷化倡导个体和交互胜过过程和工具，可以交付的产品胜过面面俱到的文档，与客户合作胜过合同谈判，响应变化胜过遵循计划。这种敏捷思想对传统的基于 IPD 的组织架构提出了新的挑战。为适应新形势，快速响应客户要求，企业纷纷对传统的 IPD 产品开发流程逐步实现敏捷化改造。IPD 敏捷化（见图 2-23）的关键在于团队意识的转变和能力的提升，从而实现人员技能、工程能力、流程管控、工具等方面的积累，在风险可控的条件下逐步实现全面敏捷的目标。

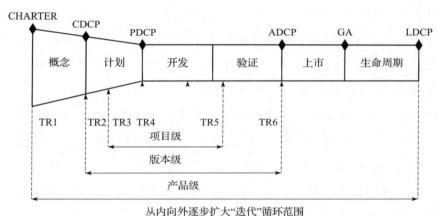

图 2-23　IPD 敏捷化

1. 项目级敏捷

实施的范围限定在 TR2-TR5，聚焦单个项目组或多个项目组协同地开发过程和能力改进，对 IPD 流程的对外交付点及研发领域没有影响。

2. 版本级敏捷

版本级敏捷实施的范围扩展到 TR1-TR6，对架构设计、非研发领域协同等多个方面的能力提出了更高要求。版本级敏捷具备按特性向最终用户分批交付的能力，加快了对用户需求的响应速度。

3. 产品级敏捷

实施范围扩展到产品的全生命周期，以较小的需求包接纳用户需求，给用户提供更快的市场反应速度。这将给项目立项、最终结构、主流程、市场、财务、供应链等方面带来巨大挑战。

敏捷 IPD 模式下的产品开发团队和 IPD 模式下的产品开发团队结构也有所不同，前者引入了项目所有者（Project Owner，PO）、教练（Scrum）、开发团队（Team）三个重要的角色。

（1）项目所有者，类似于 IPD 模式下的 PDT 经理，同时承担项目经理的角色，对产品投资回报负责。PO 负责确定产品发布计划，在 SE 的协助下，定义产品需求并确定优先级，验收迭代结果，并根据验收结果和需求变化刷新需求清单及优先级。除了客户需求之外，内部任务如重构、持续集成环境搭设置等也由 PO 统一管理。

（2）教练，确保团队正确地做事，指导团队正确地进行敏捷实践，引导团队建立规则，推动解决团队的障碍，类似于 PQA 在传统 IPD 模式中的角色。

（3）开发团队，负责产品需求的实现。负责估计工作量并根据自身能力找出最佳方案去完成任务，确保交付质量，并向项目经理和利益相关人展示工作成果。敏捷开发团队是一个具有自我管理、自我实现能力的跨领域团队，团队成员包括需求分析师、设计师、开发人员、测试人员、资料人员等，他们通常需要坐在一起工作，遵循同一份计划，服从同一个项目经理。这样一个完整的团队有助于团队成员形成共同的目标和全局意识，促进各个功能领域的沟通和融合。

二、不同业务模式下的敏捷化 IPD 产品开发

1. 纯软件项目的敏捷 IPD

传统 IPD 强调商业决策和技术决策的分离，但软件产品具有特殊性，

更容易实现需求的最小闭环验证和交付，所以对相对稳定的组织（如产品线、产品族）和相对稳定的商业计划书（OBP）开发完成后，可以通过规划不同的产品版本发布计划（RP）来实现不同的需求包。每个版本的发布评审（RR）都要达到 TR5 受限发布水平，即每个版本都有一个简化的 IPD 子项目，直到所有规划的版本都发布完成，最终达到商业发布水平。这就要求企业和客户签合同的时候要进行谈判，并明确完成业务合同的交付轮数。通过与客户的互动，及时进行版本需求列表的刷新，并以增量的方式交付，因此针对客户持续发布的版本，其需求是不断地进行规划、迭代开发和持续发布。纯软件项目的敏捷 IPD 模式如图 2-24 所示。

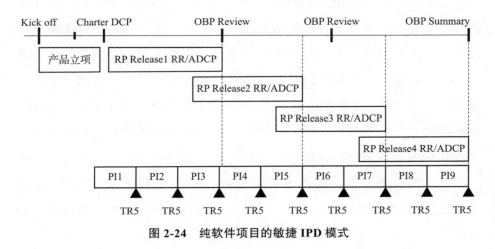

图 2-24　纯软件项目的敏捷 IPD 模式

这种开发模式对于 2B2C 企业十分有效，因为终端需求变化剧烈，客户也在"摸着石头过河"。

这种模式下的产品规划就是在不同时间推出满足不同需求的版本，而版本规划就是对需求进行管理，包括需求收集、分析、排序并将需求分配到不同的版本中去实现。

2. 纯硬件项目的敏捷 IPD

纯硬件项目的敏捷 IPD 模式如图 2-25 所示。

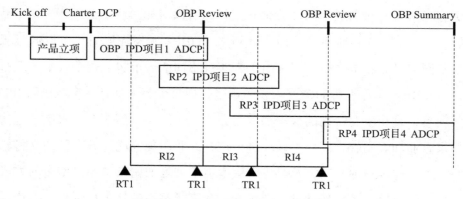

图 2-25　纯硬件项目的敏捷 IPD 模式

　　这里的硬件项目指的是纯机械产品、纯电子产品等，如电动工具、非智能电冰箱等。项目 1 可作为基础产品或平台产品，首先要有明确的产品定位，满足明确的产品包需求，产品开发走传统的 IPD 流程。而后面的项目 2 需要继承项目 1 的产品包需求，并收集和定义增量的产品包需求部分，形成产品 2 的产品包需求，项目 2 的产品架构也可以继承项目 1 的产品架构，作为衍生型项目，遵循简化后的 IPD 产品开发流程。如果产品架构有大的调整，建议按全新的产品开发流程进行。以此类推，每一个迭代产品的推出，都需要通过 ADCP，每个迭代产品的产品包需求都包括继承部分和增量部分，沿用传统 IPD 流程，最终达到商用发布水平。

3. 纯软硬件结合项目的敏捷 IPD

　　纯软硬件结合项目的敏捷 IPD 模式如图 2-26 所示。

　　对于纯软硬件结合的产品，要做到敏捷化交付，首先要在架构上为后续的快速交付打下基础，包括机械软硬件解耦设计，只有这样才能实现异步开发（并行工程）。另外，在软件上，各个模块要松耦合、支持按组件独立开发验证。对于软件特性的实现，支持持续规划多个 PI（增加项目），每个 PI 达到 TR5 标准后交付，支持持续交付、多次商用发布。

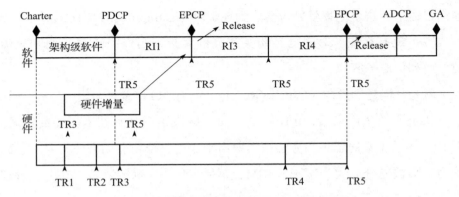

图 2-26　纯软硬件结合项目的敏捷 IPD 模式

新硬件平台的项目按照传统的 IPD 模式开发，将依赖硬件的新特性匹配到标准 TR5 后启动外部交付。基于成熟硬件平台的增量硬件则快速增量开发、快速上市。

第七节　运用 IPD 方法论建立组织持续创新机制

一、IPD 的核心思想和理念

在引入 IPD 体系前，大多数企业的业务流程都是基于职能部门的，每个部门都认为自己的流程很重要，所以有很多核心流程。从引入集成产品开发流程开始，企业应学会从客户角度思考公司的主业务流程。

按照时间顺序，可以将客户可分为后天的客户、明天的客户和现有客户三类，对应这三类客户，企业就只有三个流程，适用于任何行业、任何规模的企业。

（1）后天的客户。是否提前考虑到未来客户的需求，并为此做好产品和技术准备。这个流程就是 IPD。

（2）明天的客户。对于已经有现实（真正）需求的客户，是否能够快速满足需求，这个流程就是机会点到现金流（lead to Cash，LTC）。

（3）现有客户。对于已经购买产品的客户，当产品出现问题和故障时，将如何服务客户？

就是从问题到解决（Issue to Resolution，ITR）。

从企业的角度来看，IPD 体系表面上解决了产品和技术研发的问题，但 IPD 体系蕴藏的思想和方法被提取出来成为整个企业的方法论时，它的威力就会被充分放大。这就是 IBM、苹果、华为、联想等公司在业务管理上成功的秘诀。

在创新过程中，企业必须改变之前"以技术推动产品，客户被动接受产品"的做法，将客户和市场的需求作为产品开发的原动力。在满足需求的同时，实现企业的自身的价值。因此，IPD 体系构建在以下两个基本的核心理念上：

（1）市场需求是产品开发的源泉。

（2）产品开发也是投资行为。

在实施过程中，企业通过三个方面的建设让 IPD 最基本的两大核心理念落地，如图 2-27 所示。

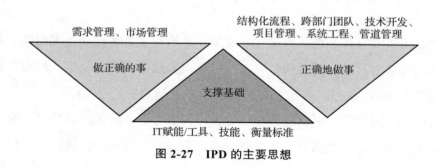

图 2-27　IPD 的主要思想

（1）做正确的事。需求管理（RM）、市场管理（MM）。

（2）正确地做事。结构化流程、跨部门团队、技术开发、项目管理、系统工程、管道管理。

（3）支撑基础。IT 赋能 / 工具、技能、衡量标准。

二、IPD 的管理体系

在 IPD 体系发展过程中，市场管理流程（通常也称产品规划流程）、需求管理流程、集成产品开发流程被称为"IPD 的三大流程"，如图 2-28 所示，在这三大流程的基础上，不断衍生出其他流程。

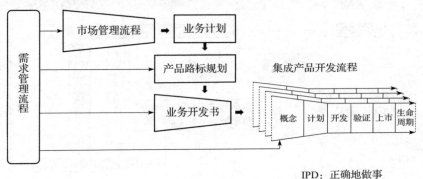

图 2-28　IPD 体系的三大基础流程

1. 市场管理流程

市场管理流程是确保企业"做正确的事"的核心方法论和流程，是集成产品开发流程的上游流程。

市场管理流程的输入是：市场信息、客户反馈、竞争对手信息、技术趋势、现有产品组合等，通过理解市场、市场细分、组合分析、制订 / 融合业务战略和计划，形成组合策略和路标规划、在管理业务计划和评估绩效阶段，通过项目任务书（Charter）启动 IPD 流程。

2. 需求管理流程

需求管理流程为 MM 和 IPD 提供输入，让市场管理流程、产品路标规划（Product Roadmap Planning）和产品开发"瞄准靶心"。

需求管理流程（见图 2-29）分为收集、分析、分配、实现和验证五个阶段。其中，需求收集、分析、分配主要在产品规划、项目任务书开发（很多企业也叫产品定义）、IPD 流程的概念阶段进行，实现和验证阶段流程主要在 IPD 产品开发流程中实现。所以，需求管理流程并行于 MM 流程、IPD 产品开发流程。

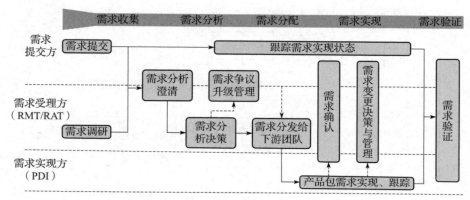

图 2-29　需求管理流程框架

实际上，无论是否有公司层面的独立需求管理流程，MM 和 IPD 流程都需要进行需求的收集、分析等工作。从这个意义上说，需求管理流程是 MM 和 IPD 的支持流程。

3.IPD 产品开发流程

微观 IPD 指的就是 IPD 产品开发流程，也称小 IPD 流程（以下简称"IPD 流程"）。IPD 流程从项目任务书开始，到产品生命周期管理结束，分为概念、计划、开发、验证、上市和生命周期管理 6 个阶段。IPD 流程强调根据投资决策标准对产品开发进行分段评审，一般设置 5 个决策评审点（DCP），为了确保产品交付的产品质量符合客户需求，一般有 6 个技术评审点（TR），如图 2-30 所示。IPMT 和 PDT 两个团队是产品开发流程中的主要角色，IPMT 负责产品投资决策，PDT 负责具体的产品开发。

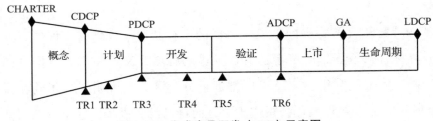

图 2-30 集成产品开发（IPD）示意图

采用 IPD 管理体系，确保流程的有效运行。除了上述业务流程外，IPD 管理体系还包括：

（1）组织、角色和职责。它们定义了支持流程运作的各级组织，主要是跨部门团队和阶段成员角色和工作职责。

（2）度量（Metrics）与考核。度量指标用于衡量流程运作质量。部分流程度量指标用于员工考核，通过绩效管理和激励机制，强化行为规范。

（3）技术管理体系。通过业务的分层分级管理，构建各层级的通用构建模块（CBB），提高产品开发效率。

（4）技能提升。建立支撑 IPD 体系运作的个人技能，包括管理和领导能力，以及沟通能力。

（5）IT 工具。建立各种信息数据系统，以支撑 IPD 体系的运作。

三、建立组织的 IPD 持续创新机制

IPD 创新机制的最终目标是取得良好的业务效果，但 IPD 刚刚推行的 2 ～ 3 年内，业务结果常常不明显。那么，如何衡量 IPD 推进的程度和效果呢？一般采用 IPD 变革进展指标（Transformation Process Metrics，TPM）来衡量。TPM 是衡量 IPD 推进进展及业务成效的重要衡量指标，评估包括九类：业务分层、结构化流程、基于团队的管理、产品开发、有效的衡量标准、项目管理、异步开发、共同基础模块、以用户为中心的设计，并扩展到衡量功能部门能力和效率，如市场管理、研发、采购、

制造。

TPM 运用开放式提问来发现 IPD 的推行状况。评估时，评估者要对比业界标杆来衡量，既要考虑 IPD 推进的程度，又要考虑 IPD 推进的效果。通过完成问卷得出变革进展指标得分，该分数说明了公司处在哪个 IPD 阶段。如果业界最佳公司进步了，而自己没有进步，这个分数可能会降低。得分分为试点、推行、功能、集成、世界级 5 个级别。每年会就 TPM 评估后所提出的改进行动计划进行跟踪，在下一年评估时回顾上一年行动计划的改进进度和效果，并制订本年度的行动计划，形成闭环，促进业务和管理的持续改进。表 2-3 为 TPM 评估标准。

表 2-3　TPM 评估标准

推行程度	级　别	推行效果	级　别
0.1—1.0	试点：受控，有限地引入	0.1—1.0	试点：有部分成效，流程有较大缺陷
1.1—2.0	推行：在部分产品/产品线中开始推行	1.1—2.0	推行：关键衡量指标有部分改进，运作稳定，流程缺陷较小
2.1—3.0	功能：在大多数产品/产品线中开始推行，行为正在发生变化	2.1—3.0	功能：大多数衡量指标得到改进，实施有效
3.0—4.0	集成：完成推行，文化已经变化	3.0—4.0	集成：大多数衡量指标有很大改进，实施非常有效，流程没有缺陷
4.1—5.0	世界级：及时与新的 IPD 理念不断保持一致	4.1—5.0	世界级：实施质量不断提高，竞争力领先

IPD 从来不是一个死的体系，今天的 IPD 与 20 年前的 IPD 相比，很多地方出现了根本性的变化。基于 TPM 评估，公司需要每年检讨 IPD 怎样优化、怎么改进，同时还须不断审视和优化 TPM 的评估问卷，这样就使整个 IPD 变成了一个有生命的体系。

不是每一家公司推行 IPD 都会成功。一般从开始就应制定一系列变革进展衡量指标，管理层用这些指标来监督 IPD 的落地和效果。IPD 推行持续改进的机制，通过全员持续改进，实现客户满意和卓越的经营绩效目标；通过不断识别研发过程中的改进机会并实施改进，以持续提升研发质量、效率，降低研发成本、风险，最终形成持续改进的文化。

管理变革项目规划的输入主要有两个来源：一个是公司战略需要；另一个是管理实践中面临的问题和挑战。规划流程分为五个步骤：

（1）内外部环境及需求分析。

（2）进行问题调研诊断。

（3）形成项目清单。

（4）项目的投资收益分析。

（5）变革项目的评审、发布。

变革项目过程和 IPD 产品开发流程非常相似，也分为六个阶段，如图 2-31 所示。

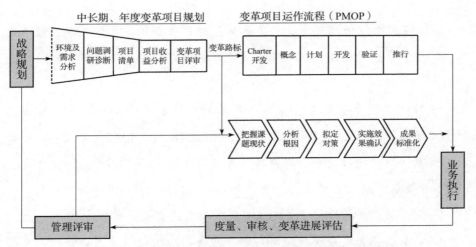

图 2-31　运用 IPD 方法论建立管理体系的持续改进机制

世界上唯一不变的就是变，企业只有与时俱进，持续不断地创新管理，提升核心竞争力才能活下去。通过持续改进，建立一套适应市场和客户发展需求，持续保持活力、具有研发竞争力的 IPD 管理体系，与业界最佳对标，不断刷新评估内容和标准，就能立于不败之地。人类探索真理的道路是否定、肯定、再否定，不断反思、自我扬弃的过程。自我批判与改进的精神代代相传，新生力量发自内心的认同并实践自我批判与改进，就能保证公司未来的持续进步。

华为 IPD 框架结构

华为 IPD 框架由市场管理、流程重组和产品重组三大模块组成，可进一步细分为客户需求分析、投资组合分析、跨部门团队、结构化流程、项目和管道管理、异步开发、公共基础模块 7 个子模块。

1. 新产品开发是一项投资决策

IPD 强调要对产品开发进行有效的投资组合分析，并在开发过程中设置决策评审点，通过阶段性评审来决定项目是继续、暂停、终止还是改变方向。

在 IPD 中设有一个专门负责新产品开发投资的跨部门团队：集成组合管理团队（Integrated Product management Team，IPMT）类似于一个投资银行家，负责投资决策；而产品开发团队（Product Development Team，PDT）则类似于被投资的公司，负责产品开发。IPMT 的投资活动包括：

（1）根据新产品的投资优先级管理，动态优化投资组合。

（2）新产品开发分阶段进行投资。在每个阶段设有决策评审点，只有通过了决策评审，IPMT 才会进行下一阶段的投资，这样就可以提前发现新产品开发的问题，避免错误投资造成的浪费。

（3）在决策评审时，IPMT 更多的是考虑产品的投资回报率，评审的对象是新产品的业务计划，而不是产品开发计划，产品经理（PDT leader）要对产品的市场成功和财务成功负责，而不仅仅对产品的研发成果负责。

2. 基于市场的开发和创新

IPD 强调产品创新一定是基于市场需求和竞争分析的创新。为此，IPD 把正确定义市场需求、产品概念作为流程的第一步，强调"开始就把事情做正确"。

3. 跨部门、跨系统的协同

采用跨部门的产品开发团队，通过有效的沟通、协调以及决策，达到尽快将产品推向市场的目的。

4. 结构化的流程，产品开发项目的相对不确定性，要求开发流程在非结构化与过于结构化之间寻求平衡

IPD 开发流程分为四个等级：阶段、步骤、活动、任务。IPD 产品开发流程总共分为六个阶段，每个阶段又分为若干个步骤，如概念阶段分为六大步骤，一般每个步骤有 10 ～ 20 个任务，而每个任务又由若干个活动组成，活动是由要素、模板、经验数据组成的，由此构成了产品开发流程的不同层次。

5. 项目和管道管理

华为 IPD 结构化流程类似高铁系统，定义了管理产品开发的整个流程体系。产品版本开发项目就像其中开出的一列列不同车次的火车，而项目管理就是一列列火车安全、准点运行的管理过程，项目团队就是执行列车时刻表，保证正点、安全到达的司乘团队。

6. 异步开发模式

异步开发模式也称并行工程，就是通过严密的计划、准确的接口设计，把原来的许多后续活动提前进行，以缩短产品上市时间。

7. 重用性

采用公共基础模块（CBB）和平台提高产品开发的效率。

经过多年的实践，华为公司的 IPD 研发项目管理不断完善和优化。华为总裁任正非说："为什么要认真推 IPD，我们就是在摆脱企业对个人的依赖，使要做的事从输入到输出，直接端到端，简洁并控制有效的连通，可能的减少层级，使成本最低，效率最高。"

通过坚持 IPD 的做法来流程化管理创新活动，华为公司将几万人的研发人员高效地组织起来，提高了公司的整体运行效率，逐渐建立起了世界级的研发管理体系。形成了世界级的研发能力，从而成长为世界 500 强企业，赢得了全球客户的信赖。

资料来源：笔者根据多方资料汇编。

本章小结

（1）产品开发本质上是一个风险与回报的过程。在整个新产品开发流程中，随着新产品开发往前推动，成本大幅增加，特别是在最后的设计、原型制作和从规模化到商业化阶段。至关重要的一点是，应当在新产品开发的早期（经常称为"模糊前端"）投入大量精力，以保证有关项目成功率的决策是切实可靠的。

（2）门径管理、敏捷、精益、设计思维和集成开发在特定的公司和产品的应用上各有优势。深入理解每种模型的原理非常重要。如此，才能将最恰当的模型应用于具体的公司情境，通常采用的是两种或者更多模型的组合。

（3）先进的产品开发管理模式，将产品开发作为一种投资行为，基于需求进行开发。结构化的产品开发流程将整个开发过程划分成概念、计划、开发、验证、上市和生命周期 6 个阶段。

（4）IPD 的产品开发流程同时考虑商业和技术两条主线，通过商业决策评审点和技术评审点分别控制产品开发的商业风险和技术风险。

（5）产品开发敏捷化是在面对市场化越来越快且客户自己都不清楚自己要什么的情况下，对 IPD 流程的轻量化（软件、硬件、软硬结合模式），通过迭代交付快速满足客户需求。

（6）在 IPD 体系发展过程中，市场管理流程（MM）、需求管理流程（RM）、集成产品开发流程（IPD）被称为"IPD 的 3 大流程"。集成产品开发流程，简称"IPD 流程"，也称小 IPD 流程。

（7）将客户和市场的需求作为产品开发的原动力，在满足需求的同时，实现企业的自身价值，运用 IPD 方法论建立组织持续创新机制。

Offering Requirement & Product Planning

第 3 章

市场需求与产品规划

需求管理能力已成为企业的核心竞争力，越来越多的企业已经认识到需求管理的重要性。

创新活动由公司战略清晰指引，在确定了愿景、使命和战略目标的基础上，对市场环境和客户需求进行分析，结合产品竞争情况，通过执行严格的市场管理方法论，形成未来 3～5 年的产品路标规划、营销计划以及相应的预算和资源配置规划。

产品开发是基于市场需求的投资行为，产品组合管理是对"正确"产品的选择和维护，与组织的经营战略和创新战略协调一致。可以通过"自上而下""自下而上"或二者相结合的方法，协调战略与单个项目选择及平衡组合。

华为发布 5 项汽车新品，推动华为 Inside 概念

华为于 2021 年 4 月 18 日举行了汽车解决方案发布会，共发布 5 项新产品，分别为鸿蒙（Harmony OS）智能座舱、集成式智能热管理系统、智能驾驶计算平台 MDC 810、4D 成像雷达、八爪鱼自动驾驶开放平台。此外，2021 年 4 月 19 日开幕的 2021 年上海车展上，华为与北汽旗下品牌 ARCFOX 极狐合作推出了"ARCFOX 阿尔法 S 华为 HI 版"，以及与小康集团下的赛力斯推出 SF5 自由远征版，同样挂上"华为智选"。

鸿蒙智能座舱由计算平台、显示平台、软件平台和应用生态组成。计算平台支持热插拔，算力可升级，软件平台支持手机、车机无缝流转，还支持 AIOT 车家互联。MDC 810 计算平台支持 400 TOPS 的算力，可支持 L4-L5 级自动驾驶技术，完成了多项行业质量认证。4D 毫米波雷达通过更大的毫米波收发阵列，实现了高精度的水平和垂直感知能力，并且提升了 10 倍的点云密度，让毫米波雷达看得更远、看得更清。八爪鱼自动驾驶开放平台，在云端提供了海量已标注数据、仿真能力和高精度地图，用来支持合作伙伴进行技术研发。

1. 智能化平台解决方案

华为将"智慧汽车部件产业投资"列为未来五项战略之一，发布会上也宣布每年将投入 10 亿美元研发费用，但依旧维持不造车的决心，选择作为汽车增量部件的供货商，定位替车企造好车。实际上，华为做的并非仅是车辆的几个零组件，而是发挥本身在 ICT 方面的优势，几乎都是系统、平台化、联网化、智能化的产品。

　　跟随软件定义汽车的趋势，车舱内的操作系统成为智能化核心，华为掌握了与消费者沟通的重要接口与应用程序的入口，图像资讯厂商、影音内容商、游戏或餐饮业者等想进入车内系统，皆要进入鸿蒙的生态圈。华为认为汽车产业对于算力的竞赛已趋于理性，MDC810 的算力为 400 TOPS，除了达到一般认知 Level 4 >100 TOPS 算力外，还有余裕供应未来新功能的升级。如图 3-1 所示。

MDC	算力（TOPS）	自驾等级	镜头数	CAN	Auto-Eths	目标领域
MDC 810	400+	L4-L5	16	12	8	乘用车 /Robotaxi
MDC 610	200+	L4	16	12	8	乘用车
MDC 300F	64	L3	12	12	8	商用车、作业车
MDC 210	48	L2+	8	10	4	乘用车

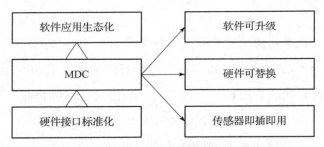

图 3-1　华为 MDC 平台型规格型号与特色

2. 自动驾驶系统成为主轴，华为 Inside 带风潮

　　汽车行业惯用的供应层级，华为可弹性地做 Tier 1 或 Tier 2，目前在 ARCFOX 阿尔法 S 华为 HI 版本上可看到。华为近期与中国自主品牌合作推出的车款，跳脱车厂背后供货商的幕后角色，使用华为自动驾驶技术，即 MDC 系列产品，挂上华为 Inside Logo。此做法在过去汽车行业较为少见，过去汽车的尾标会透露出一些车辆的特殊信息，例如放上 Turbo 表示使用涡轮增压引擎，但一般不会知道供货商信息，即便在中国市场按照法

规要求而放上名称的也是汽车制造商，如一汽、上汽等。放上华为 Inside 的做法，除了凸显华为品牌在消费者端拥有延续至汽车的价值，也可看出自动驾驶系统软硬件整合方案商对于汽车的重要性。此风潮预期会陆续出现，另一个类似案例为 Mobileye，配备 Mobileye EyeQ 系统的福特（Ford）车辆将在 SYNC 信息娱乐系统屏幕上显示 Mobileye 商标，显示 Mobileye 在性能上的表现受到肯定。未来拥有自动驾驶关键技术的供货商将成为重点，车厂需要其来显示系统的可靠性，尤其是新创的电动车车厂需要这项加值效果。

资料来源：笔者根据多方资料汇编。

第一节　产品需求管理体系

无论是产品规划还是产品开发，甚至是企业的一切经营活动，都必须以客户需求为中心。然而，如何有效地管理需求还没有引起足够的重视：有的企业缺乏有效的方法去探索和收集客户需求，有的企业不知道如何判断需求的真实性，有的企业在众多的需求中难以抉择取舍。

与此同时，大量的企业问题就出在过度"以客户需求为中心"。为了满足同一细分市场不同客户的需求，开发了大量有针对性的产品，但每一类产品的销量却很小。这些产品看似相似，其实不同。为了开发和管理这些数量众多的产品，企业付出了高昂的研发成本和运营成本。

深刻理解客户需求是公司需要建立的核心能力之一。传统营销认为，需求是人们对有能力购买并且愿意购买的特定产品的渴望。在认识和理解需求方面，最经典的莫过于美国心理学家亚伯拉罕·马斯洛（Abraham Maslow）的需求层次理论。马斯洛将个体的需求从低到高分为五个层次：生理需求、安全需求、社会需求、尊重需求和自我实现需求。从企业产品开发的视角看，需求特指产品和解决方案的功能、性能、成本、定价、可服务、可维护、可制造、包装、配件、运营、网络安全、数据资料等方面的客户需求。客户需求决定了产品的各种要素，它是产品和解决方案规划的起点，是客户与公司沟通的重要载体，是市场信息的重要体现。

每个公司、每个人对需求都有不同的理解和认识，要真正理解和把握客户需求，就需要进行"去粗取精、去伪存真、由此及彼、由表及里"的统计、归纳、分析和综合。

按场景来划分需求，有助于深刻理解客户需求。所谓场景就是客户的场景，也是企业的"作战"场景，是用技术去处理客户现实的问题。按客户需求来规划产品，让产品适配各种场景，把复杂留给自己、把简单留给客户、把方便留给客户就是场景化（Scenario Analysis）。每个细分市场对应产品和解决方案的场景是有限的，把客户要解决的问题一个一个列出来，再通过对对应案例的深度分析，回答如何解决。一般场景化需求洞察（见图 3-2）工作可分为三个阶段。

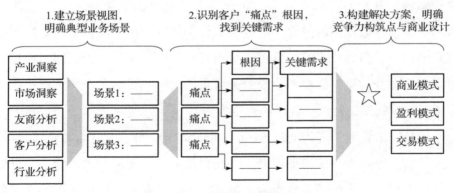

图 3-2 场景化需求洞察

（1）建立场景视图，明确典型业务场景。

产品管理部联合开发、市场等部门组织"需求洞察团队"，与典型客户合作，深入站点、机房、营业厅等，通过实地与客户交流、现场考察，了解客户的业务场景和诉求，形成客户业务场景全视图。通过分析客户以及类似客户在这些业务场景中面临的压力与挑战，理解哪些场景具有代表性，结合企业产品解决方案能力，选择进一步聚焦的业务场景和领域。

（2）识别客户"痛点"根因，找到关键需求。

以客户场景中的关键用户、关键事件作为切入点，进一步分析场景背后客户的"痛点"和原因，并明确这些"痛点"的大小和因果关系。在提取"痛点"的基础上，归纳和总结关键需求和场景的对应关系，以及这些需求能带来的商业价值。

（3）构想解决方案，明确竞争力构筑点和商业设计。

结合前期识别出来的关键需求，站在客户场景角度构建解决方案，明确解决方案设计思路和竞争力构筑点。对形成的解决方案构想，可以通过原型和样机去验证实际的可能性，找到解决方案并给客户带来价值的同时，进行相应的解决方案商业设计，建立商业变现思路。

场景化需求洞察特别强调与客户及合作伙伴一起开展联合创新（Joint Innovation）。所谓联合创新是企业联合全球主要的、有创新能力的客户及合作伙伴，基于客户商业诉求、业务场景与"痛点"，共同孵化和验证创新的产品与解决方案的过程。对客户和合作伙伴来说，联合创新通过孵化创新性的产品与解决方案，真正地帮助客户解决了面临的商业问题，在满足了用户业务诉求，解决了用户业务痛点的同时，帮助客户和合作伙伴在市场竞争中构筑独特的、领先的竞争力。

产品需求管理（Offering Requirement，OR）体系是获取客户需求后，将其转化为满足客户需求的产品，并交付给客户的闭环管理系统。需求管理能力已成为企业的核心竞争力，越来越多的企业已经认识到需求管理的重要性。需求管理在企业产品开发中的重要位置如图 3-3 所示。

图 3-4 是企业级产品需求管理流程框架，从逻辑上划分为五个阶段，包括需求收集管理、需求分析管理、需求分配管理、需求实现管理和需求验证管理。严格来讲应该是五个过程组，它们之间可以在顺序上有所重叠。每个企业可根据自己的实际情况制定本企业的需求管理流程。下面将

结合标杆企业的实践，分别对每个流程组予以阐述。

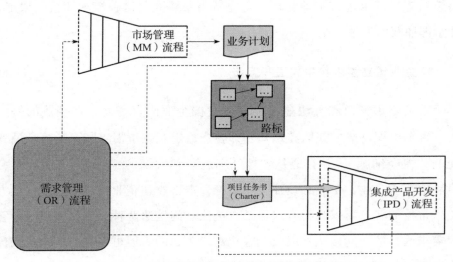

图 3-3　需求管理在企业产品开发中的重要位置

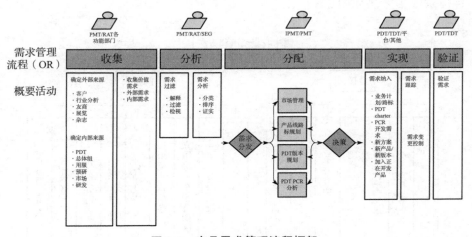

图 3-4　产品需求管理流程框架

一、需求收集管理

需求收集活动是在企业产品战略的指引下，收集对实现企业和产品线的战略目标有帮助的需求，目的是为后续的需求分析、需求筛选、产品规划和产品开发提供输入。需求收集的渠道主要分为内部和外部两种渠道。要想对客户需求进行主动管理，企业就需要建立起这种需求捕获的渠道，并掌握捕获的方法。

1. 企业建立需求收集渠道和方法

需求收集渠道和方法建设要充分发掘企业已有资源，将企业的每个人、每个组织打造成获取和感知外部客户需求、竞争需求和市场与环境变化的"神经细胞"，并打通从"神经细胞"到大脑的"通道"。需求不会自动地流入企业，企业必须开发一些符合本行业和企业特点的需求收集方法。常见的客户需求收集方法包括直接法和间接法两种，直接法以收集客户需求为目的，间接法不以收集客户需求为目的，但可以在与客户的交流中获得客户需求。除了前面强调的场景化洞察法之外，标杆企业常用的 16种需求收集方法如图 3-5 所示。

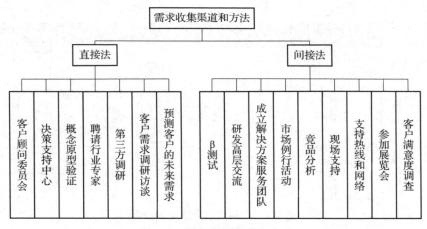

图 3-5 需求收集渠道和方法

客户需求调研涉及的方法很多，本书不准备展开讲解。下面简单分享经典的"客户需求调研五问"，供读者参考。

（1）客户在购买了本企业的产品之后感到满意的三个方面是什么？

（2）客户在购买了本企业的产品之后感到不满意的三个方面是什么？

（3）客户在购买了竞争对手的产品之后感到满意的三个方面是什么？

（4）客户在购买了竞争对手的产品之后感到不满意的三个方面是什么？

（5）客户有需求但是并未购买的主要原因和顾虑是什么？

以上介绍了收集需求的渠道和方法，下面简要介绍如何进行日常需求收集管理。

2. 日常需求数据管理

日常需求收集管理就是如何处理每个员工在日常工作中收集到的各种需求，例如，市场人员在市场例行活动中或者技术人员在支持客户时获得的需求就属于日常需求。日常需求主要通过"单向需求采集卡"或其他形式提报公司或产品线的需求处理机构。为了规范日常需求收集活动、提升需求质量，很多公司会规定"单向需求采集卡"的模板，完整、准确地填写可以大大减少后续的需求分析工作量，提高需求收集管理的质量。"单向需求采集卡"模板包含的信息主要包括以下几点。

（1）需求提报人信息。主要包括姓名、部门、联系方式、后备人员及联系方式，填写的这些信息是为了后续需求处理时能够联系到提报人。

（2）客户识别信息。也就是企业或个人客户信息，包括客户简介、联系方式等。

（3）需求描述。详细描述所提报的需求，使需求分析人员能够全面了解需求，减少厘清需求所花费的时间。需求内容的描述没有固定格式，主要包括需求是什么、为什么提出该需求、实现该客户需求能给公司和客户带来什么好处、客户希望的解决方案是什么、该需求产生的场景是什么，等等。这些信息的完整描述有助于后续的需求分析。

（4）需求分类。对所提交的需求进行初步分类，有利于企业安排参与需求分析和决策的专家。例如，可以把需求分为功能性和非功能性，还可以进一步把它们分成更细小的类别，如将非功能性需求分为可用性需求、服务性需求、质量需求、安全需求等。服务型需求可由服务专家来分析，营销类需求可由市场专家来分析。

（5）产品信息。如果客户所提需求与企业某具体产品有关，需要尽可能清晰地描述该产品的产品信息，如哪条产品线、哪个产品或者哪个版本，以提高后续需求分析的效率。

（6）优先级顺序。对客户来讲，他们的需求是有重要性排序的，排序是公司进行需求优先级排序的参考。客户认为最重要的，未必是公司认为最重要的。

表 3-1 是某企业"单向需求采集卡"模板样例，每个企业可制定符合自身特点的需求采集模板并将其 IT 化，通过 IT 电子流程提报需求，这是企业做好需求管理的重要保障。

表 3-1　单向需求采集卡

需求编号	OR20210509		
需求属性	销售项目	非销售项目	
需求类别	客户需求	市场规划	
需求标题	开发体积小、重量轻的基站，便于安装在狭小的机房		
需求描述	客户业务问题描述	客户是新兴运营商，刚购买了一张 5G 牌照，准备建网，但机房空间很小，摆不下第二台机柜	
	客户对解决方案的要求描述	希望基站在不影响基本功能的情况下，体积更小，重量更轻，便于在狭小空间安装的要求	
	当前产品 / 方案的差距描述	当前基站多数使用宏基站，体积大，机房空间有限，不能满足在狭小空间安装的需求	
	不接纳该需求的影响分析	该需求若不能满足，则客户不会购买 XX 公司的设备	
所属片区	北美	需求来源	icare
所属客户群	A 客户		Fracas 平台
需求分析团队	AP		专题需求调研
创建日期	2021-05-09		高层拜访
需求提交人	XXX		内部交流

二、需求分析管理

需求分析流程是对需求收集环节得到的需求信息进行加工处理的过程，包括需求解释、需求过滤、需求分类、需求排序等，最后形成需求列表，进入需求分发阶段。

1. 需求解释

需求解释就是对客户提出的原始需求进行翻译，翻译成企业内部规划和开发人员能看明白、能听懂的正式需求，尽量减少内部的沟通成本，并且使需求可度量、可验证。通常将未经解释的需求称为原始需求，经过翻译的需求称为初始需求。原始需求并不一定要翻译成初始需求，需要看原始需求的描述是否清晰准确。如果不清晰、不准确，就需要提报人对原始需求进行解释讲解，甚至邀请客户对需求进行阐述。

2. 需求过滤

需求过滤活动主要聚焦于判断需求是否对企业有价值。如果需求对企业没什么价值，那么就可以将需求退回去修改或直接否决。需求过滤的对象是原始需求或初始需求，需求分析团队可创建符合企业和产品特征的过滤条件，如需求分析要素是否齐备、需求和公司或产品线战略方向是否一致、需求是否已被满足或重复提交等，目的是让后续分析工作效率更高。

3. 需求分类

需求分类是指将正式的需求按照一定的规则进行分类，以便后续进行不同的处理和满足方法。需求分类有多种方法，下面介绍几种常用的方法。

根据客户需求的急迫性可分为长期需求、中期需求、短期需求等，不同急迫性的需求对应不同的实现路径和流程。

根据需求属性可分为功能性需求和非功能性需求（如性能需求、可制造性需求、可服务性需求、质量需求等），不同需求类型对应不同的设计方法和设计组织。

根据客户需求涉及的产品范围可分为单版本需求、单产品需求、多产品需求、解决方案需求等，不同的需求类型对应不同的产品和解决方案开发团队。

根据需求所属的研发项目可分为新产品开发需求、旧产品变更需求、技术平台开发需求等，不同的需求类型对应不同的研发流程和团队。

根据需求对客户的价值可分为基本型需求（Basic）、满意型需求（Satisfier）、兴奋型需求（Attractor），这种分类方法也被称为 BSA 法，如图 3-6 所示，不同类型的需求会影响需求的排序。

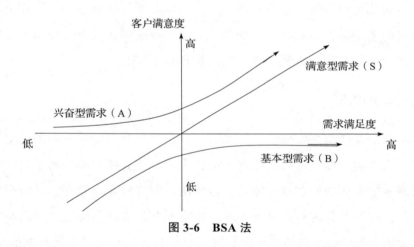

图 3-6　BSA 法

（1）基本型需求。基本型需求是客户认为产品"必须具备"的属性或功能。当产品不能满足客户的这类需求时，客户会很不满意，基本不会去购买这个产品。当产品能满足客户这类需求时，客户会认为这是理所当然的。所以，该类需求是企业必须满足的，该类属性或功能是产品必须具备的，就如同现在的智能手机，拍照、录像、听音乐是最基本的功能。如果不具备这些功能，没有人愿意去买这部手机。

（2）满意型需求。满意型需求是除基本型需求以外，能向市场细分客户提供附加价值的需求。如果产品不能满足客户的这类需求，客户依然可能购买此产品，但满意度不高。反之，如果产品满足了客户的这类需求，就会提高客户的满意度，客户通常愿意为此支付更多金钱。产品满足越多这类需求，客户满意度提升的可能性就越大。因此，这类需求往往在产品开发时就要做好权衡和取舍。以手机为例，256G 内存的手机的客户满意度比 64G 内存的客户手机的客户满意度高，这也就意味着客户愿意出更高的价格购买 256G 内存的手机。当然如果价格保持不变，那基本上是内存越大越满意。

（3）兴奋型需求。所谓兴奋性需求是指能让客户产生兴奋感和尖叫的产品特性。满足这类需求的产品往往是具有"卖点"的产品。

产品的卖点不是一成不变的，会随着客户需求的变化而变化。如图 3-7 所示，左侧的圆圈表示竞争对手能够做到的，右侧的圈表示自己企业能够做到的，最大的圈是客户需求。基本需求与满意需求是竞争对手和企业自身能够提供的，是市场的"红海"。"对手卖点"和"自身卖点"部分构成了竞争的差异化。而各企业能力之外的部分是客户潜在的需求，也是客户兴奋型需求的隐藏之处。只是现在还没有产品能够满足这一部分潜在需求，这是产品未来的卖点，也是市场的"蓝海"。

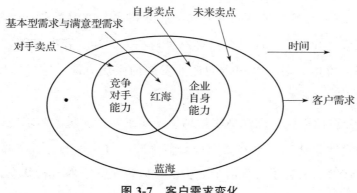

图 3-7　客户需求变化

随着时间的推移，今天的满意型需求明天就会变为基本型需求，今天的卖点明天就可能不是卖点了，未来的潜在卖点会成为现实的卖点。所以图 3-7 演示的更像是一个吹气球的过程，客户需求在动态地向外扩张，就像气球一天慢慢地变大，气球膨胀的过程，也就是客户需求变化的过程。比如手机产品，昨天手机的双摄像头是卖点，今天双摄像头已经成为高端手机的必备功能；假设三摄像头成为新的卖点，那么未来三摄像头又将成为高端手机的基本功能。什么是未来卖点呢？这就需要企业提前探索客户未来的潜在需求，提早做好技术储备。

BSA 分析法综合考虑了企业的自身状况、竞争情况和客户需求的变化，识别了客户的基本型需求、满意型需求和兴奋型需求，有助于企业提前规划产品新卖点，激发和满足客户的潜在需求。

4. 需求排序

需求排序通常是在相同类型的需求中进行优先排序，优先级高的优先开发，优先级低的后开发，在资源有限的情况下，必须保证优先级高的需求首先得到执行。常用的排序方法包括价值分析法、德尔菲法等。

需求决策往往会遇到"市场需求和机会是无限的，而投资和资源总是有限的"这一矛盾。需求取舍最重要的也是最难做到的就是说"不"，愿意对不在主航道中的需求说"不"，对资源受限时优先级相对较低的需求说"不"。产品管理应该从行业趋势、技术准备、方案准备、产品准备等方面洞察行业和客户。同时，与客户进行深入沟通，积极管理客户需求。为客户创造价值，引导客户走向产业发展的主流方向，这样即使拒绝需求，也能让客户满意。

需求分析活动应该确保高质量结果的输出，高质量的需求应该准确反映客户的真实想法。需求陈述应该是清晰的、可验证的、可跟踪溯源的、并且容易理解的。为了管理需求分析，可以定义需求的分析状态，如未处理、分析中、接受中、拒绝中、待修改等状态。在实践中，通常采用 IT 电子流程统一管理需求收集和分析活动。

三、需求分配管理

需求分配的目的是将经过分析的需求恰当地分配到最佳的组织和流程中去处理。按组织分配时，关系到企业级、产品线级、产品级三层组织；按流程分配时，主要涉及产品规划流程、产品开发流程。根据需求分析的结果，经需求决策组织批准后，分发到不同的路径，典型的需求分配路径如图 3-8 所示。

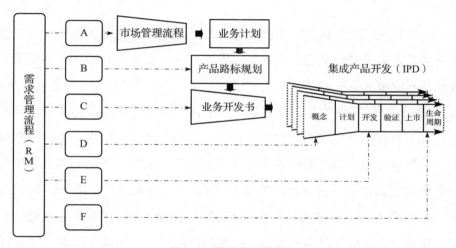

图 3-8 需求分配路径

（1）路径 A 代表客户和市场的长期需求传递路径。这类需求进入市场管理流程（MM）进行处理，如 3 ~ 5 年的长期需求。

（2）路径 B 代表客户和市场的中期需求传递路径。这类需求在业务单元的产品路标规划（Product Roadmap Planning）中进行，如 1 ~ 2 年的中期需求。

（3）路径 C 代表客户和市场的短期需求传递的路径，短期需求通常是看得见摸得着的，客户和市场希望尽快满足的需求，如 1 年内的需求，这类需求进入项目任务书开发流程（CDP）进行处理。

（4）路径 D 和 E 代表客户和市场的紧急需求传递路径。紧急需求通常需要经过需求变更流程，纳入产品开发项目中去处理。

（5）特别需要强调的是路径 F。在产品的生命周期阶段产品依然可以接受市场和客户的需求变更，对上市后的产品包业务包计划进行变更，如变更营销策略、售后服务计划、供应链管理策略、渠道策略等。

总体来讲，企业应尽量减少 D、E、F 路径上的需求比例。因为这几条路径上所占的比例越高，说明企业预测和规划需求的能力越有待提高。

四、需求实现管理

需求实现活动是将客户需求转化为产品的过程，这个过程通过 IPD 流程来实现。关于 IPD 流程，已在第 2 章介绍，下面重点介绍产品包需求及其产品开发中的实践。

IPD 产品体系中的产品包是指广义上的产品概念，是产品开发团队对客户和下游环节所有交付的统称。图 3-9 为整个产品包需求的生命周期模型，从图中可以看出产品包需求是在产品规划、立项、产品开发过程中逐步形成和完善的。通常在产品规划时向 Charter 决策团队（IPMT）输出初始产品包需求。产品立项后，由 PDT 团队对初始产品包需求进行进一步加工和完善，并加入产品开发需要满足的内部需求，如质量需求、DFX 需求、技术需求，内部规范及产品目标市场的法律法规需求等，在 TR1 时形成较为完善的产品包需求，最终在 PDCP 时输出最终的产品包需求。在

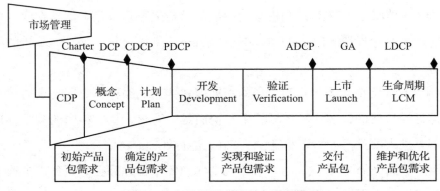

图 3-9　产品包需求的生命周期模型

产品验证阶段，PDT 团队负责完成对产品包的实现与验证，产品开发项目达到 GA 点时，向市场和客户交付完整的产品包。而在产品的生命周期阶段，则重点关注产品包的改进和优化，直到退市。

五、需求验证管理

产品包需求实现和验证过程按照 V 模型进行，如图 3-10 所示。从产品包需求实现角度来看，整个过程如下：首先，把客户的问题转换为原始需求描述，经过需求分析后形成初始需求，作为企业内部的正式需求，基于此形成产品应具备的满足客户需求的系统能力，也是该系统的特点。经过系统分析和设计，产品开发团队形成了产品的系统需求，这些需求被逐层分解为系统的子系统、子系统的模块以及模块之间的接口需求，通称为系统需求。产品的系统架构、子系统、模块和接口设计都满足了这些需求。从产品包验证角度来看，整个过程应经过模块需求验证、子系统需求验证、系统需求验证、特性验证、客户验证等测试验证活动，最终交付满足客户需求的产品。

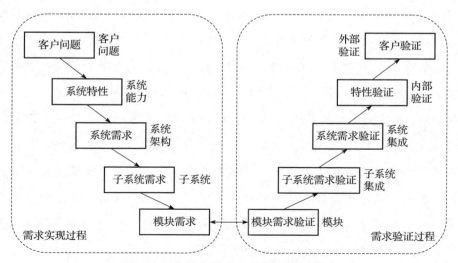

图 3-10　产品包需求实现和验证 V 模型

验证活动包括内部验证和外部验证。内部验证通常被称为阿尔法测试，阿尔法测试活动不仅要满足客户的需求，还要满足客户的潜在。例如，如果客户需要 7.5 伏特的电器产品，产品在超出其供电范围后如何工作？这类问题往往需要通过可靠性设计来解决。外部验证是客户验证，又称贝塔测试，是在产品开发验证阶段，通过在实际环境中的试运行来获得客户的试用体验，从而确认客户的需求是否已经得到满足。值得注意的是，在产品规划阶段制定客户验证计划，对试用期间出现的问题要做好记录，并针对为每个试用客户撰写贝塔测试报告，解决闭环跟踪解决方案。

☀ 创新视点 1

苹果产品测试管理

苹果公司非常重视产品的测试管理，建立了完善的测试管理体系。针对产品测试开发了 PTM（产品测试管理）流程，建立了相应的测试管理团队。

在产品开发的概念和计划阶段，测试团队的重点是分析测试需求和开发测试计划，并输出产品测试需求规格、总体测试计划和测试实施计划。TR4 转移测试后进行 SDV 测试、SIT 测试、SVT 测试。在 TR6 后进行测试评估，并给出产品质量的总体评价。

SDV 测试是对原型进行测试，以验证产品是否满足最初提出的功能需求。SIT 测试主要对从生产线上生产的第一批产品进行测试。除了功能测试外，SIT 测试还包括可靠性测试、可制造性测试等非功能性测试。而 SVT 测试包括在新的生产工艺条件下，进行初始产品功能测试、性能测试、可靠性测试等内部测试，以及客户贝塔测试、标杆测试、认证测试等外部测试。客户贝塔测试用以在客户环境下验证产品是否满足客户需求；标杆测试用以确认产品和竞争对手的产品之间的差距；认证测试则是借助第三方或其他受约束的环境，进行行业标准鉴定测试和准入测试，以获取认证书。

资料来源：笔者根据多方资料汇编。

六、需求管理流程 IT 化

将需求管理流程 IT 化是提升需求管理效率的必由之路。但在此之前，企业需要将新构建的产品需求管理体系与制度投入试运行。一方面通过试运行对流程、制度和模块工具等进行优化；另一方面让员工提前适应新的工作方式，然后再进行 IT 固化，达到能事半功倍的效果。

企业通过引入需求管理 IT 平台，解决了需求响应的时效性问题，任何员工登录需求管理系统都可以随时随地的输入需求。RM IT 平台解决了需求收集统一入口的问题，成为企业需求处理的唯一入口。在电子流程中，需求是分层的，并且是消极的，哪些需求被提交到哪里，谁负责处理哪些需求都非常清楚，这提高了需求分析的效率并支持敏捷开发。

需求承诺电子流在处理需求时，其流程是自上而下的一个流程，如图 3-11 所示，但又是自下而上的逆向流程。

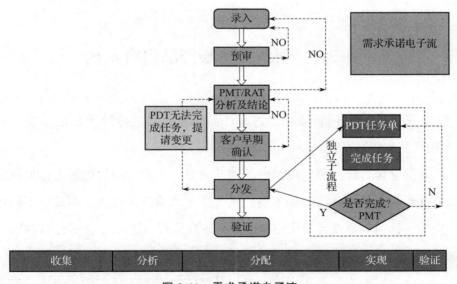

图 3-11　需求承诺电子流

RM IT 平台的引入解决了需求分析、需求分发的准确性问题。通过 RM IT 平台，一线员工可以随时参与需求解释，整个需求处理过程实现了可跟踪、可追溯，并可根据解决方案的需求进行跨组织分解与跨组织跟踪。RM IT 平台具有需求全景功能，避免了需求交付过程中的特性丢失现象，产品包中也包含了 DFX 等非功能性需求的监控。

随着 RM IT 平台的引入，产品开发实现了可视化管理。通过 RM 系统可以将研发和测试打通，研发团队能看到产品的每个测试的执行情况，测试团队也可以看到每个特性和需求的进度。

实现过程中的需求变更也可以在平台上统一管理，需求实现和变更情况可以在线查看。

需求管理流程及其 IT 化的运营实施一般会经历了一个不断探索的艰难过程，包括需求流程的不断优化、RM IT 平台的二次开发、推进中的不适应等。这些都是变革带来的阵痛，而一旦建成，将具有巨大的价值。企业通过自身的持续优化，形成完整的需求管理组织、流程和方法，可大大提升了需求管理的质量和效率。

第二节　创新战略与产品组合平衡

在困难时期，创新战略是进行产品开发和实现持续增长的必要工具（库伯和艾杰特）。

高层管理者应当制定出清晰的创新战略，讲明公司的创新工作如何支撑整体经营战略。这将有助于他们进行取舍决策，从而选择出最适当的行动措施，排列创新项目的优先顺序，使其与所有职能部门相一致（皮萨诺，2008）。

在一个组织中，创新应该不仅仅是好的想法和计划。创新应该是贯穿于整体组织的协同一致的行动。创新活动由公司战略清晰指引，并与经营战略紧密关联。整体创新战略确定了整个组织的创新目标、方向和框架。

单个业务单元和职能部门之间可能有自己的特定目标战略，但这些战略必须与组织的整体创新战略紧密相连。多年来，有许多方法和框架来制定创新战略，没有一个单一的框架足以支撑一个完整的创新战略制定过程，但这些框架提供了一个思考的起点。

一、创新战略的选择

创新战略是企业围绕企业经营目标，依托于职能部门战略，对创新模式和与创新程度的选择。创新战略的选择基于两个维度，如图 3-12 所示。封闭式创新与开放式创新是企业创新模式的选择；渐进创新与突破性创新是企业创新程度的选择。

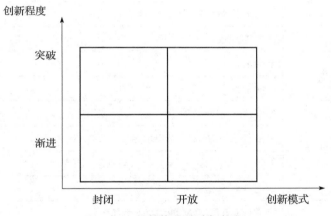

图 3-12　创新战略的选择框架

渐进式创新是指企业在原有的创新管理轨迹下，对产品、流程、服务、商业模式进行较小程度的改进和提升。突破性创新是指企业的一种新产品、新流程、新服务或新商业模式，能够显著地增加企业的收入和利润。封闭式创新是指企业主要依靠自己的力量和资源进行创新，很少与外界合作。开放式创新是指企业利用内外部互补资源实现创新，并最终转化为商业价值的过程。

技术不确定性与基础科学知识、技术规格、制作工艺和产品的可维护的完整性有关。市场不确定性与客户对产品的实际需求和潜在需求、销售和分销方式以及竞争对手的产品有关。突破性创新项目涉及两种类型的高水平不确定性，而渐进性创新通常面临两种类型的低得多的风险。此外，突破性创新项目研究团队除了要克服技术和市场不确定性带来的困难外，还必须接受来自组织和资源不确定性的挑战。组织和资源的不确定性给项目管理带来了不可预期的挑战，传统的管理方法根本不适用于突破性创新项目，如表 3-2 所示。

表 3-2　突破性创新面临的不确定性

项目	内容
技术	技术开发、应用开发、制造工艺是否可行？
	什么时候可以完成？
	谁能够完成？
市场不确定性	谁会购买？
	产品能够为他们创造什么价值？
组织不确定性	如何应付企业内的阻力？
	采取什么办法获得组织承诺？
	谁来领导项目组？谁将会参与到项目中？
	如何找到合适人才？
资源不确定性	完成项目的资金和能力如何满足？
	如何找到合作伙伴？怎样处理与合作伙伴的关系？

资料来源：Leifer R, McDermott C, O'Connor G, Peters L, Rice M, Veryzer R. Radical Innovation: How Mature Companies Can Outsmart Upstarts［M］. Boston: Harvard Business School Press, 2000: 113.

二、创新战略制订方法和工具

创新战略的制订工具整合了战略管理与创新管理相关的实用分析方法与模型，表 3-3 对部分常见的创新战略制订方法与工具进行了介绍。

表 3-3　常见创新战略制定方法与工具举例

方法与工具	介绍与解释
4P 模型	主要关注创新相关的产品（Product）、工艺（Process）、地理位置（Position），以及模式（Paradigm）
波特五力模型	主要进行行业竞争者、供应商、购买者、潜在进入者、替代者分析
SWOT 分析	主要进行优势、劣势、机会与威胁分析
PEST 分析	主要用来进行环境分析，即涉及政治、经济、社会、技术要素分析，明确战略定位的环境条件
创新扩散分析	创新扩散依据"创新源—信息发布—渠道—信息接收—效果"五个环节的基本过程，扩散速度与扩散效果服从 S 形曲线分布规律
标杆分析	又称战略竞标，即将企业经营的各项活动与最佳活动者进行比较，找到不足，并依此寻找提升策略，优化竞争能力的过程。其通常分为战略层次的标杆分析（本企业战略与对照企业战略比较），营运管理层次的标杆分析（营销、人力资源、信息系统等职能的标杆对照）及操作层次的标杆分析（面向产品、成本与收益的比较对照）
能力地图	能力地图是企业知识资源基础的图谱，表示引导企业竞争优势的知识领域以及所具备的战略优势，并反映企业竞争优势所获取的能力缺陷与瓶颈。能力地图的分析通常包括以下步骤：①追溯历史，明确企业过去的核心能力与运作领域；②确定企业发展的战略方向与领域；③梳理战略目标引导下企业发展所需的能力与知识集；④根据步骤①和②明晰企业自身的优势与劣势，以及优势劣势对于战略目标的潜在影响；⑤评估能力要素对于绩效的影响，确定能力要素的重要性；⑥确定未来战略发展的核心能力要素及其提升途径；⑦提升核心能力要素的实践方案
风险评估矩阵	对不同创新项目的潜在收益与实施风险进行评估，主要依据以下步骤：①制作表格，划分象限，两个坐标轴分别代表项目的潜在收益（高或低）与实施风险（高或低）；②将公司的创新项目依据潜在收益与实施风险放入评估数据中；③根据结果比对潜在收益与实施风险，选择创新项目
核心竞争力分析	分析识别企业核心资源基础上的核心竞争力，其包含 4 个评判标准：①有价值。很好地为顾客提供价值；②稀缺性。其他企业或很少有其他企业拥有；③不可替代。竞争对手无法取代企业对于顾客的价值创造与价值获取过程的作用；④可模仿性。竞争对手是否能够模仿。一般认为企业拥有的与竞争对手相似或者比较容易被竞争对手模仿的资源为必要资源，相对应的能力为基础能力。相反，企业拥有的比竞争对手好的或者不容易被其竞争对手模仿的能力则为核心能力
创新地图	以企业创新需要的技术能力（利用现有的技术能力或需要新的技术能力）与商业模式（利用现有的商业模式或需要新的商业模式）为标准，形成颠覆性创新（新商业模式与现有技术能力）、结构创新（新商业模式与新技术能力）、常规创新（现有商业模式与现有技术能力）、激进创新（现有商业模式与新技术能力）四种战略

（续表）

方法与工具	介绍与解释
技术路径图	用简洁的图形、表格、文字等形式描述技术变化的步骤或技术相关环节之间的逻辑关系。它能够帮助使用者明确该领域的发展方向和实现目标所需的关键技术，旅行产品和技术之间的关系。包括最终的结果和制定的过程具有高度概括、高度综合和前瞻性的基本特征
技术预测	预测某一技术在一定时间框架内的进展并估计其实现的可能性。一般是根据以往的趋势和某种限定条件预测某一技术未来特性的定量评价方法。常见预测方法有数学外推、计量经济模型、模拟预测、专家意见、前景预测法

💡 创新视点 2

创新地图及其在战略选择上的应用

　　创新地图按照技术变革和商业模式变革两个维度将创新活动分为四种类型，如图 3-13 所示。设计创新战略时，企业须决定在技术创新和商业模式创新方面的投入比例。图 3-13 可帮助企业选择适合自身商业模式和技术水平的创新类型。

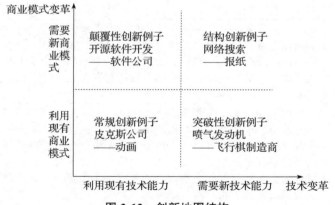

图 3-13　创新地图结构

资料来源：加里·皮萨诺. 创新引领战略成功［J］. 哈佛商业评论，2015（6）.

　　常规创新（Routine Innovation）。在企业现有技术条件、商业模式和客户群的基础上，例如，英特尔不断推出性能更强的微处理器，保持了几十年的增长和较高利润水平；微软 Windows 操作系统和苹果 iPhone 的持续升级换代。

破坏性 / 颠覆性创新（Disruptive Innovation）。企业必须找到新的商业模式，但不一定需要产生技术突破。例如，谷歌为移动设备设计的安卓操作系统，有可能颠覆苹果或者微软，不是因为技术优势，而是因为商业模式，安卓系统可以免费使用，而苹果和微软的操作系统则要收费。

突破性创新（Radical Innovation）。与破坏性创新相反，突破性创新涉及的是纯粹的技术问题。利用基因工程和生物技术进行的药物研发即是一例。

结构创新（Architectural Innovation）。这是结合了技术创新和商业模式创新。以数字摄影为例：对于柯达公司而言，要进入数字市场，就必须从零开始，在固体电子、相机设计、软件、显示技术等方面培养竞争力；还需要想办法把利润来源从胶卷、相纸、处理液和冲印服务等"一次性"产品和服务转移到相机上。成熟的企业结构创新无疑最难的。

企业创新战略应明确哪些类型的创新符合企业战略，以及每一类创新所需要的资源。目前，许多创新理论都将突破性创新、颠覆性创新和结构性创新视为增长的关键，而常规创新被贬为目光短浅甚至自我毁灭。这种分类过于简单，实际上，企业创造的大部分利润都来自常规创新。例如，苹果重大的产品创新是 2006 年的 iPhone、2010 年的 iPad 和 2014 年的 iWatch。此后，苹果通过不断升级其核心产品，如 Mac、iPhone、iPad、iWatch 等，保持了多年的营业收入和利润增长。

学者们也并不提倡企业只专注于常规创新。事实上，没有任何一种创新具有天然优势。在企业发展的不同阶段，不同类型的创新之间是互补而非替代的关系。如果没有前期技术突破的基础，英特尔、微软和苹果就不可能从常规创新获得巨大的利润。反过来，如果颠覆性创新后不能持续进行改进，企业将很难阻挡模仿者。

三、产品组合管理

1. 组合管理的目标

产品组合（Product Portfolio）被肯尼斯·卡恩定义为："一个组织正在投资的并将对其作出战略性权衡取舍的一系列项目或产品。"

组合管理通常被认为由组合选择和组合审查两个独立的活动组成。事实上，这两个活动是不能分开的。新产品和现有产品、新产品和其他潜在的新产品之间，总是存在资源竞争。项目组合管理应该是一个持续的过程，即一个评估产品组合的持续过程，无论是针对现有产品、新产品、产品改进、维护和支持，还是研发。在这个过程中，要根据战略目标对投资组合进行优化，使投资回报最大化。

项目组合管理有以下关键特征：

（1）动态环境中的决策过程需要持续不断的审查。

（2）该项目正处于不同的完成阶段。

（3）因为涉及未来的事件，所以不能保证成功。项目组合管理用于提高整个项目或产品成功的可能性。

（4）产品开发和产品管理的资源有限，经常与其他业务功能共享。为了获得最大的回报，组织需要分配这些资源，根据组织的总体目标和创新战略来分配资源是成功地权衡决策的基础。

组合管理中的五大目标（库珀）：

（1）价值最大化（Value Maximization）。通过资源配置实现投资组合价值最大。

（2）项目平衡（Balance）。根据预先设定的决策标准，维持正确项目间的正确的平衡，包括长期和短期的平衡、高风险和低风险的平衡、具体产品或市场类别的平衡。

（3）战略协同（Strategic Alignment）。确保整体投资组合始终与经营战略和创新战略相一致，并且组合投资与组织的战略优先级项一致。

（4）渠道平衡（Pipeline Balance）。确保资源和焦点不会太分散，因为大多数公司倾向于在产品包含太多项目。应当确定适当数量的项目，以在渠道资源需求和可用资源之间实现最佳平衡。

（5）财务稳健（Sufficiency）。确保产品组合中所选项目能够实现产品创新战略中设定的财务目标。

2. 产品组合与战略的关系

库珀等提出了三种项目选择和持续审查的方法，以确保在战略和产品组合之间建立一种明确的联系确保组合中项目的最佳组合，以在有限的资源条件下实现战略目标。

（1）自上而下的方法。也被称为"战略桶"方法，它包括以下步骤：①首先要确定组织和业务战略，以及与创新相关的战略目标和优先事项。②确定整个投资组合的可用资源水平。③根据业务单元或产品类别在组织中的战略重要性，为它们设定优先级。④确定理想的战略桶的比例和分配到每个业务单元或产品类别。比如，A 业务单元 60%，B 业务单元 30%，C 业务单元 10%。⑤根据优先顺序将项目划分入战略桶中。

（2）自下而上的方法。顾名思义，自下而上的方法始于单个项目。经过严格的项目评估和筛选过程，最终形成一个战略调整后的项目组合，步骤如下：①识别潜在的项目。②定义评估项目的战略标准。③根据选择标准评估每个潜在的项目。④选择项目的决策主要基于项目是否符合选择标准，而不是考虑业务单元或产品类别的优先级，不要在项目寻求任何有意义的平衡。

（3）二者结合的方法。顾名思义，这种方法综合了自下而上和自上而下的方法的优点：①列出业务单元或产品类别支出的战略优先级。②根据战略标准和成本对每个潜在项目进行评估和排序。③综合考虑各个项目的优先级和预算，以及业务单元或产品的优先级，并将其分配至对应的战略中。

四、构建平衡组合

由于各种原因，大多数组织尝试在产品组合中加入一系列新产品机会，以达到良好的风险与回报平衡。这些新产品机会的权重确定和平衡应该符合经营战略和创新战略，这些战略是管理者调整产品组合的基础，如表 3-4 所示。

表 3-4　×× 公司某战略事业部产品组合模型

	市场新颖度低	市场新颖度高
产品新颖度低	现有产品改进（35%）	现有产品线延伸（20%）
产品新颖度中	成本降低（20%）	新产品线（15%）
产品新颖度高	重新定位（6%）	新问世产品（4%）

确定投资组合的关键维度和指标。例如，增加高风险产品创意的比例、增添针对新市场的产品机会，或者改变产品改进与新产品的相对比例。

通过应用组合的关键维度和指标，实现产品组合中的产品开发机会的最佳平衡。所有，还能够确保平衡的组合与战略相一致。

持续管理产品组合，确保在整个开发管道和产品生命周期中保持平衡，产品机会选择恰当。

在开发和展示产品组合时，图像描绘方法是十分有效的。其中，气泡图（Bubble Diagram）是最常用的图像描绘工具。

通常，气泡图通过 X 轴和 Y 轴两个维度来描绘项目。X 轴和 Y 轴分别代表一个标准，如风险和回报。按照项目在 X 轴和 Y 轴上的评分，确定气泡等位置。气泡大小则代表则代表第三个标准，如所需投入的资金数额或资源份额。图 3-14、图 3-15、图 3-16 分别展示了组合在不同 X 轴和 Y 轴下所呈现的图谱。

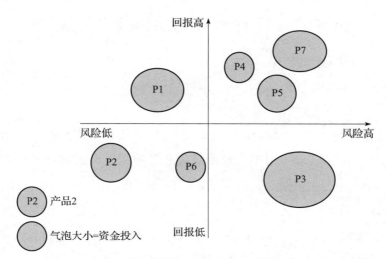

图 3-14　气泡图组合分析：风险与回报以及资金投入

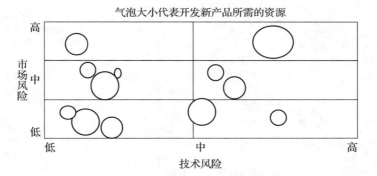

图 3-15　气泡图组合分析：市场风险与技术风险

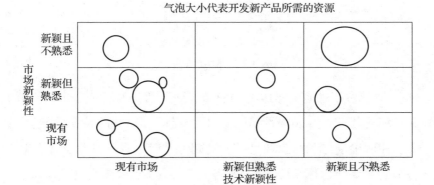

图 3-16　气泡图组合分析：市场新颖性与技术新颖性

第三节　基于 MM 方法论的产品规划

一、MM 方法论

市场管理（Market Management，MM）方法论的逻辑是对广泛的业务机会进行选择，以市场为中心瞄准最优业务成果，开展战略制定和规划。完整的 MM 方法论包括六大步骤：理解市场、市场细分、组合分析、制订业务计划、融合和优化业务计划、管理和评估业务计划，如图 3-17 所示。这种方法论被广泛应用于公司及业务单元的战略规划、市场规划、产品规划、技术规划、部门规划和产品立项等活动中。

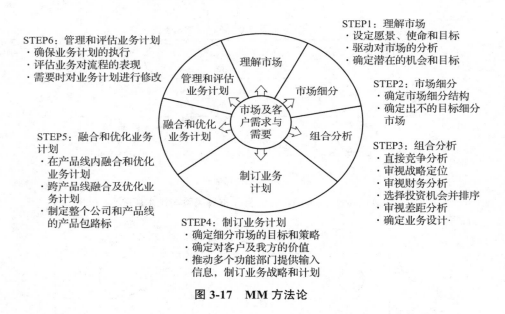

图 3-17　MM 方法论

MM 方法论首先确定要服务的对象（细分市场）及其需求，将其与产品和服务相行匹配，并确保行动能力得到支撑，最后进行闭环管理。

（1）在明确使命、愿景和目标的基础上，确定服务对象及其需求。

（2）确定要交付什么（产品 / 服务 / 解决方案）来满足这些需求。

（3）识别为提供这些交付而正在采取的行动 / 正在构建的能力。

（4）规划过程的闭环管理与评价。

产品业务规划（以下简称产品规划）是在明确了愿景、使命和战略目标的基础上，分析市场环境和客户需求，结合竞争情况和产品线自身的实际情况，执行严格且规范的 MM 规划流程，形成产品未来 3 ～ 5 年的产品路标规划、营销计划、服务规划及相应的预算和资源配置规划。产品规划是 IPD 产品管理实践中最重要的活动，也是实现中长期战略规划的基础。产品战略"金字塔"如图 3-18 所示。

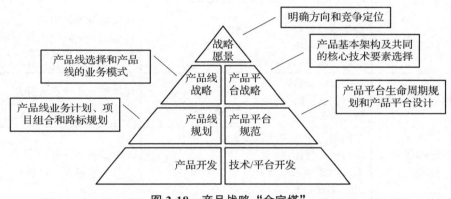

图 3-18 产品战略"金字塔"

《产品线业务任务书》（或新产品章程）是产品线业务规划的载体。对于研发型企业而言，产品路标（Roadmap）是产品线业务规划的重要组成部分，它是不同时期的产品开发路线图，是产品或解决方案的发展方向和中长期规划。产品路标对外用于企业与客户的互动，以支持销售或获得客户需求；对内主要用于指导 Charter 开发，也对产品线的资源分配决策起支持作用。在一个战略规划（Strategy Planning，SP）周期中，通过产品路标规划逐步调整产品线内的产品结构，并给出产品组合的发展方向；而在一个业务计划（Business Planning，BP）周期，即一个年度周期中，产品路标规划可以刷新产品路标，使其更具体，更符合市场和客户的需求，最终达到最佳的整体绩效目标。表 3-5 所示的是产品线业务规划流程的主要步骤、主要活动、使用的主要工具和关键输出。产品线业务规划流程、产品立项、产品开发流程的关系如图 3-19 所示。

表 3-5　产品线业务规划流程

步骤名称	关键活动	主要工具	关键输出
理解市场	宏观环境分析 行业竞争分析 市场与客户需求分析 自身分析	PEST 5-power analysis 3C $APPEALS	SWOT 分析 市场地图 业务设计
市场细分	确定细分市场标准 市场细分 初步分析市场 初步组合分析	3W	初步选定的细分市场 细分市场概述
组合分析	市场吸引力分析 竞争地位分析 战略定位分析 财务分析	SPAN FAN	目标细分市场列表 目标细分市场的市场分析 结果与客户需求信息
制订业务计划	制订投资策略 制订创新策略 制订业务计划	安硕夫矩阵 4P+2 框架	目标细分市场业务计划 产品族业务计划
融合和优化业务计划	不同细分市场业务的计划融合与优化 不同产品族的业务计划融合与优化	——	产品线业务计划 产品线产品开发路标
管理和评估业务计划	制订项目任务书 产品线业务计划的监控、评估与调整		项目任务书（CDP） DCP 评审报告 业务结果 调整后的产品线业务计划

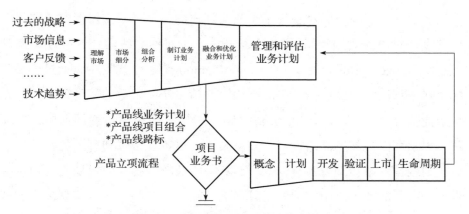

图 3-19　产品业务规划流程和产品立项、产品开发流程的关系

在产品线业务规划启动前，首先要明确企业的愿景、使命和战略目标，产品线的愿景、使命和战略目标通常是企业的愿景、使命和战略目标在产品线中的分解和细化，企业应就此与产品线管理团队进行研讨并达成一致。这些概念一定要进行清晰的描述，并在产品线内部达成一致。如果这些概念不清晰，或者没有达成一致，将影响到产品线业务规划工作的开展以及规划的落地。产品线使命描述的是产品线存在的目的和意义，产品线愿景描述的是产品线未来要成为什么样子和状态，战略目标则主要通过销售收入、利润、市场占有率等财务指标或者一些具体的技术突破等来描述。

二、理解市场

理解市场也称市场评估，是通过全面的市场调研来提高企业对自身所处环境变化的深入了解，该步骤的主要内容包括环境分析、竞争分析、市场分析和自我分析。分析的目的是识别企业、产品所处的市场环境，识别机会和威胁，比较优势和劣势（SWOT 分析），制定产品市场地图。该步骤使用的工具主要包括 3C 分析工具、5-Power 分析工具、PEST 分析工具等。图 3-20 将三个工具整合在了一个逻辑框架中，在该框架中，内圈是 3C 分析，中圈是 5-Power 分析、外圈是 PEST 分析。

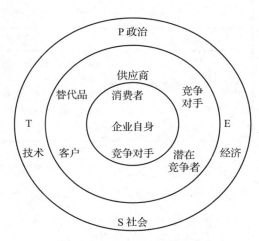

图 3-20　理解市场的逻辑框架

通过分析企业 / 产品的市场环境，识别环境中的机会和威胁、企业的优势和劣势，接下来就要进行 SWOT 分析了。优势是指产品线在哪些能力、资源、技能等方面达到较高水平，劣势是指产品线在哪些能力、资源、技能等方面比对手差，并会给对手可乘之机。常用的优劣势对比项目包括产品质量、价格、成本、渠道和销售网络、售后服务、交付周期等。机会和威胁是相对于产品的战略目标而言的，有利于战略目标达成的外部趋势和因素是机会，不利于战略目标实现的外部趋势和因素是威胁。在总结机会和威胁、优势和劣势的基础上，对产品进行 SWOT 分析，形成初步的经营战略。表 3-6 是一个可供参考的 SWOT 案例。

表 3-6　SWOT 分析案例

企业内部条件 企业外部环境	优势（S） 全球创新团队（创新的解决方案） 有针对性的营销模式	劣势（W） 主要品类中缺乏有竞争力的产品
机会（O）	SO 战略	WO 战略
五大主要品类的产品市场占有率稳步上升 新兴类别产品成长迅速	如何利用优势，抓住机会？ 加强主要品类及优势品类产品的创新开发和营销推广	如何利用机会，克服劣势？ 加强品类管理（精简产品线）和产品 / 技术规划，提升主要品类的产品竞争力
威胁（T）	ST 战略	WT 战略
DIY 市场竞争激烈（品牌众多，且历史悠久）	如何利用优势，避免或减少威胁？ 利用创新产品和有针对性的营销加强 DIY 产品的竞争优势	如何克服劣势，将威胁最小化？ 通过产品平台规划和品类管理，加强成本管理，提高成本竞争力

在 SWOT 分析后，就要绘制市场地图了。所谓市场地图，就是扫描产品所面对的市场，形成关于市场交易行为的可视化地图，包括"谁购买""通过什么渠道购买""买什么"，以及它们之间的行为关系。企业在绘制市场地图时，企业应从当前行业的业务和市场情况出发，考虑未来的发展方向。地图内容包括但不限于产品包、客户群、自身及行业竞争对手的渠道、渠道合作伙伴和重点客户，最少选择 3 个竞争对手或标杆企业。

市场地图主要用于进行产品的市场细分和业务设计。图 3-21 是简化的市场地图模型，包含市场上的买家、渠道和产品包。"买什么"是指产品所在行业中所有厂家提供的产品，而不仅仅是本产品线提供的产品；"通过什么渠道购买"指的是客户购买产品的渠道；"谁购买"是指客户及客户中的决策者。

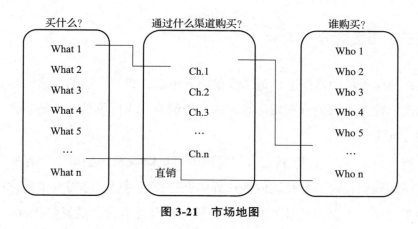

图 3-21　市场地图

产品线的业务设计简单来讲就是在市场地图的基础上明确以下四个问题，而这通常需要产品线管理层集体检讨并达成共识。

（1）产品线的客户选择和价值定位。回答选择什么样的客户作为服务对象时，应清楚描述目标客户群的特征和客户群的需求，哪些不作为产品线的服务客户，哪些是本阶段的重点客户。回答企业能够为客户提供哪些价值，就是产品线的价值定位。

（2）产品线的利润模式设计。回答如何通过为客户创造价值而获利，采用哪种利润模式。例如，有的企业通过卖设备来获得利润，有的企业通过卖设备来获得利润，有的企业则给用户赠送设备，通过提供增值服务来赚取利润，这就是产品线的盈利模式设计。

（3）产品线的战略控制设计。通过进行 SWOT 分析，识别产品线的优势和劣势，制定相应的竞争策略和战略控制点，打造企业的持续竞争力。设计时需要考虑：客户为什么会购买我们的产品、与竞争对手为客户提供的价值相比我方有何不同，等等。

（4）经营范围设计。主要考虑产品线在产品链中的位置，产品线提供的产品和解决方案的范围，哪些需要自制，哪些需要和产业链合作。例如，手机厂商的主要经营范围为手机整机的设计、开发、销售和售后服务，而操作系统和元器件则采用外购策略，不在企业的经营范围内。

三、市场细分

在理解市场的基础上，第二步是细分市场，找到合适的因素，划分市场维度，建立市场细分框架标准下的市场细分，为后续目标市场和客户选择做好准备。

玛尔科姆·马克唐纳认为："营销不是试图说服一些难以形容的客户群体了解我们，而是与特定的客户群体进行长期对话。你需要了解你的客户想要什么，并开发出比竞争对手提供的产品更具优势的独特产品。"市场细分的目的是识别机会，以便确定细分市场策略。一个公司能做的事是有限的，不可能为所有的客户提供服务，特别是不可能对所有的客户提供同等的服务，必须有选择地放弃部分细分市场。在评估不同细分市场时，必须考虑两个维度：一个维度看潜在的细分市场是否对公司有吸引力；另一个维度看细分市场的投入产出与公司的目标和资源是否一致。

进行市场细分需要考虑产品的生命周期。产品处于生命周期的不同阶段，随着销量的变化，竞争产品的推出，目标细分市场也会发生变化。因此，必须针对生命周期的每个阶段制定新的市场细分模型和新的业务战略。

市场细分的核心是寻找有价值的客户。任正非说："我们是能力有限的公司，只能重点选择对我们有价值的客户为战略伙伴，重点满足客户一部分有价值的需求。战略伙伴选择有系统性，也有区域性，不可能所有客户都是战略合作伙伴。"

市场细分可以根据客户特征来细分，如客户的规模、行业、决策类型、运营变量、IT背景、销售额等；或者根据客户购买产品的原因来细分，如客户购买的目的、追求的利益等。例如"拼多多"和"京东"的客户群，虽然都是网上购物，但其购买的原因却迥然不同，一个追求极致价格，对产品品质要求不高；一个对质量和品牌有一定追求，且希望快递便捷。

下面简单介绍进行市场细分的框架——"七步法"，给市场细分提供一些方向性的指导，如图3-22所示。

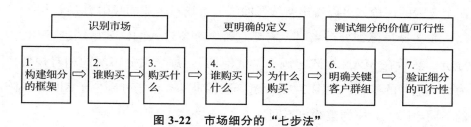

图 3-22　市场细分的"七步法"

采用市场细分"七步法"的前提是已经绘制了市场地图，并且市场地图明确了在产品线对应的市场中所存在的交易行为，以及目前企业所处的位置。市场可以从"谁购买""购买什么""谁购买什么""为什么购买"等多种维度进行划分，找到那些企业对他们具有内在吸引力，同时在他们身上又具有竞争优势的客户群。在这些细分市场划分要素中，识别每个客户购买产品的深层次原因往往比识别"谁购买""购买什么"更有价值。

四、组合分析

在输出了一系列的细分市场之后，我们需要选择目标细分市场和目标客户。产品业务规划的第三步是投资组合分析，通过统一的方法和工具，对细分市场进行量化和排序，并决定最有吸引力的目标细分市场的排名。投资组合分析包括战略地位分析、竞争分析、财务分析、差距分析、

SWOT 分析等方面，为细分市场投资机的选择提供支持。

确定目标细分市场的主要工具是战略定位分析（Strategy Positioning Analysis, SPAN），它包括两个维度：细分市场的吸引力和竞争地位。市场吸引力的评价因素主要包括以下四个：细分市场规模、市场增长率、盈利潜力和战略价值。其中，细分市场规模为该细分市场相对于其他细分市场的规模大小；细分市场增长率也是相对增长率，并非实际增长率；盈利潜力与该细分市场的竞争激烈程度、进入威胁、客户或供应链等因素相关；战略价值是产品线进入该细分市场对产品线或公司的战略意义。通过对这四个要素的评价，可以看出所选择的细分市场对企业的吸引力有多大。

在选择目标细分市场时，需要对每个准备进入的细分市场进行 SPAN 分析，然后在 SPAN 矩阵上画出"气泡图"，每个细分市场的相对规模作为"气泡"的半径，如图 3-23 所示。这四个细分市场分别位于 SPAN 矩阵的不同象限，对应的策略也不同。

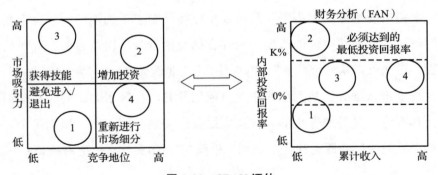

图 3-23　SPAN 评估

对竞争地位进行评估时，可采用 $APPEALS 工具从 8 个要素中的关键权重要素入手。通过与业界最佳竞争对手的比较，得出本产品线满足该细分市场客户需求的相对能力，从而确定竞争地位。

$APPEALS 法是 IBM 提出的客户购买产品的动机模型。该模型将客户购买动机概括为 8 个维度，也称 8 要素，如图 3-24 所示。虚线（包装 P 为 10 的框线图）和点线（价格 $ 为 10 的框线图）雷达图代表了具有不同需求的客户群，他们对不同要素的需求权重是不同的，虚线雷达图代表的客户群对外观的重视程度较高，而点线雷达图代表的客户群对产品的价格比较敏感。如果图 3-24 所示的雷达图代表的是汽车消费者群体，那么你认为哪个代表的是豪华汽车消费群体，哪个代表的是经济适用型轿车消费群体呢？

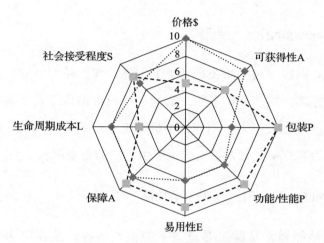

图 3-24　$APPEALS 需求分析法

1. $（Price）——价格

该要素表示客户为一个满意的产品希望支付的价格。企业要想满足客户的这一要求，就要考虑产品的定价策略，既要通过定价是企业盈利，又要让客户感觉产品有价值。在基于成本的定价策略中，企业要考虑成本的影响因素，包括新技术的采用、制造成本、期间费用（研发费用、营销费用、财务费用）。基于价值的定价策略，要充分应用价值工程的原理，提升客户的价值感、获得感。

2. A（Availability）——可获得性

该要素表示客户购买产品的方便程度和效率方面的体验。例如，客户希望能方便地获得产品信息、方便地买到完整的产品，以及方便地下单订购。企业要想满足客户的这一需求，就要考虑如何做好产品的宣传和推广，如何提升客户的购买体验，制定什么样的广告宣传策略、渠道策略、交付策略等。例如，通过产品发布会让客户了解新产品的新特性，通过电商 APP 让客户便捷地下单，免费快递等。

3. P（Packaging）——包装

该要素表示客户对产品视觉特征的偏好，如产品的外观、风格等。企业要考虑目标客户对产品的形状、质地、颜色等的偏好是什么，通过这些属性来提升产品的吸引力。例如，手机等电子产品，其外观、颜色和手感等方面特别为客户所在意，甚至成了吸引客户的首要因素。

4. P（Performance）——功能 / 性能

功能或性能通常是满足客户需求的核心内容，是客户购买的真正动机，真正了解客户的痛点和兴奋点是什么，以便开发出能够帮助客户更好地完成任务的解决方案。例如，使用大屏智能手机的用户的一个重要痛点是电池的续航时间短，手机厂商如果能开发出大容量长续航的大屏智能手机，就能很好地解决客户在功能或性能方面的痛点。

5. E（Easy to use）——易用性

客户在接触到新购买的产品时，开始往往有一种陌生感，不会使用也不敢使用，这时他们需要的是尽快消除陌生感，快速上手，让新产品帮助他们完成某项任务或解决某个问题。这就在使用的舒适性、快速学习、支持文档、人机交互、输入 / 输出界面等方面提出了要求。企业在设计产品时要考虑易于学习和使用等。

6. A（Assurances）——保障

该要素表示客户对产品的可靠性、安全和质量等方面的需求。企业要想满足客户的这一要求，就要在产品设计时考虑产品的可靠性、安全性、质量保障等符合企业、行业、国家、国际标准等。

7. L（Life cycle of cost）——生命周期成本

该要素表示客户在使用产品的过程中希望减少另外需要投入的成本的需求。在现实生活中，很多产品在购买后是否还需要客户花费金钱，直接影响到客户对产品的购买意愿。例如，汽车购买后的维修成本、汽车百公里油耗、商品房的物业管理费等，都属于生命周期成本，企业在设计产品时就要考虑产品在投入使用后如何降低客户的使用成本。

8. S（Social acceptance）——社会接受程度

该要素是影响客户购买决策的心理要素，侧重于满足客户精神层面的需求。企业就要在产品策划营销时考虑如何通过口碑、权威专家意见、企业形象、社会认可等因素影响客户的购买决策。例如，塑造企业的品牌定位和形象，让客户心理和品牌形象产生共鸣。

每条产品线每年的财务预算是有限的，在有限的财务预算下，企业并不能将所有细分市场全部拿下，需要根据内部投资收益率以及产品线的预计贡献，对候选细分市场进行排序，选择那些投入较少、收益率高且相对产出较多的细分市场作为目标细分市场。

五、制订商业计划

组合分析确定了产品线的业务机会点，也就是目标细分市场，接下来需要对每个目标细分市场制订商业策略，以目标细分市场和目标客户驱动产品投资。商业计划包括所有的规划要素：产品定义、商业设计、供应制造、营销、人力资源和执行计划等。在 MM 流程中，制订细分市场商业计划的流程如下所示。

1. 细分市场的收入预测

根据当前的竞争地位、市场增长率和财务地位，对每个细分市场进行收入预测，要求预测结果在一定的时间内是可衡量、可量化，可实现且具有挑战性的。

2. 财务目标缺口（Gap）分析

将细分市场最初收入目标与产品线的财务目标进行对比并计算其计划缺口，该缺口即为通过制订细分市场业务策略需要来填补的缺口，如图 3-25 所示。

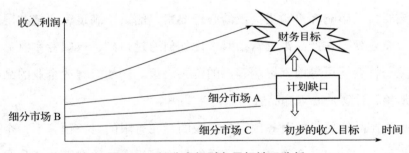

图 3-25　细分市场财务目标缺口分析

3. 制定目标细分市场业务策略

安索夫矩阵为支持财务目标和缩小收入差距提供了一个框架。通过对每一个目标细分市场进行安索夫分析，给出了细分市场相应的经营策略，并详细阐述了填补每个细分市场收入"缺口"的关键行动。每个细分市场的行动策略可以采用"4P+2"框架来制订。

（1）产品策略。该细分市场应该推出哪些新产品？你想在老产品的基础上进行改进吗？版本的迭代更新规划是什么？

（2）渠道策略。该细分市场在渠道方面如何改进？哪些渠道需要重点聚焦？哪些渠道需要突破？哪些渠道需要布局？

（3）定价策略。该细分市场应采取何种定价策略以实现财务目标？

（4）整合营销策略。什么样的营销工具和方法可以实现这个细分市场的业绩目标？

（5）交付策略。该细分市场如何提高订单交付效率？

（6）服务策略。该细分市场的服务如何创新？如何降低服务成本？

4. 产品族组合路标决策

在初步确定每个目标细分市场的策略之后，下一步将是在每个产品线上全面分析每个产品族所面临的目标细分市场，制定产品族的路标规划。产品族路标规划的制定主要分为以下六个步骤。

（1）定义权重框架。定义权重框架的目的是建立一套相对公平的项目评价标准，以便对不同的项目进行分类。其中包括以下三个子步骤：①确定一种模型，对不同的项目进行分类。因为每个项目的性质不一样，所以需要对不同的要素使用不同的权重方案，最好能够区分项目性质的两个方面，一个是项目的市场，另一个是产品的成熟度。②了解一个项目的成本及其可能给公司带来的好处，形成一套评估维度和与其相关的评估要素，对不同的要素进行评估。③根据对模型的分类，评估要素在不同分类中应该使用不同的权重。例如，对于新市场上的新产品，因为产品的首要目标可能仅仅是为了打入新市场，让消费者认可，而不是盈利，所以应降低财务要素的权重。图 3-26 为项目属性与评估要素设计样例。

确定评估维度与评估要素后，从战略定位（SPAN）和财务角度（FAN）

给每个维度的评估要素分配不同的权重。

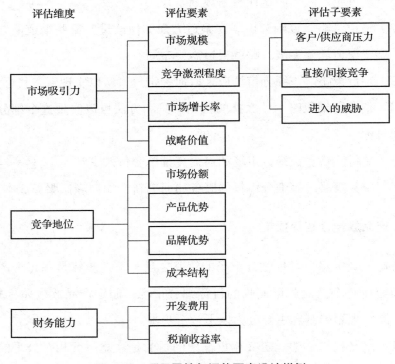

图 3-26 项目属性与评估要素设计样例

（2）确定所有潜在项目。确定各种类型项目的权重框架后，需要对产品族上的所有项目，包括规划中的新项目、现有项目及项目的背景信息进行梳理，如图 3-27、图 3-28 所示。这些信息应包括项目的所属产品线、简要的项目描述、项目所处的开发阶段、目标 GA 时间、预期收益、平均税前收益率、开发费用等。

（3）将项目分成不同的组。按照安索夫矩阵，将所有现有或潜在的项目进行分组，确定哪些项目属于市场渗透项目，哪些属于市场拓展项目，哪些属于产品拓展项目，哪些属于组合策略项目。每组项目内采用同样的评价标准，不同项目组之间则采用不同的评价标准。如图 3-29 所示，P1.P2 及 P5 项目都分在第一小组，它们具有一致的评价标准。

	第一组	第二组	第三组	第四组
市场吸引力	20%	30%	30%	60%
竞争地位	20%	30%	40%	30%
财务能力	60%	40%	30%	10%
合计	100%	100%	100%	100%

基于分类模式

需作为一组进行定义

基于定义的属性

市场维度	评估要素	评估子要素	权重
市场吸引力	市场规模	——	30%
	竞争激烈程度	客户/供应商压力	15%
		直接/间接竞争	0
		进入的威胁	0
	市场增长率	——	30%
	战略价值	——	25%
	合计	——	100%
竞争地位	市场份额	——	30%
	产品优势	——	20%
	品牌优势	——	20%
	成本结构	——	30%
	合计	——	100%
财务能力	开发费用	——	30%
	税前收益率	——	70%
	合计	——	100%

图 3-27　评估维度及评估要素的权重分配样例

项目	产品线	项目简要描述	开发阶段	目标GA日期	预期收益	平均税前收益率	开发费用
项目1							
项目2							
项目3							
项目4							
项目5							
项目6							
项目7							

确定所有项目的清单，包括新项目也包括现有项目，以及背景信息

图 3-28　项目清单及背景信息样例

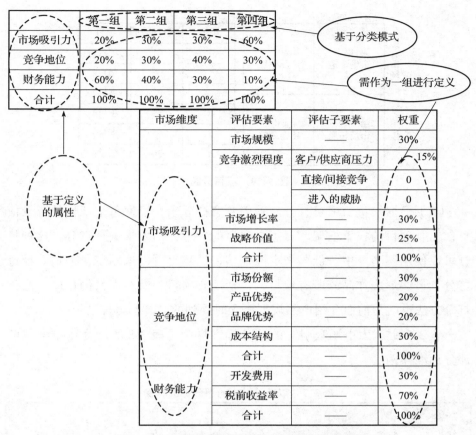

现有产品新产品

	现有产品	新产品
现有市场	第1组 市场渗透	第2组 产品拓展
新市场	第3组 市场拓展	第4组 组合策略

小组	项目编码	项目
1	P1	项目1
1	P2	项目2
3	P3	项目3
2	P4	项目4
1	P5	项目5
4	P6	项目6

图 3-29　项目分组

（4）根据权重给项目打分。采用专家打分法，根据每个项目的背景信息，结合项目的权重框架，对每个项目的每个评估要素进行打分。这种打分可以使用"高—中—低"来定性评估，当然也可以采用定量评估。经过打分，最终形成产品族所有项目，包括现有项目和潜在项目的排序。这种打分方法也就是前面介绍产品规划概念时提到的"产品排序法"。

表 3-7 所示为市场吸引力的评分标准样例。表 3-8 所示为竞争地位的评分标准样例。

表 3-7　市场吸引力的评分标准样例

市场吸引力 评估要素	要素描述	分值	评分标准
市场规模	市场的相对规模	高、中、低	高：相对于其他细分市场的市场规模占比大于 70% 中：相对于其他细分市场的市场规模占比为 30%～70% 低：相对于其他细分市场的市场规模占比小于 30%
市场竞争的 激烈程度	来自客户/供应商的压力 直接/间接竞争 进入威胁	高、中、低	3 个子要素一起考虑，根据对市场情况的了解，给出高、中、低的定性评估
市场增长率	市场的相对增长率	高、中、低	高：大于 80% 中：20%～80% 低：小于 20%
战略价值	公司进入该细分市场的战略价值	高、中、低	根据产品的定位给出一个高、中、低的定性评估

表 3-8　竞争地位的评分标准样例

竞争地位评估要素	要素描述	分值	评分标准
市场份额	产品的市场份额	高、中、低	高：大于 50% 中：20%～50% 低：小于 20%
市场优势	与竞争对手的产品相比的优势	高、中、低	根据与竞争对手产品相比较，给出一个高、中、低的定性评估
品牌优势	与竞争对手相比的品牌优势	高、中、低	根据与竞争对手品牌相比较，给出一个高、中、低的定性评估
成本结构	产品成本结构	高、中、低	根据与竞争对手成本结构相比较，给出一个高、中、低的定性评估

（5）明确项目之间的依赖关系。

（6）对一个路标内的项目进行排序。经过打分排序后，还需要综合考虑产品族的资源和盈利能力，才能输出产品族的项目清单。

B—H—W—S 方法是一种可供选择的组合决策工具。使用 B—H—W—S 方法时，需要给所有的项目上标签，标签可分为以下四类：①买入（Buy）。投资该项目，确定其为重点项目。②持有（Hold）。继续投资该项目并监控进展情况。当资源开始紧张是，应首先从组合中剔除该项目。③观望（Watch）。留待下一时期再评估。到时候再决定是接纳还是拒绝该项目。若拒绝了，当资源充裕时，可将该项目纳入项目组合中。④卖出（Sell）。拒绝将该项目纳入项目组合中。

进行排序决策前，可根据可获得的资源建立投资"红线"，这个红线可能包括时间、开发预算、人力资源等。在红线之上的新项目和现有项目应包含在路标中，红线以下的现有项目，确定是否要将它们保留在项目组合中。如果决定要保留，需要重新调整红线，如将时间延后、预算增加等。

六、融合和优化业务计划

通过以上步骤，就列出了每个产品族的项目清单。产品线的项目清单是通过整合各个产品族的项目清单形成的，一旦确定了各个产品族的项目，所有跨产品族的项目就需要从产品角度来调整。整个产品线的项目优先级排序，不仅与项目在产品族中的项目优先级秩序有关，还和各个产品族在产品线中的定位有关，定位不同其权重也不同。例如，布局产品族的项目，其权重通常会略低于聚焦或突破产品族的项目。

最终的产品线项目清单需要经过"渠道管理"进行协调，根据资源情况安排各个项目的启动和结束时间，形成产品线项目的路标。

"版本"的概念经常在产品路标规划中经常会遇到，一个版本是一种具有特定特性和功能的产品针对特定的客户群，产品版本规划就是按时间顺序，将具有不同特性和功能的产品交付给不同的目标客户。产品路标规划需要考虑的因素有以下几个方面。

（1）产品的延续性。下一个版本的产品应该建立在当前版本的基础上，在技术、价格等方面存在相似性。很多公司没有考虑产品的延续性，一开始就想颠覆式的创新型产品，这种想法是不切实际的。

（2）产品的营销策略要考虑如何提升老客户的忠诚度。

（3）考虑整个产品线的最佳组合。

（4）当客户需求发生很大变化时，就有必要推出新产品。这种新产品可能涉及特性和功能上的较大变化，从而带来产品架构上的大调整，企业甚至可能开发新的平台，而不是基于原平台简单升级。

七、管理和评估商业计划

制定项目任务书，并监控每个产品包业务计划和产品线业务规划的执行情况，特别是重点项目的立项（计划）管理，产品开发过程中的 DCP 决策评审，执行中的产品业务计划的定期审视和调整，以及在产品生命周期中的产品市场表现和财务状况评价。

下面以产品线的业务规划为例介绍了 MM 方法论在业务规划中的应

用，给出了规划流程、方法和工具。在实际工作中，除了掌握流程、工具和方法外，可靠的数据和信息是规划工作的基础。否则就是对一些虚假数据的"加减乘除"，因此规划工作要有可靠的数据来源。而这些数据和信息的积累，以及对数据信息的准确判断，是体现一个规划团队成熟度的重要标志。

在 IPD 产品管理实践中，掌握方法论是做好规划的必要条件，而非充分条件。特别是在未来较长时期的规划工作中，规划工作周期越长，不确定性就越大。但随着规划团队对方法论的掌握以及对行业和市场洞察力的提升，规划的准确性将大大提高。所以，企业应该从"老板拍脑袋规划""集体拍脑袋规划"发展到"规划团队按流程规划"。

第四节　开发高质量的项目任务书

一、项目任务书质量是产品质量的基础

Charter 是项目任务书，又称商业计划书，是产品规划过程的最终交付，是对产品开发的投资评审决策的基础。Charter 的价值在于确保研发做正确的事，主要回答两个核心问题：一是这种产品值得投资吗；二是这种产品如果值得投资，如何使其具有竞争力。每个 charter 决定了生产什么产品，并决定其产品的竞争力。也就是说，Charter 解决了要做什么产业、做什么产品、达到什么目标的问题。

Charter 的核心内容包含产品规划最关注的重要问题，这些重要问题可以用 4W+2H（Why/What/When/Where/Who+How/How much）来表示。

Why：回答产品为什么要立项。通过市场的宏观和微观分析，围绕客户的"痛点"和商业价值，明确目标市场和市场机会点，以及商业变现手段，如何获取利润。回答如果不进入这个市场公司的损失有多大等问题。

What：市场需要的产品包需求是什么样的？针对客户的商业"痛点"场景，描述公司的独特价值和关键竞争力要点，构建核心竞争力。

When：什么时候是最佳市场时间窗，讲清楚预计产品推出的时间和符合客户承诺的情况。

Where：研发基地设在哪里、与哪些研发中心合作、综合成本最低的制造基地在哪里、如何选择首批产品上市试销的区域；等等。

Who：完成此产品开发需要的项目团队、角色。

How：产品的开发实现策略、商业计划盈利策略、上市营销策略、存量市场的版本替换更新策略等。

How much：从资源、财务、设备等多角度说明开发产品需要投入的成本与费用。

Charter 是产品开发的源头，是正确识别客户需求和交付产品包需求到后端产品开发的重要载体，是整个产品质量的基础。所有的前端的前端的最前端，就是 Charter，如果 Charter 做错了，那就全错了。

二、开发高质量项目任务书的流程保障

为了开发一个真正高质量的项目任务书，任务书的开发应该像管理产品开发过程一样管理。通常任务书的开发由 Charter 开发团队（Charter Development Team，CDT）负责，Charter 商业计划书为开发流程（Charter Development Process，CDP）提供保障。

从本质上讲，Charter 开发流程和业务规划流程一样，融入了 MM 方法论，是一个简化的市场管理流程。CDP 流程包括 CDT 立项准备、市场分析、产品定义、执行策略和 Charter 移交五个阶段。

1.CDT 立项准备（原始构想）

一般情况下，CDP 的起点是产品路标规划。在企业没有产品路标规

划，或者路标规划中没有新产品时，CDP 起始于产品的初步构想或者产品创意，终止于项目任务书的评审和移交。这个阶段主要是根据原始构想，形成 CDT 立项申请报告和 CDT 组织建议，向组织提出 Charter 开发立项，以正式启动 Charter 开发项目。

通过产业规划、市场分析、客户需求、竞争分析、行业洞察、标准专利分析等孵化新产品构想概念（或产品概念），产品构想概念可以是一个相对比较简单的轮廓。产品概念形成后申请成立 CDT 开发产品 Charter，如果获得批准则正式启动 Charter 开发，进入市场分析阶段。

CDT 是开发高质量 Charter 的组织保证。CDT 是一个跨领域、跨部门的团队，团队角色来自营销、服务、研发、制造、供应、财务等专业领域，产品管理专家担任 CDT leader。CDT leader 是否有洞察力和成功的实践经验非常关键，这在很大程度上决定了 Charter 的质量。

2. 市场分析阶段

Charter 开发的第一个活动是市场分析，它专注于回答关于 Why 的问题，也就是为什么要开发这个新产品。CDT 团队主要进行宏观分析和行业分析，确定目标细分市场和目标客户，描述目标细分市场的特征和目标客户群面临的主要问题和挑战。例如，一个新产品能给客户和自身发展带来什么价值？能够决定客户的哪些痛点？能给企业或产品线带来哪些能力方面的提升？目标细分市场中的主要竞争对手有哪些？新产品有何优势？新产品的定位是什么？在该市场中新产品如何盈利？盈利模式是什么？

此阶段一般分为客户互动、市场分析、行业技术分析、竞争分析、商业模式分析等关键活动，最终形成新产品能为客户带来的价值及能为公司带来价值的判断。

3. 产品定义

该阶段重点回答关于 What 的问题，即产品开发是为了满足什么需求。

主要针对客户的核心需求及产品特性展开描述。例如，产生客户核心需求产生的场景是什么、这些需求的优先级顺序是怎样的、产品有哪些特性来帮助客户解决问题、客户可接受的价格是多少、产品的关键卖点是什么。在这个阶段，为了探索和验证客户需求，有些企业会制作手板或局部手板，有些企业甚至会形成原始的样机，而有些企业则只需要"纸上谈兵"，不同行业有各自行业的特点，其目标都是探索和验证客户的需求。

本阶段完成以下关键活动：确定产品目标成本、确定产品可销售价值特性及盈利控制方式、确定产品包需求及排序。

确定产品目标成本阶段强调产品的公司内部全流程成本（Total Cost of Ownership, TCO）和客户生命周期应用成本（客户 TCO），其目标是希望在理想的情况下，产品实现的各类 TCO 相关的需求带来的价值能够达成内部和客户 TCO 成本目标。内部 TCO 成本目标主要包括产品制造成本、期间成本、服务成本、维护成本等。客户的 TCO 目标成本则根据选定的客户、典型场景、确保产品在市场项目竞争中价格和毛利润达到一定的平衡。

4. 执行策略

该阶段主要回答关于 How/How much/When/Who 的问题。How 主要描述如何保证产品能成功开发出来，例如，研发的技术可获得性分析，初步制造、采购及营销策略的制定等。How much 主要描述初步的研发费用、销量及盈利预测等；When 主要描述该产品的关键里程碑阶段。

本阶段一般可分为以下几个方面的关键活动：确定产品关键里程碑、确定端到端配套策略和开发实现策略、确定定价策略和营销关键策略、确定服务策略、进行产品投入产出分析、完成风险分析。

确定产品关键里程碑，一般包括开发启动时间、编码、测试、系统集成测试、上市发布时间等。CDT 团队负责端到端支持策略和开发策略由 CDT 团队负责，从面向交付的 E2E 规划角度看 CDT 团队负责为新产品涉及的全部配套产品或组件需求，包括各配套产品的需求描述、准入认证要求、版本交付计划，提出 E2E 配套支持策略。同时，CDT 团队还要从业务分层角度，对配套产品的长期发展思路给出建议。

营销和定价策略非常重要的原因是，因为这个阶段会明确产品上市的商业模式和定价。如何经营、如何定价将影响产品将来的盈利结果。CDT 团队应当根据市场分析相关信息（市场空间预测、价格预测、销量预测等），初步制定新产品的渠道策略（如直销、分销等多种方式）、提出新产品成功的关键市场策略，明确在哪些市场树立标杆。在前期输出的细分市场分析基础上明确商业模式，业务方法和盈利控制点。

CDT 团队需要给 IPMT 清晰地投入产出分析的答案。基于产品定义阶段的目标成本、销量、价格等数据，给出新产品损益分析。从投入产出财务角度评估新产品投资价值，形成新产品以解决方案业务盈利计划。

风险分析负责对产品进行商业风险分析，包括市场 / 客户、产品开发实现、项目管理等方面，确定风险规避措施、责任人和跟踪要求。一个重要方面是 CDT 团队评估技术需求的落地情况，评估所有的支撑该产品技术需求验证是否能够按期高质量完成，技术因素往往是影响产品能否顺利开发的关键路径。

完成上述所有环节后，CDT 团队会完成 Charter Review 材料，向 IPMT 商业决策组织进行汇报，以期获得商业计划的批准并成立 PDT。

5.Charter 移交阶段

该阶段主要明确 CDT 和 PDT 之间所需的交付内容切换模式和切换时间等，并确保两个团队对项目材料和信息的理解一致。如果 CDT 团队和 PDT 团队是同一批人马，则该阶段可以省略。

CDP 流程的输出为《初始产品业务包计划》《项目任务书》及客户核心需求列表。《初始产品业务包计划》清晰地回答关于 Why/What/When/Who/How/How much 的问题，并整理成 Charter 汇报材料然后提交 IPMT 进行 Charter DCP 决策评审。

H 公司 Charter DCP 汇报材料

本案例以 H 公司的 Charter DCP 汇报材料为例，展示其关键要求。该汇报材料模板一共有 3 页 PPT，下面分别进行说明。

CDP 流程的输出为"初始产品包业务计划""项目任务书"以及客户核心需求列表。在进行 Charter DCP 决策时，CDT 经理要清晰地回答 4W2H 的问题，需要将"初始产品包业务计划"中的关键内容提炼形成精简的 Charter DCP 汇报材料，以便 IPMT 能快速决策。

1. 第一页

本页主要内容为概要描述、战略目标、竞争优势、产品路标中的位置、目标细分市场的销售占比与主要销售区域，如图 3-30 所示。

概要描述		产品路标中的位置	
*产品包简要描述 *产品包关键特性描述 *产品销售目标区域 *销售渠道 *初步销售策略 *初步开发策略		用路线图的方式明确该产品包在产品线路标中的位置	
竞争优势		目标细分市场销售占比	
描述准备开发的产品与竞争对手在GA时具有的竞争优势		细分市场	市场销售额占比目标
		细分市场1	XX%
		细分市场2	XX%
		细分市场3	XX%
战略目标		主要销售区域	
从本产品线的战略目标出发，给出本产品包的战略定位		本部分列出该产品包上市的目标市场区域，如欧洲、北美、中国大陆等	

图 3-30　第一页内容

2. 第二页

本页第一个重点是回答 When、Why 的问题，When 即产品开发项目的各里程碑节点的时间点；Why 主要指客户的需求是什么，为什么要开发这个产品包，该产品包对客户的价值是什么、对企业的价值是什么。

第二个重点是回答 What、How much 的问题，即产品要做成什么样子、质量要求是什么以及费用与盈利问题。

Charter DCP 汇报材料模板第二页内容如图 3-31 所示。

里程碑节点计划		产品包描述	
里程碑节点	计划日期	价值描述	描述本产品包应对客户需求的关键特性和能力
Charter DCP		目标描述	描述本产品包的战略目标
TR1		需求总结	描述本产品包满足的客户核心需求
CDCP			
TR2			
TR3			
PDCP			
TR4			
TR4A			
TR5			
TR6			
ADCP			
GA			
LDCP			
财务分析		质量等级	
财务指标	完成情况	A类/B类/C类	
销售收入			
GA点毛利率		备注	
GA点目标成本		A类：针对高质量要求的市场，采取质量优先策略，关键质量指标>120%基线值	
GA点目标价格		B类：针对普通要求的市场，采取质量成本平衡策略，90%基线值<关键质量指标<120%基线值	
研发费用			
销售收入		C类：针对成本竞争型市场，采取成本优先策略，关键质量指标>70%基线值	
盈亏平衡时间点			

图 3-31　第二页内容

3. 第三页

本页重点回答 Who 的问题，并对主要竞争对手和市场历史情况进行分析，如表 3-9 所示。

表 3-9 第三页内容

PDT成员			竞争分析		
职位	姓名	部门	竞争对手	竞争产品	市场份额
PDT经理			竞争对手1		
PQA			竞争对手2		
SE			竞争对手3		
市场代表					
研发代表			市场历史数据分析		
采购代表			历史 / 容量 / 份额 / 收入比例		
制造代表			N+2年		
财务代表			N+1年		
服务代表			N年		
决策建议 CDT团队对初始产品包业务计划书的决策建议：通过/不通过			IPMT决策结论		

本章小结

（1）产品需求管理（OR）体系建设解决的是客户所想与客户所得之间的"需求落差"问题，整个产品需求在逻辑上包括需求收集、需求分析、需求分配、需求执行和需求验证五个过程。需求管理流程IT化（数字化、网络化、云化）是提升需求管理效率和品质的必经之路。

（2）创新应当是贯穿于组织整体组织的协同一致的行动。创新活动由公司战略清晰指引，并且与经营战略紧密关联。创新战略的选择建立在两个维度（创新程度、创新开放度）之上，封闭创新与开放创新是企业对创新方式的选择；渐进创新与突破创新是企业对创新程度的选择。

（3）创新战略的制定工具整合了战略管理与创新管理相关的实用分析方法与模型，具体包括 4P 模型、波特五力模型、SWOT 分析、PEST 分析、创新扩散分析、标杆分析、能力地图、风险评估矩阵、核心竞争力分析、技术路径图等。

（4）产品组合管理是对"正确"产品的选择和维护，与组织的经营战略和创新战略协调一致。可以通过"自上而下""自下而上"或二者结合的方法，协调战略与单个项目选择及平衡组合。

（5）产品线的业务规划是在确定了愿景、使命和战略目标的基础上，对市场环境和客户需求进行分析，结合竞争状况和产品线自身实际情况，通过执行严格且规范的 MM 规划流程，形成产品线在未来 2～5 年的产品路标规划、营销计划、预算和资源配置规划。产品线业务规划流程分为理解市场、市场细分、组合分析、制订业务计划、融合和优化业务计划、管理和评估业务计划六大步骤。

（6）Charter 是 IPMT 做出产品开发投资决策的支撑材料，CDP 流程保障"做正确的事"，IPD 保障"正确地做事"。

Concept Generation & Project
Management

第 4 章

概念生成与项目管理

　　企业要想获得长久的生存与发展必须依靠创新，而创新的发生来源于好的创意——创意是企业创新的养料。创意不仅可以引起企业组织经过一系列活动改变现状，也可以为组织创造新的机会。

　　在模糊前端阶段，一个组织形成了一个产品概念并决定是否投入资源用以开发这个概念，在此阶段，产品战略形成并在业务单元内展开交流，机会得以识别和评估，并进行概念生成、产品定义、项目计划和最初的执行研究。

　　成功者与失败者的最大区别在于开发前端的执行效果。而模糊前端的执行效果，实际上是产品开发成败的分水岭。

飞利浦建立创意标准流程

想象一下，你是一位35岁左右的男性上班族，在百货公司看见一只电动刮胡刀，你拿起来把玩了3秒钟，感觉顺手，按钮配置也不错，至于要不要买尚未决定。

为了让你花"3秒钟"把玩这只刮胡刀，飞利浦设计中心需要花3年的时间。飞利浦设计中心研发产品的"武功心法"是一本和《辞海》一样厚的产品开发圣经，它把设计一项新产品的流程分为以下五个阶段的循环。

1. 启动：创造价值定位

在启动阶段（Initiation），产品的造型、对象、美学都尚未成形，最主要的工作是为新产品"定义价值"。

首先召开一次启动会议（Kick off Meeting），事业部经理、产品经理、营销业务人员、研发部门和终端的驻点营销人员都必须参会，若项目规模很大，供货商和经销商也会参加。以刮胡刀为例，在启动阶段必须依照不同的路线（如大众市场，或瞄准精英阶层，甚至诉求金字塔顶端市场），分析它对顾客的价值在哪里，它的"Stopping Power"是什么。所谓"Stopping Power"，就是当你走进整条大道都是刮胡刀的大卖场，却让你停在某只刮胡刀前面花3秒钟把玩一下的力量。一支为大众市场设计的刮胡刀为什么吸引人来买？35岁左右的白领阶层对刮胡刀的诉求的价值是什么？是身份和地位的象征，还是早上起床的例行工作？是价格、功能，还是周边服务？是什么让飞利浦赢过其他品牌？在启动阶段必须赋予产品一个价值定义。

2. 分析：了解市场风险

分析阶段主要进行策略性的分析，将启动阶段的数据汇集在一起，包含市场策略、产品策略，从草图到新产品上架之间的所有风险分析，都必须在这个阶段完成。具体来说，这个阶段已不再是某些模糊的概念，包括针对设计部门的人力调配（需要哪些背景的设计师），以及产品经理要考虑的预算、价格（对 35 岁左右的白领阶层，刮胡刀售价多少算太高，多低会让消费者怀疑）、竞争对手推出新产品的状况，以及销售策略（例行性产品和针对父亲节或圣诞节的产品，在包装、营销、广告文案、产品设计、色系上差别很大）都必须考虑。一旦渠道、营销手法发生变化，设计也要跟着变动。

3. 概念：跨部门创意交流

在这一阶段设计部门进入创意开展的流程，此外，工程师、产品经理、营销人员等所有单位都进入概念阶段。营销的"概念"是指建立贩卖的模型，考虑比策略更具体的执行问题。例如，针对父亲设计的刮胡刀，特殊包装可能比一般刮胡刀更大，对运输产生影响吗、货架上怎么陈列、有哪些附加礼品，设计单位在概念阶段可能有很多想法，如刮胡刀的某个区块可以拆卸，让顾客可以自行更换喜欢的颜色。这对设计师来说是一个创意，但对整体营销流程却是一个逻辑思考问题。营销人员必须想到更换部位的存货，是否每一家店都要囤积所有的颜色的存货？把可能的贩卖方式演练一次，如果不可行，必须赶快回报给设计师。

4. 完成：找出品牌 DNA

在完成阶段，各部门已经确定什么可行、什么不可行，只得把所有可行的东西付诸实现。对设计部门来讲，在完成阶段除了执行以外，还包含很多不断回推、重复检验的过程。这些检验的基准点是飞利浦的品牌宣言"合理与简单"（Sense and Simplicity）。举例来说，设计部门必须做到，当消费者拿起飞利浦的刮胡刀时，即使把 Logo 遮住，他们还能看出这是飞利浦的产品。

在完成阶段，所有设计师的创意都必须经过评分来决定它的可行性。这个评分表共有 30 题左右，每题 0～5 分计算，题目包括产品属性、美学导向、人因工程界面、材料应用、与品牌宗旨的对应度几个大项。最后由设计师小组填表，一个创意必须达到总平均 4 分以上，才有资格做出精致的 3D 模型，在下一个评估阶段"交付消费者测试、评分表检查是飞利浦设计中心不断优化得出的方法，通过它过滤出的产品设计大都符合飞利浦的诉求"。

5. 评估：检核与行动

最后评估即通过消费者测试。对应不同产品，飞利浦用不同的测试方法，包括实境模拟（真的模拟卖场的产品陈列方式）、问卷调查或者消费者试用建议，目的都在于评估前面几个步骤的结果。因为即使在启动、分析、概念、完成的阶段都有专业依据，但毕竟都是内部意见，放到真正的消费者手上去检验，还是有结果超出预料之外的可能。比方说，有消费者在测试的时候因为手汗让刮胡刀滑掉了，虽然只有一个被测者发生这个现象，但它应该属于设计上的瑕疵，设计品需退回完成阶段以更改概念阶段的材料使用。如果发现消费者偏好和一开始的消费者标本资料库有取样误差，那就要回推到启动阶段，考虑是否重新开启新的消费者标本数据计划。值得一提的是，每一个阶段都必须准备备案。有突发状况就马上启用备案，绝对不能在某个阶段卡住。

资料来源：节选改编自甘贤善《PDCA 企业应用：飞利浦建立创意标准流程》。

第一节　如何挖掘创意

一、创意的内部来源

创新的源头是创意，如何挖掘创意，并实现对创意的有效管理成为企业创新发展的关键。福思（Forth）提出了 20 周的创新管理方法，为企业创意的获取到创意最终转向创新提供了借鉴，如图 4-1 所示。

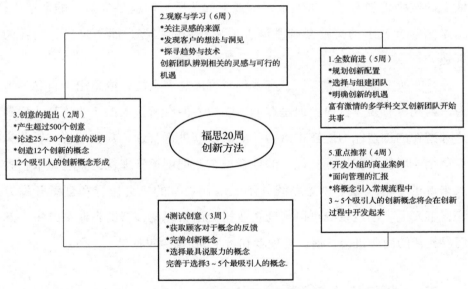

图 4-1　福思 20 周创新方法

资料来源：R Borrieci．Creating Innovative Products and Services the Forth Innovation Method［J］．Journal of Products and Brand Management，2012，21（5）：381-382．

此外，公司挖掘员工创意最常见的做法就是设立意见箱。1895 年，美国国家现金出纳机公司（National Cash Register，NCR）的创始人 John Patterson 设立的第一个"意见箱"项目，被采纳建议的最初提出者可以获得 1 美元奖励。在当时，这个项目被认为是具有革命意义的。

1904 年，员工共提出了 7000 多条创意，其中 1/3 被采纳。其他企业设计了更加清晰的系统，以获取员工的创意，例如，日本本田公司设立的员工创意系统（Employee-driven Idea System），只要员工提出自己的创意，就可以得到获知创意执行情况的奖励，而不仅仅是金钱上的奖励。

实现创意收集系统相对来说比较容易和低成本，但这只是释放员工创造力的第一步。企业甚至对创新力的培训项目进行投资。这些项目鼓励管理层通过口头或非口头的信号向员工传递这样的信息：他们的想法和自主性会得到公司的重视。这些信号塑造了企业的文化，经常会比金钱上的奖励更加有效。事实上，金钱上的奖励有时会破坏员工的创造力，这是因为金钱上的奖励会刺激员工关注外部的兴趣，而不是自己内在的兴趣。

并非所有的创意都有用，有些创意可能是多余的，或是出于自私的考虑，因此没有多少价值。但是在创新能力方面有所投入的企业，都认识到这种潜在的创造能力能够被激活，能够对其进行管理，甚至能将其转化为推动企业增长的新工具。优秀的创新型企业把创意管理视为企业追求新收入来源的中心议题。创意系统并不是取代现有的机会搜寻和创意开发方法，事实上，创意系统可以帮助企业树立创新理念，帮助企业中的每个部门寻找新的商业机会，促进管理者和员工的广泛参与。

二、创意的外部来源

经验表明，产品创新有 40% ～ 50% 的创意来自已生成的创意。许多企业利用正规的方法，从顾客及外部利益相关者如供应商、竞争对手那里去寻求创意，主动寻找已生成的新产品创意。领先用户分析、用户工具箱等都是获取顾客创意的很有价值的方式，许多公司建立了一个开放式创新的框架来获取广大外部伙伴的创意，如图 4-2 所示。

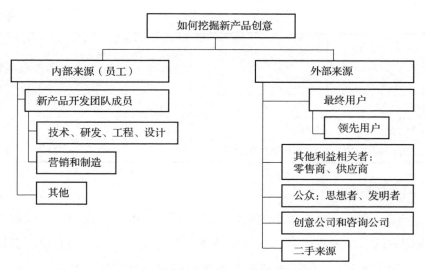

图 4-2　已生成的新产品创意的来源

1. 用户、领先用户和工具箱

（1）用户。用户创新（User Innovation）是企业创新理论中一个非常重要的研究领域。冯·希伯尔（Von Hippel）早在 20 世纪 70 年代就提出了"用户就是创新者"的革命性观点，他根据创新者与创新的关系，将创新分为用户创新、制造商创新和供应商创新。

用户创新是指用户对其所使用的产品或工艺的创新，包括用户为自身目的而提出的新创意、新设想，以及用户发起的对设备、工具、材料、工艺等产品的改进。大量实证研究表明，部分用户对创新项目有重要贡献，这一现象在多个领域被证实，如表 4-1 所示。

表 4-1　创新者的分布

研究者	创新类型	创新总数（个）	创新开发者		
			用户（%）	制造商（%）	其他（%）
Freeman（1968）	化学和化工设备	810	70	30	0
Lionetta（1977）	拉挤型材处理设备	13	85	15	0

（续表）

研究者	创新类型	创新总数（个）	创新开发者		
			用户（%）	制造商（%）	其他（%）
Shah（2000）	滑雪板、帆板运动设备	48	61	25	14
Von Hippel（1976）	科学仪器	111	77	23	0
Von Hippel（1977）	半导体和 PCB 工艺	49	67	21	12

用户创新带来了巨大冲击。

首先，创新动机发生了变化。传统模式中厂商充当用户的"代理人"，根据用户的需求开发产品。如果厂商想法与用户不一致，用户就不会继续支付"代理费用"。厂商想要把开发成本转嫁到尽可能多的用户，所以他们总是试图开发能够吸引多数消费者购买的产品。在用户创新模式下，用户开发产品的动机完全基于自己的需求，产品的开发基于充分满足自己需求的原则，很少想到会引起其他用户的购买。

其次，厂商和用户的界面发生了变化。传统模式中，厂商交给用户的是产品原型，这通常不是一个完全成熟的设计方案。用户回馈给厂商的是他们对原型的看法，这是厂商需要整合到下一个产品版中的信息。而在用户创新模式中，厂商给用户提供产品开发所需的工具，通常打包为工具箱。用户给厂商一个几乎完全成熟的设计方案，厂商不需要做大的调整。

最后，价值创造活动中的责任也发生了变化。在传统模式中，厂商几乎承担了产品开发的全部责任和风险，用户只是被动地参与到产品创新过程中。在用户创新模式中，产品开发的责任部分地转移到用户端，用户可以根据自己的需要主动开展产品创新活动。厂商的关注点不再是设计完美的产品原型，而是提供强大的工具箱。

在传统的创新模式中，创新成果由厂商掌握，他们可以轻松地控制价值流；在用户创新模式中，厂商对用户开发的产品几乎没有控制权。如果个人用户可以在生产和扩散方面与商业生产和分销竞争，那么用户就可以自由地利用创新。

（2）领先用户。冯·希伯尔强调领先用户在创新中的作用，将领先用户从普通用户中区分出来，将具有以下两个特征的个人或厂商定义为领先用户：①领先用户先于大部分人在市场上几个月或几年之前就已经面临这种新产品或服务需求了；②领先用户敏感地发现解决需求的方案而受益匪浅。他们不能也不愿等到新产品或服务触手可及，所以他们经常提前开发新产品或服务。

如图 4-3 所示，在传统的技术创新过程中，市场研究方法采用了路径 A 的过程，其结果只能对现有产品进行细微的改进。通过路经 B 的方法充分利用领先用户的研究方法可以带来突破性创新，得到市场的认可。

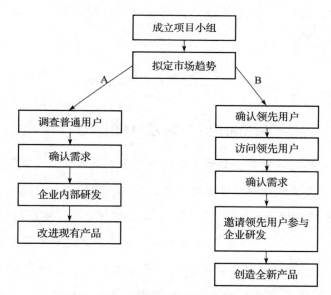

图 4-3　技术创新市场分析的不同流程

冯·希伯尔提出的领先用户创新方法对新产品开发具有重大的理论意义和实践价值。领先用户方法为寻找新产品开发提供了一个强大的工具，快速获取领先用户提供的产品需求信息、新产品设想和原型设计，使制造商能加速新产品开发进程，提高产品的市场满意度。国内外许多企业正在应用领先用户创新方法。

　　假设你的公司是专门从事极限运动滑雪板生产，在设计高性能滑雪板时存在许多不确定因素，因为顶尖运动员随时都有可能想出新动作，并挑战极限。你认为下一代滑雪板应该是什么样的？长些？轻些？重些？宽些？多点空气动力？多点弹性？你怎么知道？问谁？你应该去找顶尖运动员，他们就是你的领先用户。运动员往往不太在乎滑雪板的外观，而更关心是否具备高水平的性能。与这些运动员合作，就能开发出突破性创新的滑雪板，以满足快速变化的需求。更重要的是，这些运动员比普通用户适应新产品的速度更快，这将对加速新产品的市场接受度起到很大的推动作用。研究发现，领先用户有两个吸引人的商业创新特质：期望利益高与处于趋势前沿。目前，在 IT 领域，特别是在计算机和通信行业，最终的领先用户就是专家。

💡 创新视点 1

"领先用户法"助力 3M 创新突破

　　企业高管们总希望自己的研发部门能源源不断地推出突破性产品，但即使是最成功的企业也往往做不到这一点；相反，他们善于改进现有的产品和服务。3M 公司外科手术团队通过领先的用户方法实现了突破性的创新。

　　3M 公司是一家以技术创新著称的多元化公司，其管理层制定了一个雄心勃勃的目标，要让 4 年前还不存在的产品占到总销售额的 30%。1996 年9 月，3M 公司医疗事业部的一个外科手术产品团队成为公司内部运用"领先用户法"实现外科手术薄膜创新突破的先锋。在集合了来自研发、市场和生产部门的 6 位人员组成项目团队之后，他们完成了以下 4 个步骤的工作。

1. 确定趋势

　　领先用户引领潮流和趋势，这是领先用户的核心理念。但潮流和趋势是什么？在接下来的 6 周时间里，小组成员致力于更好地了解感染控制方面的重要趋势。项目成员的调查工作侧重于针对发达国家的医生来发掘需求，但后来他们意识到，自己对发展中国家的医院和外科手术医生了解不多，而在这些国家，传染病仍是一个重要的致死原因。该团队兵分几路前往马来西亚、印度尼西亚、韩国和印度等国家的医院，了解当地医生在手术室中遇到的感染问题，以及能为他们能做什么。他们特别指出，一些外科手术医生正在使用廉价的抗生素来对抗感染，而不是一次性手术薄膜和其他昂贵的措施。

经过实地观察之后，该团队认为医生依赖廉价的抗生素来防止感染的传播从长远来看是行不通的，因为细菌会产生耐药性。该团队还意识到，即使 3M 公司大幅度降低手术薄膜的成本，发展中国家的许多医院还是无法负担。这些想法使项目团队将最初的目标"找到一种更好的一次性手术薄膜"重新修正为"找到一种更廉价和更有效的方法来防止感染的发生和扩散，而不是使用抗生素和手术薄膜"。

2. 识别领先用户

通过建立网络，该项目团队能够在"更廉价、更有效的感染控制"这一趋势中与领先的创新者建立联系。项目团队发现，一些最有价值的领先用户往往出现在让人意想不到的领域：一些领先的宠物医院的兽医，在条件简陋、成本有限的条件下仍能保持很低的感染率；好莱坞的化妆师擅长使用不会刺激皮肤而又容易去除的化妆材料，而理解这种材料的特性，对于研发出直接涂抹于皮肤上的控制感染材料非常重要。

3. 寻求突破

在最后阶段，团队邀请了几位领先用户参加为期两天半的研讨会。参与者被分成几组进行了几个小时的讨论，之后重新分组又继续讨论。研讨会最终产生了 6 个新产品创意和一项感染控制的革命性方法。项目团队从 6 个新产品创意中选择了 3 个展示给管理层。其中一项为"皮肤医生"（Skin Doctor），它使用一个可单手操作的小型设备，轻轻挤压，即可将含有抗感染成分的药膏均匀涂抹在患者皮肤表面（灵感来自兽医专家）。该设备还带有吸附功能，可以很容易地清除药膏和术后污垢，且对皮肤没有刺激（这要感谢好莱坞领先用户）。更重要的是，皮肤医生为发展中国家的患者提供了一种负担得起的抗感染手段。

4. 寻求战略调整

通过领先用户法，项目团队不仅挖掘出新的产品创意，还甄别出一种革命性的感染控制方法。研究小组发现，医生希望找到一种方法，根据患者被感染的可能性，在手术前进行患者的感染防护，从而减少在手术中感染的可能性。

但要推出这种革命性的感染控制方法，需要公司培育新的能力，开发全新的产品和服务。而这些都需要企业进行战略调整。公司应该朝这个方向发展吗？项目团队最终决定向管理层强调战略变革的重要性，成功说服了管理层采用新的方案，帮助公司进入了一个全新的但相关的感染预防领域，并开发了一系列领先的手术室感染防护解决方案。

经过对创新项目团队实践的总结和提炼，3M 公司最终形成了独特的"领先用户法"，并在多个部门成功推广和运用，验证了"领先用户法"在产品创新中的价值。

资料来源，改编自《哈佛商业评论》*Creating Breakthrough at 3M*。

（3）工具箱。冯·希伯尔认为，随着知识经济时代的到来和先进技术的大量涌现，用户创新将进一步发展。企业应该努力给客户设计和开发自己产品的工具，而不是试图弄清楚客户想要什么，从细微的修改到重大的创新，用户都可以自己完成。

许多公司已不再努力准确地理解用户需要什么，仅仅提供界面友好的工具，即用户工具箱（User Toolkit）。公司将关键创新任务外包给用户，让他们设计和开发自己需要的产品，给用户真正地自由创新空间。用户可以创建一个初步的设计方案，进行计算机模拟和构建产品原型，并在用户自己的使用环境中评价产品的功能，然后反复改进，直到满意为止。

在传统方法上，产品开发是一个持续的过程，在这个过程中，制造商根据不完全信息开发产品原型供用户使用，用户识别缺陷并将其反馈给制造商。制造商根据用户反馈进行修改，持续循环，直到得到满意的解决方案。与传统产品开发方法相比较，这种新方法改变了制造商和用户之间的界面，产品开发所必需的试错过程全部由用户完成，如图 4-4 所示。

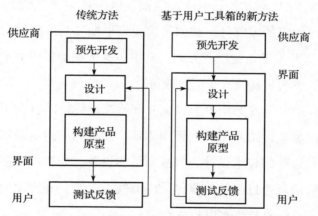

图 4-4　传统创新过程和基于"用户工具箱"方法的比较

资料来源：Thmke S, von Hippel E. Customers an Innovators: A New Way to Create Value［J］. Harvard Business Review, 2002, 80（4）: 74-84.

这样，创新的主体就发生了变化。在用户创新模式下，创新主体不再是企业，而是产品的用户。设计、开发、构建原型、反馈等传统产品开发中的往复过程都在用户端进行。用户工具箱为企业创造价值提供了新的途径，为制造商创造了新的竞争优势。用户可以借助工具箱设计出符合个人偏好的定制产品，并且愿意支付可观的额外费用购买自己设计的产品，面对不同客户需求的制造商越来越多地向他们的客户提供工具箱。

用户成为创新主体，改变了企业和用户的地位，改变了价值创造和转移的途径。企业向用户提供用户工具箱，也相应调整经营管理模式，才能适应工具箱的广泛应用所带来的影响，才能在用户创新的潮流中获得持续的竞争优势。

2. 供应商参与创新

供应商参与创新是指在产品开发的概念阶段或者设计阶段就让供应商参与进来，主要包括产品开发和改进、流程开发和改进及服务创新。

供应商参与创新策略，起源于 20 世纪 40 年代的日本汽车制造业。1949 年，日本电装（Nippon Denson）株式会社（公司）从丰田汽车公司分离出来，成为第一家电子组件供应商。电装的电子工程师直接加入丰田，帮助设计汽车的零部件，开创了供应商早期参与的先河。在接下来的 20 年里，丰田开发了精益生产方式，其中包括大量的供应商早期参与的做法，这些做法逐渐被其他汽车厂商效仿。

为了提高产品开发的竞争力，企业开始在设计阶段就利用供应商的技术优势，将产品设计纳入供应链管理体系。比较典型的是采用通用件和标准件，利用供应商的技术设计、制造模具和设备。如今，许多企业在产品开发的定义阶段就通过采购将伙伴供应商联系起来，允许他们参与产品设计并充分利用他们的专业知识和技术。

（1）将供应商与制造商的技术知识和能力互补结合起来，在开发早期对多种技术知识进行评估，可以大大地缩短开发时间，缩短产品交付周期。

（2）降低新产品开发后期发现错误而重新设计的风险，降低开发成本。

（3）通过与拥有先进技术知识的供应商共享市场和技术信息，降低市场风险。

（4）让供应商承担一定的责任，迫使供应商更好地掌握相应的专业知识和技术，从而提高产品质量。

3. 开放式创新

2003 年，第一位倡导者亨利·切萨布鲁夫（Henry Chesbrough）提出了开放式创新（Open Innovation）的概念，如图 4-5 所示。他认为这是一种创新的新范式，公司在战略层面运用外部的知识来提高创新的绩效。开放式创新已成为 21 世纪的主流创新模式。

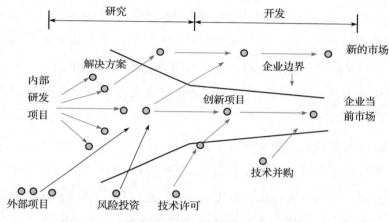

图 4-5　开放式创新的机理

资料来源：Chesbrough H. Open Innovation, The New Imperative for Creating and Profiting From Technology［M］. Harvard: Harvard Business School Press, 2003.

开放式创新模式是指企业在技术创新过程中，同时利用内部和外部相互补充的创新资源实现创新，企业技术的商业化路径可以从内部进行完成，也可以通过外部途径，实现在创新链的不同阶段与多个合作伙伴的多角度动态合作的一类创新模式。在开放式创新范式下，企业边界是可以渗透的。创新思想主要来源于企业内部的研发部门或其他部门，但也可能来自企业外部。在研究和开发的任何阶段，企业内部的创新思想可能通过知识流动、人员流动或专利权利转让扩散到企业外部。一些不适合企业当前经营业务的研究项目可能会在新市场显示出巨大的价值，或者可能被外部商业化。公司没有封锁知识产权，而是通过许可协议，短期合伙和其他安排，寻求自费向其他公司提供技术。开放式创新把外部创意和外部市场化渠道的作用上升到和内部创意以及内部市场化渠道同样重要的地位。

开放式创新并不意味着公司要把研发外包，相反，其目标是与不熟悉的研发伙伴接触，并且使研发全球化，以弥补内部知识的不足。通过与外部公司合作，创新型公司能以小博大支持自己产品开发人员及研发项目。在某种意义上，知识产权在开放式创新中，就像该公司建立并执行其商业模式的某个模块，公司能够从合作伙伴获得知识产权来支持其商业模式，公司也可以从自己不使用的知识产权中获利（假设其他公司想使用的话）。除了这些明显的优点外，公司也可拥有更多的创新创意供选择，还可以通过与掌握相关技术的企业合作，加速新产品流程，降低获取知识产权的风险。

封闭式和开放式创新都善于清除"假肯定"（False Positive），即初看起来有市场前景但实际无市场价值的创意；但开放式创新还能集中能力挽救"假否定"（False Negative），即因不适合公司现有商业模式，初看起来无市场前景但实际有潜在市场价值的项目。过多关注内部的公司易错过许多机会，因为有些技术成果适于在公司现有业务模式之外发展，或需要与外部技术结合来释放其潜能。封闭式创新和开放式创新基本原则的比较如表 4-2 所示。

表 4-2　封闭式创新和开放式创新基本原则的比较

封闭式创新的基本原则	开放式创新的基本原则
* 本行业里最聪明的员工为我们工作	* 并非所有聪明人都为我们工作，我们需要和企业内外部的所有聪明人合作
* 为了从研发中获利，必须自己进行发明创造、开发产品并推向市场	* 外部研发可以创造巨大的价值，而要分享其中的一部分，则必须进行内部研发
* 如果自己进行研究，就能最先把产品推向市场	* 不是非要自己进行研究才能从中受益
* 最先将创新商业化的企业将成为赢者	* 建立一个更好的商业模式要比贸然冲向市场好得多

（续表）

封闭式创新的基本原则	开放式创新的基本原则
* 如果创造出行业中最多、最好的创意，我们必将胜利	* 如果能充分利用企业内外部的创意，我们必将胜利
* 必须控制知识产权，这样竞争对手就无法从我们的创意中获利	* 应当通过让他人使用我们的知识产权而从中获利，同时应当购买别人的知识产权，只要它能提升我们的商业模式

资料来源：Chesbrough H. Open Innovation, The New Imperative for Creating and Profiting From Technology［M］．Harvard: Harvard Business School Press, 2003.

　　实际上，国际上许多著名企业已经成功地实现开放式创新，取得了持续竞争优势。宝洁公司（P&G）通过"联发（联系与开发）这一全新的创新模式，与世界各地的组织合作，向全球搜寻技术创新来源，实现 35% 的创新想法来自公司外部的连接。从"非此地发明"（Not Invent Here）的抵制态度，转变成"骄傲地在别处发现（Found There）的充满热情的态度，宝洁成功地推动了持续的创新，使老牌公司保持了创新活力。苹果公司和 IBM 公司的创新模式也由封闭向开放转化，从外部资源里找到最先进的技术，与内部技术有效整合，为用户提供有价值的解决方案。

　　耐克公司运用开放式创新的架构，与合作伙伴苹果公司及顾客共同创造 Nike+。Nike+ 利用苹果公司的专业技术，让跑步者能监测表现、设定目标、检验达标率并挑战其他跑步者。某些 Nike+ 跑步者也成为领先用户，他们运用 Google 地图尝试追踪其跑步路径。随后，耐克公司就在 Nike+ 中加入了地图追踪功能。耐克公司宣称，其跑鞋市场占有率提升了 10%，获利超过 5 亿美元。

⊙ 创新视点 2

丰田、特斯拉为何开放专利？

　　2014 年 6 月 12 日，特斯拉宣布对外开放所有专利，总数为 200 项，其核心价值是电池组的控制技术。2015 年 1 月，丰田宣布向全世界开放 5680 项燃料电池技术专利使用权，其中包括丰田最新的氢燃料电池车 Mirai 的 1970 项专利。据悉丰田研究燃料电池已近 20 年。

"特斯拉用的是锂电池，丰田是燃料电池，在新能源汽车领域，这是两种不同的技术路线。"爱卡汽车网总编辑王堃说："两大企业的初步目的是通过技术开放，吸引更多的玩家参与，做大蛋糕。同时促进新能源汽车的基础配套设施发展：充电桩或者加氢站等。"

1. 专利开放降低门槛

"电池能源是目前困扰所有包括新能源汽车市场化的核心问题。电池的续航短、充电时间长，打击了用户需求。"盖世汽车网总裁陈文凯说。除此之外，由于没有单一电池能够承载汽车负荷，目前的新能源汽车均采用大量电池组进行供电，其中特斯拉使用的电池组中包括上千块电池。"如何让它们在提速时迅速放电、刹车时同时回收电力，如何在其中某个电池故障时保证整体正常工作，这些电池管理技术，很少有企业能做"。陈文凯告诉记者，"很多其他企业往往是一块电池坏了，整体就无法工作，而且安全性也是问题。电池管理技术的开放可以大大降低行业门槛。"王堃也说："在国内，很多传统汽车企业都会因此受益。甚至受益者还会有 BAT，能帮他们节省很多研发的成本、时间。""或许丰田比特斯拉更需要扩大阵营，因为目前中国、美国政府更青睐特斯拉这种充电电池的方向，燃料电池支持者并不多。"陈文凯指出，两大企业的专利开创，一方面是催熟产业链，另一方面也是技术路线的博弈，"降低了产业链门槛，实则给自己打开了更多的大门。"

2. 借市场推动政策

"第一步是扩大产业，第二步就是借助产业推动政策出台。毕竟，新能源汽车的充电桩、加氢站，肯定离不开政府的补贴、管理以及政策支持。"每个国家的政策都是针对当地产业而设立的。比如北京市政府对新能源汽车的补贴、不限购等政策福利，基本都分配给了电动汽车，原因主要是目前北汽主要生产电动汽车。而且需要指出的是，专利开放也并不会给两大公司带来不可控制的竞争。"以丰田的 Mirai 为例，这款车采用了丰田现有的"混动车"生产线，零部件产品来自现有的供应链，得益于丰田的生产控制能力，这款车的成本可以控制到 30 万元"。

很多企业都可以看得出丰田、特斯拉所图谋的将是借助更多企业推动新能源汽车的基础设施建设，而丰田、特斯拉很可能是最终的受益者。但同样需要指出，这两次专利开放是否能够帮助它们达成目标犹未可知。

資料来源：改编自陈宝亮. 开放专利之"阳谋"：丰田、特斯拉曲线推进基础设施. 21 世纪经济报道，2015-01-09。

三、发现并解决顾客问题

每个创意生成的场景都是不同的，这取决于紧迫性、企业技术、顾客、产品本身、可用资源等因素。不过，一般来说，最有效的方法是基于问题的创意生成，它可以针对各种实际情况进行完善。

这个过程从一个场景研究开始，使用各种方法来识别问题、筛选产生的问题，进行概念陈述，然后进入评估阶段。整个体系需要具有信息价值的利益相关方紧密参与，包括最终用户、建议者、金融家、咨询顾问，以及建筑师、医师等其他专业人员，甚至一些非用户，他们都有可能为我们提供有价值的信息。

1. 发现收集问题

（1）内部记录。需求和问题最常见的来源是组织在市场中与顾客及其他人的日常接触。例如，每日或每周的销售拜访报告、客户或技术服务部门发现的问题、经销商提示等。销售文件中充满了来自顾客和经销商的建议和意见，质量保证文件会揭示了问题。除了这些日常接触，企业还可以进行正式的市场调研来收集顾客满意度信息，这类研究意义重大，正如全面质量管理（TQM）团队的工作文件那样。

工业品和家庭日用品的消费者有时对产品会产生一定的误解，并错误地将其想法反映在产品使用中。因此，投诉文件成为反映用户心理的一种方法。处理好用户抱怨的方法之一，就是提供免费的客服电话或投诉网站，这有助于解决投诉问题，并促成新产品的产生。工程师等可以抓住机会为用户提供上门服务，直接观察用户在使用产品时遇到的问题。

（2）技术和市场部门的直接输入。市场营销和技术人员的重要职责之一是了解最终用户和利益相关者的想法。他们中的许多人已经在消费者和最终用户身上花了很多时间，有时甚至花了好几年。营销和技术两个职能部门的代表都应该与他们的同事讨论并找出问题的症结所在。

（3）问题分析。在每个产业、每家企业、每位著名经营者的故事中，都有一个关键时刻，一个新产品或新者一项新的服务成功地解决了一个关键问题，而其他人当时并没有意识到或者没有注意到这个问题。然而，问题分析并不是一种简单的用户问题汇编，尽管我们经常采用问题库（Problem Inventory）一词来描述这类方法，但问题入库仅仅是开始，分析才是关键。

如果询问人们对一个新房子有什么需求，同时还询问他们现在的房子有什么问题，你会发现，回答这两个问题所罗列出来的清单有明显的差异。如果你继续观察他们的后续行为，就会更清楚地发现，问题清单的预见性要远远胜过需求清单。用户从已有产品的视角表达他们的需求，而问题则不受产品本身的局限。①专家。专家可以是销售人员、零售和批发渠道的人员，也可以是建筑师、医生、会计师、政府官员、贸易协会人员等。②研究信息。包括产业研究、企业自己对相关问题的研究、政府报告、社会批评者进行的调查、大学科学研究等，它们通常是有用的。③接触利益相关者。通过访谈、焦点小组、直接观察、角色扮演等方法，直接询问家庭成员或企业用户，倾听顾客声音。④角色扮演。当产品用户无法将他们的反应用图像或语言表达出来时，角色扮演法的价值就凸显出来了。当消费者容易情绪化而不能或不愿表达其观点时，这个方法应该也比较有效，个人卫生领域。

（4）情景分析（Scenario Analysis）。情景分析像一个故事，是一个"标准化的描述"：描述未来状态的一个清晰画面，包含"情节"和一连串可信的事件。描绘一个情景，并不会直接产生一个新产品概念，它只是那些必须解决的问题的来源。实际上，如果能将若干未来情景描述出来，对概念生成是极有价值的。有创造力的人，能够将注意力放在最可能的情景，或可能尝试一个多重涵盖战略（Multiple Coverage Strategy），对每个可能的情景都有一个专门的战略来应对。

情景分析有很多不同的形式。首先，我们必须将这两种情况区别开来：①通过当前情景的延伸，来了解未来可能会怎样；②跳跃到未来，然后选择一个时间段并描述出来。两者都使用当前的趋势进行一些延伸，但跳跃不受这些趋势的局限。跳跃研究（Leap Studies）的重点是，如果跳跃情景真的发生，现在和以后会发生什么变化，这段间隔期是最有意义的重点。一位专业预测者对 21 世纪的技术与生活方式进行了大胆预测，这些预测可以被视为在不久的未来的跳跃情景。如果不太牵强，下面这些情景可提供许多新产品的机会。

互联网的使用会继续快速增长，美国人使用计算机的时间会远超过电视。手持可视电话会议在 2025 年会成为一匹商业黑马。

2050 年，1/4 以上的美国人会超过 65 岁。大字书、有声书以及便于操控的汽车会变得更加普遍。

制造业进一步全球化，资本密集型产业更多采用外包。有更多的电子商务，将成为商业和工业的标志。

石油供应减少，价格上涨，到 2050 年电力需求将增加 4 倍。

医学技术的突破会持续快速增长，改进的克隆技术会延长人类生命，计算机化的健康监测仪将被设计成可穿戴。

这些预测，预示着将出现哪些新产品；新产品开发流程应如何更改，以及其中有没有难以置信的。

2. 解决问题

一旦识别出一个重要的用户问题，就可以开始解决它了。新产品团队成员到目前为止，一直在主导概念生成工作，也将解决大部分的问题。

（1）小组创造力。新产品人员用个人的努力来解决问题，但是大部分人认为，小组创造力（Group Creativity）更有效。也有科学家大声反对这种观点，他们认为团队的作用被过分夸大了。总体来说，个人比小组更能掌控真正的新创意，更能找出突破性解决方案。有些人认为小公司比大公司更创新，是因为小公司通常不使用小组创造力。

1938 年，广告大师亚历克斯·奥斯本（Alex Osborn）出版了一本有关头脑风暴（Brainstorming）的书。从那时起，从他的流程中派生出了一系列小组创意生成（Group Ideation）技术，并且都有一个共同的思想：一个人表达出一个想法，另一个人响应此想法，再有另一个人对这个响应再次响应，以此类推。这种表达 / 响应的连续动作，指出了小组创造力的本质含义，据此开发出很多方法，其差别仅在于如何表达创意或者如何做出响应。

（2）头脑风暴。头脑风暴技术已经存在相当长的时间了，但是常常被滥用甚至误用。识别出差的头脑风暴是十分必要的，托马斯·凯利（Thomas Kelley）提出了几条让头脑风暴更有效的法则，包括守住规则（产生尽量多的创意，不要评判，不许讥笑）、创意计数（你能每小时迸出 100 个创意吗）、跳跃和建构（当小组创意停滞时，引导者可提议一个新的方向）、具象化（使用各种零碎物品来建立模型和原型）。

现在有很多方法都是在保持头脑风暴法基本理念的同时，做一些细微调整以克服存在的问题。一种新的方法称为头脑风暴绘图法（Brainsketching），参与者是画出而不是用文字表达出创意。另一种新的方法称为极速风暴法（Speedstorming），采用一种循环的形式，类似速配那样将参与者分成两人一组（随机，或者要求两人必须来自不同的职能部门），在 3 ～ 5 分钟的回合中讨论一个主题，每个回合的目标是产生新产品团队感兴趣的创意。在每个回合后，参与者重新配对开始新的一轮。最终会产生一大批新创意，而且参与者也能识别出谁是最擅长协作的伙伴。

（3）电子头脑风暴法。电子头脑风暴（Electronic Brainstorming）是由一个小组支持系统（Group Support Systems，GSS）辅助的头脑风暴，能克服传统头脑风暴的限制，因为它也允许所有参与者可以同时匿名回答。

GSS 头脑风暴会议可在有网络的空间进行，参与者坐在计算机前回答由使用 GSS 软件主持人提出的问题。GSS 软件搜集所有参与者的回答，然后将这些回答内容投射在房间前面的大屏幕上，或者显示在参与者的计算机屏幕上，这样参与者就可以看到回答并激发出更多创意和讨论。GSS 能自动记录所有内容。GSS 不受单一地点限制，可以同时在多个地点进行（通过网络联机或视频会议），小组规模可以达到数百人。GSS 在促进讨论方面更加受欢迎，越来越多的证据表明，在生产力和独特创意产出方面，电子头脑风暴比传统头脑风暴表现得更好。

越来越多的企业都在使用计算机软件辅助创意生成活动并进行管理，同时也帮助完成品牌起名和选名这类任务。虽然形式各异，但主要工作是从字库、词库、图库等大型数据库中挑选，鼓励使用者进行侧向思考（搜集不相关的想法，并与手头的问题相关联），操作上也简单容易，而且更适于在 GSS 环境下使用。

第二节　产品概念

一、产品概念

新产品在技术性工作完成前，这个产品仅仅是一个概念，一个尚未实现的创意。在新产品上市时，它仍然只是一个暂定的形式，因为一个新产品要走向成功，仍然需要做非常多的改变。为了理解这一点，我们需要关注概念生成流程所需要的三个要素：

（1）形式。指创造出的物理实体，或者从服务角度来说，是一连串服务步骤。例如，一种新的合金钢，形式是实体存在的材料棒或材料条；一种新的移动电话服务，形式包括硬件、软件、人、作业程序等打出或接听一个电话所需要的元素。

（2）技术。指达成形式所需要的源泉。例如，一种新的合金钢，技术包括钢本身、其他用来铸成合金的化学原料、冶金技术、产品塑形机器、切割机器等。在产品创新中，技术被定义为工作的动力。

（3）需求。只有当一个产品能提供给顾客需要或期望的利益时，该产品才有价值。技术使我们开发出来一个能提供客户需求的形式。

缺少任何一个上述三个要素，便不可能有产品创新，除非购买现成产品，且未加改变就转售。即使如此，在服务维度仍会有所改变，如销售地点、服务方式等。形式、技术和需求三个要素的关系如图 4-6 所示。

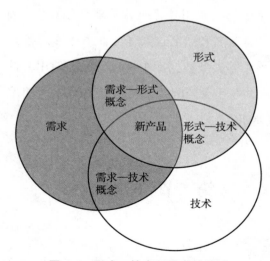

图 4-6　形式、技术和需求的关系

需要特别指出，创新流程可以从上述三个维度中的任何一个开始，之后的顺序可能会不一样。

顾客有一项"需求",公司发现后,利用"技术"生产出一种"形式",销售给顾客。

公司拥有一项"技术",适合某个特定市场群体,公司接着找出该群体的"需求",并用一种特定产品"形式"来满足。

公司想象出产品"形式",采用一项"技术"创造出来,并将其交付给顾客看看是否有任何"利益"。

上述三个要素的任何一个都能启动新产品流程。而且,要素后面跟随的可以是任意一个要素。也许你会问:有什么区别呢?区别就在于成功或失败。把利益摆在最后是很危险的,因为其隐藏的含义是:有了解决方案之后才去发现问题。

二、产品概念的三位一体

许多年前,咖啡就是咖啡。某人会在早餐或午餐时间去喜欢的餐厅、路边餐车点一杯便宜的普通咖啡。通常,在北美销售的咖啡是混合着便宜咖啡豆的冲泡式咖啡。随着星巴克和更多竞争者的出现,意大利式的浓缩咖啡突然受到大家的喜爱,如卡布奇诺和拿铁这种调合式浓缩咖啡的售价,通常是普通餐厅咖啡的 3 ～ 4 倍,是销量最好的咖啡。想象一下,我们目前在一家大型咖啡烘焙公司中工作,在一周内的不同时间,有 3 个不同的人走进新产品办公室,提出了各自的咖啡新产品创意,而且各自都不知道其他人曾经来过。

第一个人说,我们最新的顾客满意度报告指出,顾客想要一种尝起来和一般浓度咖啡口感一样的低咖啡因咖啡,而且这种咖啡还能做出香浓的卡布奇诺味道。当前的低咖啡因咖啡都没能提供这种利益。第二个人是产品经理,他说,上周我一直在思考我们的产品和竞争对手的产品,并且发现产品的颜色和浓度大致相同。我们是否可以大量生产一种倒出来比较浓、颜色比较深,就像土耳其咖啡那样(形式)的浓缩咖啡。第三个人是刚从技术研讨会回来的科学家，他说，我听到有一种新型萃取过程，这个过程可以有效并低价地从食物中分离及提取出某些化学成分，或许可以应用到咖啡因萃取过程中来。

这当中，每个人都萌生了一个创意，但是作为概念，每个人的建议都并非真正有用。第一个人的创意，跟癌症治疗一样，有利益但没有确切的方法。第二个人不知道消费者是否喜欢颜色较深、较浓的咖啡，也不知道该如何制造。第三个人并不清楚该技术在咖啡上是否有效，或者顾客是否需要这种改变。

如果第一个人遇到了第二个人或者第三个人，一个新产品概念就会产生。如果遇到的是产品经理，他们就会去问实验室是否有一种技术能产出他们想要的形式和利益。如果遇到的是科学家，他们就可能埋头于实验室，去找出实现这项新技术的准确形式。比如，咖啡因应该全部萃取还是部分萃取、外观深一些还是浓一些。一个概念从创造出来直到形成一个新产品的过程，最好的总结，就像一位经理人所说的，不要浪费你的时间去寻找一个伟大的新产品创意，我们的工作是把一个非常普通的创意变成一个成功的产品。

形式、技术、需求三个维度的任何两个，可以交叉形成一个概念、一个潜在的产品。三个维度的交叉，可能会产生一个新产品，或许成功或许失败。往往，成与败之间的差别其实很小。例如，发明家经常会带着产品原型去拜访企业。这是一个实际已经形成的概念，有某种形式，基于某项技术，而且发明家一定知道能带来某种利益。当然，企业根据过去的经验很清楚，发明家夸大了其利益，技术也存在缺陷，难以在实际生产，在粗糙的、工具简陋的、布置凌乱的工作室中出来的产品形式，是非常脆弱的。

在另一个极端情况中，一个新产品最初的想法可能相当不完整，以至于无法做出任何东西。例如，科学家从研讨会带回来的只有能力，对于这家咖啡烘焙公司来说不具有任何价值。

三、产品属性分析与定性分析

1. 产品是属性的集合

什么是产品属性（Product Attribute）？一个产品的本质就是属性，任何产品（商品或服务）都能用它的属性来描述。属性分为三种类型：特性（Feature，产品由什么组成）、功能（Function，产品是用来做什么的，以及是如何发挥作用的）及利益（Benefits，产品是如何让用户满意的）。利益还可以被细分为用途、用户、共享、用于等，概念生成是一种创造性工作。这样进行分类只是为了研究。例如，一把汤匙，就是一个附有把手（特性）的、小的浅碗（另一特性）。汤匙具有装盛和运送液体的功能，而其利益是能够干净节约地饮用液体食物。当然，汤匙还有许多其他特性（包括形状、材质、反射亮度）、功能（撬开、捅、搅拌）和利益（所有权和身份地位的象征、餐桌礼仪）。

属性分析方法（Analytical Attribute Technique）让我们能通过改变或增加现有产品的一种或多种属性来创造新产品概念，并且能评估这些概念开发成产品的必要性有多大，也就是说，这种方法能用于概念生成，也能用于概念评估，甚至可用于新产品后续流程中。如果我们想尽办法改变现有产品的属性，或考虑将许多额外的属性纳入产品中，我们最终会看到产品发生的变化。其他方法则侧重于利用某一属性与另一属性的关联（或与环境中的其他事物的关联），强制形成某些关联，而不管这些关联是正常且合理，还是奇怪且无法预料。

属性分析方法在西方文化中似乎比在东方文化中更有效。西方（尤其是欧洲和北美）思维强调重新组织事情，而东方（亚洲）思维更倾向于重新开始一项新工作。大众商品类更是如此，因为极小的改变就能使产品与竞争对手产生差异，并能有更高的价格。

2. 缺口分析

缺口分析（Gap Analysis）是一种在特定环境下功能十分强大的统计方法。这种方法根据产品在市场中的定位来区分产品的不同感知。产品在图上呈现出一种集群分布的态势，群与群之间有许多空白区域，这些空白区域就是缺口。缺口图有三种绘制方法：①根据管理经验和判断来描绘产品在图中的分布定位，可绘制决定性缺口图（Determinant Gap Map）；②管理者从用户获得数据后，根据客户对属性的评分，可绘制属性评分感知缺口图（AR Perceptual Gap Map）；③管理者从用户获得数据后，根据总体相似度，可绘制出 OS 感知缺口图（OS Perceptual Map）。

（1）决定性缺口图。图 4-7 是一张糕点产品的缺口图，由寻求进入糕点市场的新产品团队成员绘制。这张图包含两个维度（他们认为酥脆性和营养价值是糕点的两个重要因子），由低到高的分数表示这两个因子的程度高低，产品经理对市场中每个品牌的这两个因子都进行了评分。尽管这些评分有些武断，而且受管理偏差影响，但决定性缺口图仍是个好的起始点。通常，消费者能根据酥脆性和营养价值来区分糕点，这两个属性对购买糕点也十分重要。糕点也有不同的外形，但外形却很少用来区分糕点的差异，即使用来区分差异，大多数也会认为这不重要。因此，同时具备区分性与重要性的属性被称为决定性属性（Determinant Attribute），因为它们能帮助消费者决定要买哪种糕点。

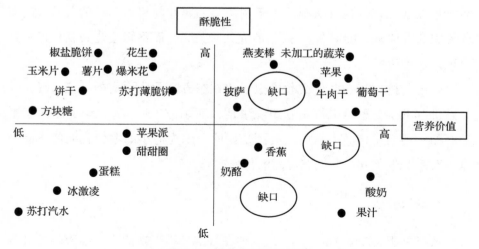

图 4-7　糕点产品的缺口图

绘制缺口图的目的就是想在图上找出缺口点，这个点很可能就是一个潜在的新产品，而且这个新产品会让人们既觉得特别，又觉得有趣。

（2）属性评分感知缺口图。顾名思义，感知是以顾客对事实的感知为基础的，要求市场参与者（购买者或产品用户）能够说出他们心目中产品有什么属性，可能准确也可能不准确。决定图是以新产品经理（或公司研发人员）观察到的事实为基础的。决定性缺口图和属性评分感知缺口图具有互补性。

在绘制感知缺口图时，我们从描述产品类别的一系列属性开始，然后搜集顾客对每项属性的现有选项的感知和看法。通常的做法是使用 1 ～ 5 分或 1 ～ 7 分量表（李克特量表）来对各个属性的陈述评级，其中两个极端点是"极力否定"和"极力赞同"。同时，询问顾客，在购买这一类产品时哪些属性是非常重要的，这个过程会产生庞大的数据立方体（Data Cube），这个立方体规模也许很大，但对管理者却没有帮助。在图 4-8 中，对每个属性的现有选项的感知，被标示在"品牌的"横行上，同时，各属性的重要性被标示在"理想的"一栏上。

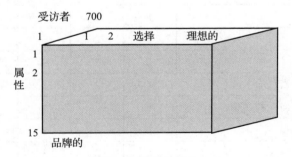

图 4-8　数据立方体

接下来的挑战是，我们要将数据立方体缩小为较易管理的感知图。用计算机统计软件中的因子分析（Factor Analysis）方法，将属性数量缩减到几个基本因子，然后将这些因子作为感知图的坐标轴。之后可以用聚类分析（Cluster Analysis），基于受测者的偏好，将相近受测者聚类在一起形成利益细分市场。

试想一下，如果你是一位女性泳装公司的产品经理，根据自己对该行业和市场的经验，开发出顾客用来评估和比较泳装的一组属性。你受委托做一个研究项目，要求女性对所有熟悉的泳装品牌进行识别，并使用 1～5 分李克特量表，对每个品牌的每项属性进行评分（见表 4-3）。找出在选择购买时，这些属性中哪个更重要。具体的因子分析过程参考其他专业资料。

表 4-3　属性感知问卷

针对你所熟悉的每个品牌就下列叙述进行评分：					
	不同意				同意
1. 有吸引力的设计	1	2	3	4	5
2. 时髦	1	2	3	4	5
3. 穿着舒服	1	2	3	4	5
4. 时尚	1	2	3	4	5
5. 穿着时感觉良好	1	2	3	4	5
6. 游泳时很理想	1	2	3	4	5
7. 看起来像设计师的品牌	1	2	3	4	5
8. 易于游泳	1	2	3	4	5
9. 有风格	1	2	3	4	5
10. 外观出色	1	2	3	4	5
11. 穿着游泳相当舒适	1	2	3	4	5
12. 这是个令人向往的品牌	1	2	3	4	5
13. 我喜欢的外观	1	2	3	4	5
14. 我喜欢的颜色	1	2	3	4	5
15. 适合游泳时穿	1	2	3	4	5

因为感知图是根据顾客的实际感知建立的，图上所发现的任何缺口，都可能引起潜在消费者的兴趣。比如，图 4-9 提示我们，顾客认为有些泳装穿起来相当舒适，有些则较有时尚感，但还没有公司提供兼具舒适和时尚的泳装（见图 4-9 中的缺口 1）。祝贺你，你已经发现一个市场缺口了！

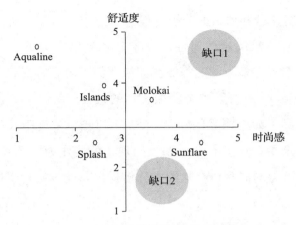

图 4-9　泳装品牌的属性感知图

（3）总体相似度感知缺口图。总体相似度（Overall Similarities）技术不需要顾客针对个别属性进行评分，而是要评估配对品牌之间的整体相似度。如果有 5 个品牌，就会有 10 种不同配对组合。受测者会把成对的品牌加以排序，从最相似到最不相似，或者按照相似度从 1 ～ 9 分李克特量表来评分（1 代表非常相似，9 代表非常不相似）。下一步是将这些来自顾客的数据转换成一个感知图。例如，你认为可口可乐与百事可乐非常相似，且二者都与樱桃可乐（Dr. Pepper）差异很大，就能容易地在一条直线上汇出你的感知图：将可口可乐与百事可乐放在左侧，将樱桃可乐放在右侧。

具体的总体相似度计算过程请参考其他专业资料。

所有的缺口图的绘制都存在争议，尤其是感知图，最大的问题是缺口分析发现的是缺口而不是需求。缺口的存在往往有其合理性，因此，新产品开发人员必须到市场上去看看这些缺口是否代表了消费者想要的东西。

3. 权衡分析

权衡分析（Trade off Analysis）有时也被称为联合分析（Conjoint Analysis），是一种概念评估的常用方法，是指顾客根据品牌的属性或特性，对品牌进行比较和评估的分析过程。

假定咖啡有三个决定性属性：口味、浓度和香味强度。如图 4-10 所示，每项属性都有许多不同的等级。如果我们了解顾客对每项属性的偏好或效用（Utilities），就可以整合每项属性的最佳等级，生产出整体上受到顾客喜爱的产品。如果顾客偏好无（添加）口味、浓度中及正常香味的咖啡，但这个特定组合还没有在市场上出现，就能作为一个新的产品概念。另外，其他高潜力的概念也会从图中分析得出。此方法对工业产品创新也相当有价值。

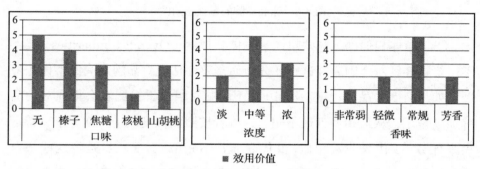

图 4-10　因子效用分值——以咖啡为例

4. 定性分析

我们已了解了一些能够将消费者偏好纳入概念生成流程中的定量方法。然而，这些方法都有一个内在的因素，即一系列的定性分析。

（1）量纲分析（Dimensional Analysis）。量纲分析也称维度分析，涉及所有可能的特性，而不局限于长度、宽度等空间参数，还包含列出产品的所有物理特性。产品概念的创新就是从一系列上述特性中发现的，因为我们所考虑的就是如何改变各项特性。有时特性列表中列出了很多特性，但依然没有发现有价值的信息，因此发现具体特性的工作量是很大的。

有些有趣的特性可能是产品看起来并不具备的。例如，汤匙如果以气味、声响、弹性、弯曲程度等描述，通常气味难以察觉，声响暂时为零，弹性只有用老虎钳才能测试出来，但每种特性都可以提供一些改变。

如今量纲分析使用了最广泛的方法——检核表（Checklist）。最著名的检核表是由头脑风暴法的创始人建立的。

可以调整用途吗？可以做些修改吗？可以反向进行吗？可以与其他组合吗？可以替代吗？可以扩大吗？可以缩小吗？可以重新组合吗？这 8 个问题能十分有效地引导整个创意过程。

商业与工业品的分析人员将能源、材料、操作难易程度、组装与替代零部件等特性作为检核表的组成元素。产品检核表生成了许多潜在的新产品概念，但大部分是无效的，因此在选择清单内容时需要花费许多时间。

工业产品的创意检核表包含以下组成部分：

能改变此材料的外形、热力、电气、化学和机械特性吗？

有新的电气、电子、光学、水力、机械或磁性技术吗？

找出与此问题相似的模拟是必备功能吗？

能制作新模型吗？

能改变动力模式让工作更顺畅吗？

标准零件可以更换吗？若改变流程的顺序会如何？

要怎样才能更精简呢？

若经过加热、硬化、铸成合金、修改、冻结、电镀会如何？

其他人可以使用这个装置或其结果吗？

每个步骤能被尽可能地计算机化吗？

（2）关联分析法。产品属性分析法中，我们只针对特性、功能及利益等产品属性进行分析，但产品的其他方面并没有被包括在内，如不同的使用地点、用户职业以及需要与商品搭配使用的其他物品等。关联分析法可以利用任何有用处的维度，并无固定形式，关联分析可直接形成新产品创意。

表 4-4 显示了一款新咖啡机的开发，共有 5 个维度。为了便于说明，各维度仅列出了 3 个可行选项，在实际案例中，一般会发现更多的可行选项。新产品经理要将这些项目加以组合，通常的方法是用计算机列出所有可能的组合，然后搜寻有趣的组合。其他分析人员仅采用简单的方法读取横栏上的信息。如有一款咖啡机可以直接在咖啡壶中把水加热，人工用量匙把磨好的咖啡粉放入滤纸，也能隔热保温，打开壶底的开关就能倒出咖啡。这款咖啡机你觉得如何？你喜欢这个创意吗？在讨论完后，分析人员会系统地替换改变各列中的项目。虽然所有经过属性分析技术挑选出的好创意，难免会产生争议，但不靠矩阵就轻易得到好的新创意是不可能的。

表 4-4　用于新咖啡机的形态矩阵

维　度				
加　热	添加咖啡粉	过滤咖啡	咖啡保温	倒咖啡
1. 壶中有加热装置	用量匙	滤纸	隔热保温技术	壶底的阀门
2. 打开水	用自带量杯	多孔陶瓷过滤装置	壶内有保温装置	壶盖上的气孔
3. 微波装置	自动添加	离心分离法	外部热源	类似浓缩咖啡

第三节　概念测试

一、概念测试的目的

近年来，产品开发前的工作越来越受到重视，虽仍显不足，但正在不断扩大，因为产品经理面临着提高质量、缩短上市时间又不能让成本超支的压力。另外，此时的重点是确定新产品定位，这是新产品整体营销战略的基础。

　　导致新产品失败的最重要的原因是潜在的购买者对这个新产品没有意识到有需求，认为没有价值、不值得那个价格。概念测试就是要确认该产品能成为一个有价值的、高质量的产品。我们可以节省时间，因为通过收集信息和制定决策可以确保产品快速通过开发阶段，并用最少的检查次数来修正其中的问题。在这个阶段花一点时间就可以节省整个流程的时间，何乐不为？我们还可以节省成本，避免成本曲线随着时间延伸而不断上升的最佳时间点就是曲线的起点。另一个节省成本的方法是在概念生成时，剔除那些现在会采用，但未来可能会失败的新产品概念。

　　质量、时间和成本是我们在这个阶段采取行动的最佳理由。这个阶段也是我们在企业层面建立基本营销战略的阶段。我们确定目标市场（发现和解决用户需求）并选定产品定位陈述，指引其他营销工作的进行。

　　概念测试（Concept Testing）是预筛选流程的一部分，即通过组建一个管理团队，为全面筛选提供输入，并在开始正式的技术研发工作之前对创意进行全面筛选。

　　（1）概念测试的目的是识别和剔出差劲的概念。例如，如果音乐爱好者不在乎一种新的光盘可以永久使用而将其随手扔掉（因为他们可以从线上下载音乐），那么这个概念就不是一个好概念。

　　（2）估计产品的销售量或使用率，也就是市场占有率感觉上是多少，或收益大致在什么范围。购买意愿和购买行为之间有着明确且正面的相关性，长期从事市场研究的人认为，有可靠的数据表明购买意愿和购买行为之间的相关系数大于等于 0.6。

　　有关购买意愿的问题几乎出现在每个概念测试中，最常见的购买意愿调查形式是经典的 5 点（Five Point）问题：

　　如果我们制造这个产品，你有多大可能性购买这个产品：①绝对会买；②可能会买；③不确定会买或不买；④可能不会买；⑤绝对不会买。

绝对会买和可能会买的人数或者比例通常合在一起计算，并作为小组反应的一个指标。

很显然，一个概念的销售潜力与概念能在多大程度上满足顾客需求或提供顾客所需利益息息相关。本章的后面内容会讨论更高级的分析方法，这种分析方法可以根据顾客所寻求的利益来进行顾客市场细分。如果能够了解市场中存在的利益细分，公司就能够识别出那些吸引特定细分市场或利基市场的概念。

（3）助力创意开发，而不是仅仅测试创意。一个概念陈述并不足以指引产品开发方向，开发工程师需要知道新产品具备什么样的属性（尤其是利益）才能符合概念陈述，因为属性之间经常是相反的甚至是相冲突的，因此必须做出许多取舍。当进行属性取舍时，最好与目标顾客群讨论，本章前述的联合技术分析经常用于解决这个问题。

二、概念测试流程

1. 准备概念陈述

任何一个概念陈述都应该高度清晰地明确新产品的差异性：提出决定性属性（其将带来购买决策的差异性）；与顾客熟悉的事物建立一种连接，使其感同身受；尽可能简短明了。"这款新冰箱是用模块化组件制作而成的，因此，消费者可以根据最适合目前厨房布局的方式来组装，还可以拆开后在其他地方再组装起来"。如果你认为这听起来有点像定位陈述，那就对了。如果访谈是针对当地潜在目标客户群的，目标市场和产品定位必须到位。这与基本的新产品流程是一致的，即产品和营销计划是要同步进行的。

给潜在的购买者的信息常常以一种或几种形式呈现出来：叙事的形式、绘图或图表、模型或原型及虚拟现实形式。在概念测试初始阶段，采用哪种形式并没有太大区别，因为受测者的回答几乎相同。

案例：喷雾式洗手液

大听装的喷雾式洗手液能够完全清除因处理鱼、洋葱、大蒜等所带来的经久不散的令人不愉快的气味，而不是遮盖臭味。只需按下按钮就能直接喷到手上，搓洗几下后在水龙头下冲洗干净即可。750 毫升的喷雾式洗手液可使用数月，易于储藏，售价 15 元。

如果在超市可以买到，你对上述产品有多大兴趣？

2. 定义受测群体

我们希望访谈到所有的对决定是否购买该产品、如何改进该产品有影响力的人。但找到满足全部有影响力的人，听起来简单，实际却很复杂而且代价昂贵。有些人试着找出少数领先用户、有影响力的人或大客户，这个方法成本较低，而且可以获得更多专家的建议，但通常无法反映市场上的关键差异以及误解。我们还应该寻找概念的批评者，寻找那些由于某个原因对概念持反对意见的人。一个想制造出能够解读心电图的智能机器的发明家，需要心脏病科医师的响应，但是明确的利益冲突却让这种访谈很棘手。有的新产品人员意识到，他们必须先吸引创新者和市场上的早期采用者，将概念测试完全专注于这些人。

3. 选择受测情境

大部分的概念测试通过个人接触，即直接访谈方式。调查样本常常会达 100 ～ 400 人，工业品样本则少得多。个人接触方式让受访者可以直接回答问题，并且能表达新创意或其中不清楚的地方。

概念测试的受测者是个人或小组，两种方法都被广泛使用。如果想要使受测者听到其他人的意见并做出响应，以及讨论如何使用该产品，焦点小组（Focus Group）是非常好的方式。

一种比较新的方法是考虑大量产品概念的直接评价。这种方法之一被称为实时响应调查（Real-time Response Survey），该方法汇集了焦点小组和问卷调查方法的最好的特点，经验证在筛选新的消费者产品概念时确实有效。简单来说，约 100 名参与者通过模拟广告观看概念的价格、定位及属性等信息。主持人引导受测者在计算机上进行测试，输入个人的购买意愿、对所提出价格的反应，以及其他类似的数据。根据这些初步结果，主持人开发出原始的开放式问题，当场询问受测者的答案。开放式问题的回答，可能提示了全新的概念或者属性集合，并在之后接受受测者的进一步评估。在一场 3 小时的会谈中，受测者可以轻易地询问并回答数以百计的问题，减少了概念测试所需的时间。另一个概念测试中的类似方法，是在焦点小组情境下采用小组决策支持系统软件（GSS），并且让参与者对不同版本的产品做出响应。小组的响应被平均且立刻显示出来，从而选出好的概念，甚至进行直接改进。

要记住在所有的访谈中，我们并不是在做民意调查，而是在探究受测者在做什么和想什么。

只有一小部分问题会使用标准形式以便制表，每个新概念都在解决一个非常特殊的问题，而我们需要知道在这个新概念的背景下，人们对该特定问题的想法是什么。在询问的过程中，不需要太过拘泥于形式，除非进行了大量概念测试并形成了数据库可以进行比较。

三、分析测试结果

1. 识别利益细分市场

当我们在收集受测者对现有泳装品牌的感知时，要求他们对影响他们品牌偏好的众多属性进行重要性评分。这些重要性评分（Importance Rating）能用来塑造现有品牌的偏好，并且能预测新概念可能的偏好。

假设只考虑两项属性：舒适度和时尚感，在图 4-11 所示的重要性感知图上，识别利益细分会变得非常简单。每位顾客都可以依据自己对这两个属性重要性的认知，在这张图上以一个点来表示。在此简单的案例中，出现了 3 个大小差不多的明显利益细分市场，认为只有舒适度是最重要的顾客、认为只有时尚感是最重要的顾客，以及认为二者都重要的顾客。

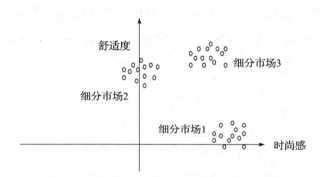

图 4-11　重要性感知图显示出利益细分市场

然而，很难找到如此容易发现的利益细分。本案例中顾客在形成个人偏好时，重要的属性其实不只这两项。我们需要求助于一种能够做到聚类分析（Cluster Analysis）的程序，该分析可以在图上将各观测值归类到相对较为同质的小组内。依据实践和经验判断，可以使用不同的指标来选择市场中存在的最佳聚类数（利益细分）。

2. 联合空间图（Joint Space Map）

我们将利益细分重叠在感知图上，就形成了所谓的联合空间图（Joint Space Map），该图可以让我们评估每个利益细分市场对于不同产品概念的偏好。绘制联合空间图最直接的方式是让顾客根据各个属性来评估理想品牌（Idea Brand）的分数。在使用因子评分矩阵时，将理想品牌的评分转为因子得分，并直接在感知图上点出理想品牌的位置。由这张图可观察出每个个体属于哪个聚类，而每个聚类代表一个细分市场，每个聚类的中心点就是其理想品牌。

每个细分市场的偏好可以由联合空间图看出。最接近某个细分市场理想品牌的品牌，会体现该细分市场的喜好。市场占有率评估模型通常假设每个细分市场中品牌的市场占有率与该品牌到理想品牌间距离的平方成反比，这使非常接近理想品牌的产品受到高度喜爱。在图 4-12 中，细分市场 1 可能偏好 Sunflare，细分市场 2 可能偏好 Aqualine 或 Islands，而最接近细分市场 3 的理想点是 Molokai，却没有一个品牌真正接近此细分市场。因此，一个时尚感和舒适度都很高的品牌，就有机会从竞争对手中抢下大的市场份额。

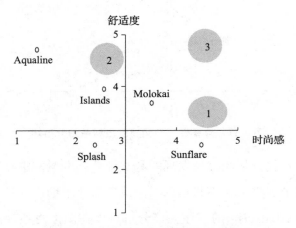

图 4-12　显示理想点的联合空间图

第四节　全面筛选

一、全面筛选的目的

初始创意出现后，我们将创意变成概念形式，然后将一个简短的陈述提供给关键人员，以观察他们的反应。接下来，通过概念测试，我们可以纳入市场中的潜在用户的想法，还可以纳入收集到的各种数据（见图 4-13）。循着这种方式，我们将企业关键职能部门——技术、营销、财务、运营等的意见收集到了一起。

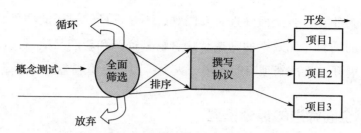

图 4-13　新产品概念通过筛选和协议的流程

为什么要进行全面筛选？

（1）帮助企业决定是继续进行还是停止。如果概念通过全面筛选，下一阶段就是开发，概念将会变成一个新产品开发项目，并且将会需要大量的财力和人力资源的保障。全面筛选帮助我们决定资源是否应该投入该项目中以及需要投入多少。这个决策取决于我们是否能进行这项工作，以及我们是否想要去做。"能做"意味着可行性——技术能达到这项任务的要求，称之为技术可行性（Feasibility of Technical Accomplishment）。"想做"意味着我们能从项目中获得利润、市场份额或者其他产品创新想要达到的目标，称之为商业可行性（Feasibility of Commercial Accomplishment）。

（2）全面筛选有助于管理流程，通过对概念进行分类排序并识别出最好的概念。最好的概念是排序或优先级在前的概念，当某个在研项目拖延或取消时，我们会有一些项目在待命，这虽然并不令人满意，却很值得。概念会回到概念生成阶段，并完成更多工作以便它们变得可接受。另外，将被拒绝的概念记录在案，可以避免类似的概念重复出现。后者看似微不足道，但对要筛选数百、数千个新产品概念的经理而言，却相当重要，一个好的公司备忘录有助于事后争议的解决。

（3）全面筛选有助于促进跨职能的沟通。在打分阶段会爆发激烈的争论，争论"为什么你对这个创意的这些因素上打这么低的分"等问题。筛选流程也是一个学习过程，特别是让管理者掌握其他职能部门的想法，而且会让所有对于某个项目的基本争论浮现出来并加以讨论。这些争论将焦点放在概念开发过程中所面临的"陷阱"或障碍上，以显示哪里需要新人员。许多企业在进行全面筛选时有困难，不是选择了错误的项目，就是选择了太多的项目。无效率的筛选意味着财务资源和新产品项目人员在过多的项目上展开，批准新项目时应牢记人力、财务资源和各种约束条件。

二、全面筛选的评分模型

美国产业研究协会（Industrial Research Institute，IRI）开发出一个新的评分模型，该模型包含两个部分：一部分是技术成功因素，另一部分是商业成功因素。每个项目的每个因素按照 1 ～ 5 个等级进行评分，同时确定每个成功因素的重要性权重。计算技术成功因素和商业成功因素的加权总分，其中总分最高的项目最有可能成功。新产品概念全面筛选的评分模型如表 4-5 所示。

表 4-5 新产品概念全面筛选的评分模型

类别	因 素	等级					得分	权重	加权得分
		1	2	3	4	5			
技术可能性	技术工作的难度	非常困难		容易			4	4	16
	所需研究技能	没有任何要求		完全符合			5	3	15
	所需开发技能	没有任何要求		完全符合			2	5	10
	技术设备流程	没有任何要求		已拥有					
	技术变化速度	高 / 不稳定		稳定					
	设计优势保证	没有		非常高					
	设计（专利）安全性	没有		有专利					
	所需的技术服务	没有任何要求		全部拥有					
	制造设备流程	没有任何要求		已经拥有					
	可获取的供应商合作	没有		已经有关系					
	竞争性成本的可能性	强于竞争对手		超过 20%					
	优质产品的可能性	低于目前水平		领先地位					
	加快上市的可能性	两年或更久		低于 6 个月					
	可用的团队成员	一个也没有		有所有关键人员					
	所需的资金投入	超过 2000 万美元		低于 100 万美元					
	法律问题	主要问题		没有					
							总分		210

（续表）

类别	因　素	等级					得分	权重	加权得分
		1	2	3	4	5			
商业可能性	市场的变动性	高 / 不稳定		非常稳定			2	3	6
	可能的市场份额	最好排第四		第一			5	5	25
	可能的产品生命周期	少于 1 年		超过 10 年					
	产品生命周期相似性	没关系		非常接近					
	销售人员的要求	没有经验		非常熟悉					
	促销的要求	没有经验		非常熟悉					
	目标顾客	完全陌生		密切接触 / 已有					
	分销商	没有关系		已有 / 牢固					
	零售商 / 经销商	不重要		重要					
	用户工作的重要性	没有关系		已有 / 牢固					
	未满足的程度	没有 / 已满足		完全未满足					
	满足需求的可能性	非常低		非常高					
	面临的竞争	艰难 / 具有攻击性		弱					
	现场服务的要求	目前没有能力		已准备好					
	环境影响	只有负面影响		只有正面影响					
	全球应用性	限于国内		适用于全球					
	市场扩散性	没有其他用途		许多其他领域					
	顾客整合	非常不可能		顾客在寻找					
	可能的利润	最佳盈亏平衡		ROI 大于 40%					
							总分		240

概念：_____

筛选日期：_____

行动：_____

合计总分 450

基于表 4-5 所示的评分形式，评分团队成员首先会有一个熟悉的过程，在这个过程中，他们将了解每个建议书（市场、概念、概念测试结果）。然后，每位评分者从第一个因素开始评分，并根据第三列语义陈述及对应的分值，选择最合适的分数为每个因素打分。评分会被乘以指定的权重，这样就得到了该因素的加权分数。接着为其他因素评分，然后加起来得到每位成员对这个概念的整体评分。

通常，有许多方法用来综合每个团队成员的评分，而平均值最常见。有些公司采用奥林匹克竞赛的计分方法，即在进行平均之前，去掉最高分数和最低分数。有些公司在公布平均分数后，进行公开讨论，个人可以发表与团队不一致的观点。许多公司已经发现，群组软件（Groupware）非常有助于这个过程。

三、基于 New Prod 项目的筛选模型

New Prod 项目是罗伯特·库珀（Robert Cooper）在 20 世纪 70 年代晚期对新产品成功和失败进行的一个研究项目。该项研究开发出了与上述评分模型相似的一个原始 New Prod 筛选模型，该模型可用于预测产品成功和失败的可能性，同时还能识别出新产品项目在批准前应该改正的一些缺点。

从那以后，来自更多公司的数据的加入和更多新产品经理的投入，使原始的 New Prod 模型得以延伸和扩大。近来，库珀和他的合作者结合评分模型的检查清单，提出了一个两层次的筛选模型。两层模型准则是"必须满足准则"和"应当满足准则"，"必须满足准则"涉及项目与战略之间具有良好的战略一致性和可接受的风险回报率；"应当满足准则"包含战略重要性、对顾客而言的产品优势和市场吸引力。全部准则都列在表 4-6 中。正如预期，"必须满足准则"被设计用于剔除不好的项目并提高新产品项目的筛选门槛，使用简单的是一否（Yes—No）检查表，仅一个否定的回答就足以筛选掉这个项目。"应当满足准则"用来评价良好的商业建议书。没有一个项目在每一个因素上都能获得高分，因此作者建议使用评分模型来综合全部的准则，用总分来排出最好的新产品项目。

表 4-6 New Prod 研究的必须满足和应当满足准则

必须满足准则：用是 / 否来评价	
1	战略一致性：产品符合公司战略吗？
2	市场需求的存在性：超过最低需求规模吗？
3	技术可行性：技术可行吗？
4	产品优势：该产品能给用户带来与众不同的利益或良好价值吗？
5	环境健康和安全政策：产品符合这些标准吗？
6	收益与风险：这个比率可以接受吗？
7	项目终止者：有杀手（Killer）变量吗？
应当满足准则：按评分进行排序（类似评分模型）	
1	战略： * 项目与公司战略一致性程度如何？ * 项目对于公司有什么样的战略重要性？
2	产品优势： * 产品提供什么程度的独特利益？ * 产品比其他竞争产品更能满足用户需求吗？ * 产品性价比如何？
3	市场吸引力： * 市场规模有多大？ * 市场增长率是多少？ * 竞争状况是什么样的？（竞争越激烈，评分越低）
4	协调效应： * 产品能将公司的营销、渠道或零售优势发挥到什么程度？ * 产品能在多大程度上使用公司的 Know-how 技术或专门技能？ * 产品能在多大程度上使用公司的生产能力或运营技能？
5	技术可行性： * 与其他产品相比技术缺口有多大（差距越小，评分越高）？ * 产品的技术复杂性有多高（复杂性越小，评分越高）？ * 技术不确定因素有多高（确定性越高，评分越高）？
6	风险与回报： * 预期利润（净现值）是多少？ * 回报率是多少？ * 回报周期是多长？首次投资有多快能回收？ * 利润或销售估计的准确性有多高（纯粹猜测还是高度可预测）？ * 产品成本降低的幅度和速度怎样？

四、层次分析法

另一种产品项目筛选和评估的方法是层次分析法（Analytic Hierarchy Process，AHP）。层次分析法由托马斯·塞蒂（Thmas L. Saaty）于 20 世纪 70 年代开发出来，是一种系统收集专家判断并据此作出最佳决策的通用技术。层次分析法在许多商业和非商业领域已使用多年，可应用于全面筛选，作为排列优先级和选择新产品项目的方法。当作为全面筛选方法使用时，层次分析法搜集管理者的判断和专门知识，来确认筛选决策中的关键准则，根据这些准则对每个待评估项目进行评分，并能按照符合程度将项目排序。商业软件 Expert Choice 可以方便地完成 AHP 操作。

首先，产品经理建立一个层次决策树，把管理者的最终目标（本例中是选择最佳的新产品项目）放在层次决策数的最顶端。下一层包含管理者认为在达到目标过程中的全部主要准则。在决策树的主要准则之下，可能还会有几层准则（第二层、第三层等）。最后，将所有选择方案（拟考虑的新产品项目）放在决策树的最底端。

接下来，产品经理为决策树中的每个要素提供比较数据，这些数据应是关于上一个（高一级）层次准则的比较数据。就是说，根据准则对实现目标的重要度来对其进行比较和排序，同时根据每个准则的评分排序来对项目进行比较和选择。AHP 软件从这里开始介入，软件将比较数据转变为一组相对权重，然后加总到各层级各要素的综合排序。最后，这些可能的选择（新产品项目）会以产品经理的偏好来排列。

图 4-14 展示了一个运用 AHP 进行新汽车项目筛选的真实例子。在这个例子中，美国三大汽车制造厂之一的某个产品经理，用四个准则来筛选项目，这四个准则是：核心营销能力的匹配性、核心技术能力的匹配性、项目的全部资金风险、项目管理结果的不确定性。这非常像在以前 New Prod 为基础的模型中，我们同时考虑财务准则和战略准则。这里的准则更适用于汽车行业，如图 4-14 所示，每个主要准则根据下一层的多项准则

来进行评估。例如，市场匹配性考虑新产品与现有产品线、销售渠道、物流配送、市场时机战略、价格和销售团队间的预期匹配性。最后，决策树的最下方，有四个待考虑的新汽车项目（小轿车、微型汽车、双人座汽车、多功能运动车）。

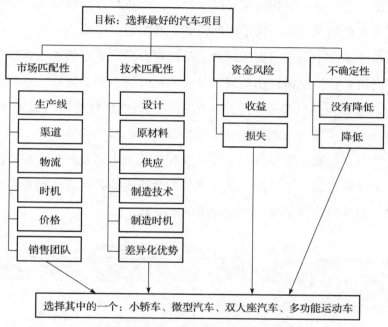

图 4-14 层次分析法（AHP）的应用

在决策树建立后，就能成对进行比较了。一般来说，这项工作先有产品经理评估主要准则之间的相对重要性，通常会采用 1 ～ 9 的等级进行成对比较如营销能力的匹配性和技术能力的匹配性相比，哪一个比较重要或不重要？接着，要取得第二层准则的相对重要性数据，如产品线匹配性和销售渠道匹配性相比，哪一个比较重要或不重要？最后，每个新产品项目有关的第二层，每个准则的成对比较就完成了。

使用这些数据，AHP 软件能为每个新产品项目计算出整体的总权重，这些权重表明了每个选择方案对总体目标的相对贡献度。AHP 的输出结果显示于表 4-7 的底部，清楚地显示出小轿车是首选项目，获得最高的整体总权重（0.381）。微型汽车是次优的，权重为0.275，双人座汽车、多功能运动车是落选方案。

　　虽然在这里没有办法将AHP的全部结果呈现出来，表4-7概括出了一个重要的发现，并提供了小轿车如何成为最佳选择的动见。第一层次的权重，指出了主要准则的相对重要性，产品经理将财务风险看成最重要的标准。接着是市场匹配性、技术匹配性和不确定性。类似地，第二层次的权重，也指出了每个第二层次标准对产品经理有多重要。例如，在市场匹配性下，时机和价格比销售团队或产品线匹配性更重要。最后一栏列出了根据第二层准则评估后得分排序最高的项目。在大多数的第二层次准则上，几乎是所有真正重要的准则上（可由第二层次的权重判断准则的重要性），小轿车的排序最高，微型汽车在技术匹配性准则上表现较佳。但产品经理认为财务风险和或市场匹配性比技术匹配性更重要，因此结果并不令人感到惊讶，即小汽车排序第一，微型汽车排序第二。

表4-7　AHP结果和总体的项目选择

	第一次权重	第二次权重	排序最高的项目
资金风险	0.307		
收益		0.153	小轿车
损失		0.153	小轿车
市场匹配性	0.285		
时机		0.094	小轿车
价格		0.064	微型汽车
物流		0.063	小轿车
渠道		0.036	微型汽车
生产线		0.014	小轿车
销售人员		0.014	微型汽车
技术匹配性	0.227		
差异化优势		0.088	小轿车
制造时机		0.047	微型汽车

（续表）

	第一次权重	第二次权重	排序最高的项目
设计		0.032	微型汽车
原材料		0.027	微型汽车
制造技术		0.023	微型汽车
供应		0.01	小轿车
不确定性	0.182		
没有降低		0.104	小轿车
降低		0.078	小轿车
可选方案的排序			
项目	整体权重		
小轿车	0.381	XXXXXXXXXXXX	
微型汽车	0.275	XXXXXXXXX	
双人座汽车	0.175	XXXXXXX	
多功能运动车	0.17	XXXXXX	

第五节　顾客声音转化为产品技术需求

一、聆听顾客声音

顾客声音（Voice of Customer，VOC）就是以顾客自己的语言表达的一组完整的期望与需求，体现出顾客的思考、使用及其与产品的互动方式——可以由顾客根据重要性、性能两个因素进行优先排序。定义"顾客自己的语言"意味着不能用科学术语。打印机用户不会用边缘分辨率及像素这类词，而是会说，打出的字不清楚、印出的图片好不好看，而且顾客也会对自己的需求，按照他们所认为的标准进行整理和排序，当然这与从公司角度看到的是截然不同的。不能因为表达方式听起来不专业，就否定这些意见。

"原本我们并不太清楚如何销售 iPod Touch——是没有电话功能的 iPhone 吗？是口袋型计算机吗？顾客告诉我们的是，他们最初是把它当作一台游戏机。我们以这种方法开始营销，还恰好就成功了。现在，我们真正地意识到，iPod Touch 是进入 App Store 的最低成本的入口，这是其一大优点。所以我们致力于降低这个产品的价格，以便每个人都能买得起。"史蒂夫·乔布斯提到 iPod Touch 营销时这样说。苹果公司真正地、认真地倾听到顾客想要的结果是什么，听到了产品应该以什么最佳方式来实现这个结果。毫无疑问，苹果一系列成功产品主要是靠技术推动的，但技术维度必须与切实可行的潜在市场维度相符合。iPod Touch 的例子巧妙地提醒我们，顾客声音的价值不是让顾客告诉你他们要什么。这虽然显而易见，但很容易被忽视，往往是仅仅因为执行不到位，导致顾客声音听着好却没有成功的价值。

在获取顾客声音时，得到一个大致的答案是不够的。比如，"我希望智能手机可灵活使用"，或者"我希望我的网络服务商始终如一"。通常接下来要问的是"你所说的灵活使用是什么意思"及"请问始终如一指的是什么"，这样便可以确保清晰地听到了顾客声音并避免了理解错误。基本原则是持续提问"为什么"：为什么你会那样说？为什么你会有这样的感觉？为什么那样做会比较好？切记，我们的目的并不是获得问题的技术解决方案，而是尽可能地获得顾客的欲望、需求、喜好、厌恶等。

市场研究顾问凯瑞·盖茨（Gerry Katz）归纳出了使用顾客声音时的误区，下列的误区应尽量避免：

（1）许多公司只把顾客声音视为定性研究。然而其真正价值在于将陈述的需求进行整理与分组，并根据相对重要性进行优先级排序，这是一个定量过程，但经常被忽略。

（2）企业经常专注于从主要顾客身上获得 VOC，然而更重要的信息可能来自非顾客、一般顾客、偏好竞争对手产品的顾客。

（3）产品经理可能认为顾客不知道自己要什么。但事实上，顾客非常擅长表达需求。由于不是专业的工程师或研发人员，顾客通常无法清楚说出需要开发什么新技术来满足需求。企业的任务就是使工程特性与顾客的需求相匹配，这可以通过 $APPEALS 模型或质量功能展开（Quality Function Deployment，QFD）等方法来实现。

（4）最后再说一遍，仅仅询问顾客他们的期望是什么、需求是什么，这虽吸引人，但通常不能带来什么新的洞见。最好是询问顾客对现有产品喜欢什么、不喜欢什么、未来想要什么样的结果。

二、顾客需求转换为产品功能规格需求

将顾客的需求转换成产品的功能需求，前面章节已介绍了业界常用的 $APPEALS 模型。下面介绍一种源于日本，目前全球已普遍采用的方法，这种方法使顾客声音成为新产品流程后续步骤的一个驱动力。

质量功能展开是多年前由日本汽车行业开发出的一种项目控制方法，用于高度复杂项目的行业。这种方法能够降低设计时间和成本，并让来自不同职能部门的项目团队成员实现有效沟通。事实上，质量功能展开对美国汽车行业回归与日本汽车行业的竞争具有重要贡献。我们将其放在这里讨论，是因为很多企业将其作为在产品协议强制要求下，培养跨职能团队互动的一种方法。质量功能展开也已成功用于新产品流程的早期，用于模糊前端的概念生成阶段，因为它能帮助新产品团队去构思满足顾客需求的新概念。

理论上，质量功能展开用以确认顾客需求在新产品项目中已全部得到聚焦：产品工程、零件展开、工艺规划、生产。在实践中，质量功能展开的第一步是质量屋（House of Quality，HOQ），这一步已得到大多数企业的重视并产生了效果。质量屋对企业的价值在于，同时将产品的多个特征汇总在一起，并展示其相互关系。

质量屋建立有以下六个步骤：

1. 识别客户属性

（1）客户所理解的产品或服务需求，信息来源：市场研究、问卷调查。焦点小组。

（2）客户期望从产品中得到什么？

（3）为什么客户会买这款产品？

（4）销售人员和技术人员是解答以上两个问题以及应对产品失败和维修问题的关键。

（5）通常这些需求会扩展到第二层和第三层（见图4-15）。

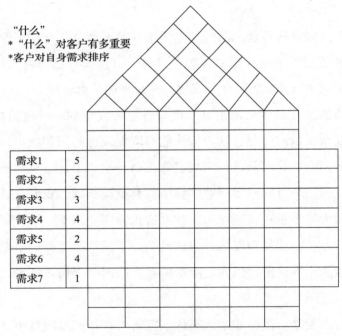

图4-15　关键元素：客户需求

2. 识别设计属性 / 要求

（1）设计属性用设计师 / 工程师的语言表达。作为技术特征（属性）的一种表现形式，设计属性必须贯穿设计、制造和服务流程。

（2）这些属性必须是可度量的，输出结果必须管理和比较。

（3）质量屋的屋顶象征性地代表了设计属性之间的相互关系。若在屋顶处发现了有冲突的属性目标则可能需要妥协（见图 4-16）。

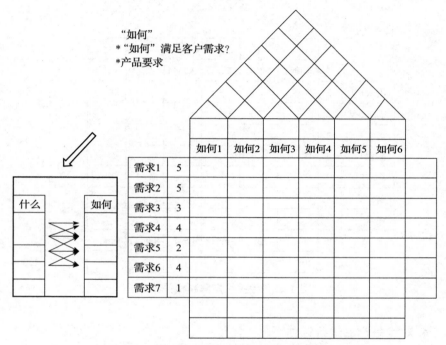

图 4-16　关键元素：如何满足客户的需求

3. 连接客户属性与设计属性

（1）确定每个客户属性和每个设计属性之间是不相关（No）、弱相关（Weak）、中等强度（Moderate）相关，还是强相关（Strong）关系。

（2）目的是确定最终的设计属性能否充分地满足客户的需求。

（3）如果客户属性与任何设计属性没有建立起强相关关系，则表明该客户属性没有得到应有的强调，或者最终产品难以满足客户的该项需求。

（4）如果设计属性不影响任何客户属性，那么它可能是冗余的，也可能是设计师遗漏了一些重要的客户属性（见图 4-17）。

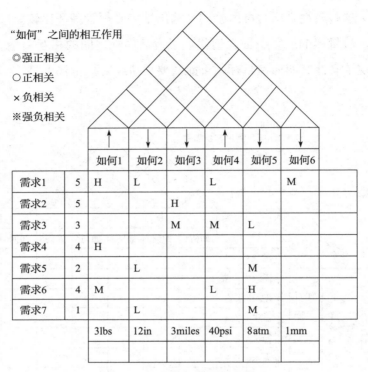

图 4-17　相关性矩阵和相关关系

4. 对竞争产品进行评估

（1）该步骤包括确定每个客户属性的重要性评级，并评估每个属性的现有产品 / 服务。

（2）客户重要性评级代表客户最感兴趣和期望的领域。

（3）竞争性评估有助于突出竞争产品的绝对优势和劣势。

（4）通常由内部测试完成，然后转化成可测量的指标。

（5）将评估与客户属性的竞争性评估进行比较，以确定客户评估与技术评估之间的不一致之处。

例如，如果发现竞争产品最符合客户属性，但相关设计属性的评估指向不同的结论，则说明所使用的评估方法要么是有缺陷的，要么该产品存在影响客户感知的形象差异。

5. 评估设计属性和开发目标

（1）通常由内部测试完成，然后转化成可测量的指标。

（2）根据客户重要性评级和现有产品的优缺点，为每个设计属性设定目标和方向（见图 4-18）。

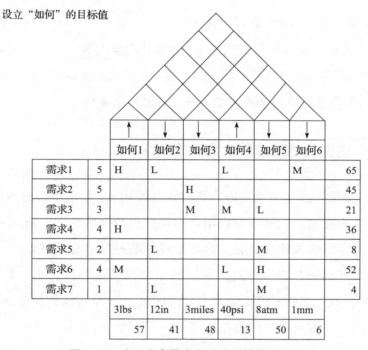

图 4-18 建立客户需求和设计属性的目标

6. 确定要在接下来的流程中开发的设计属性

确定满足以下条件的设计属性：

（1）与客户需求保持密切关系。

（2）竞品性能差。

（3）卖点很有吸引力。

在设计和生产过程中，这些设计属性需要被开发或转化为每个功能的属性，以便适当地使用维护客户声音的行动和控制，但不必如此要求那些确定为不重要的属性。

7. 质量功能展开的优缺点

（1）优点。①以团队合作的方式达成共识，促进跨职能讨论；②保持新产品开发团队关注客户需求；③质量功能展开为定义产品设计规范和工程设计需求提供了一个结构化的基础。

（2）缺点。①可能非常烦琐（大量的"需求"和"关系"元素，使表格巨大），需要花费时间来完成；②太复杂了，人们常常迷失其中。

有关质量功能展开的更多细节参考其他专业资料。

三、功能规格需求转变为技术需求

当产品的功能规格确定后，我们要针对每一个功能进行分解分配，确定所需要的技术，一般要站在用户的角度进行几次映射。首先明确我们的产品给客户带来什么好处；然后明确这些好处有什么优点，这些优点由什么功能构成，这些功能由哪些技术构成，业界将此工具称为 FFAB 矩阵（Function，功能模块的卖点；Feature，实现功能模块的技术特性；Advantage，产品优点；Benefits，对客户的好处），如图 4-19 所示。

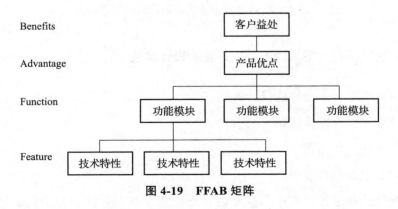

图 4-19 FFAB 矩阵

通过 FFAB 矩阵让研发人员知道自己开发的某项技术实现了什么功

能，给客户带来了什么好处。如果某项技术不能给客户带来好处，即使该技术再先进也不能采用，但研发人员往往不能接受这点，通过 FFAB 矩阵就可以明确地说服研发人员。

当确定产品功能需求和技术需求后，我们根据外部竞争判断和内部资源以及机会窗的判断，确定哪些是基本需求，哪些是更满意的竞争需求，哪些是在本产品开发时间内可有可无，但未来更具吸引力的需求。我们将基本需求和竞争需求合并成马上要开发的版本，形成产品协议（或项目任务书）。每隔一段时间将可有可无的需求纳入竞争需求，形成下一个开发版本，这样就形成了产品路标规划，如图 4-20 所示。

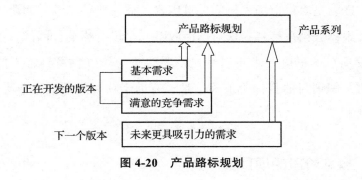

图 4-20　产品路标规划

当我们将路标规划例行进行的时候，就会快速不断地按细分市场一个一个地推出产品，实现基于市场需求的新产品并保持持续领先。

第六节　基于 IPD 的项目管理实践

一、准备阶段的项目管理要点

对产品开发项目而言，项目起始于 IPMT 下达项目任务书。但对产品开发项目经理而言，在项目正式启动前，就要主动参与到项目任务书的开发中。项目经理介入立项阶段的时间点可以是 CDR 评审会、立项团队项目组例会等。提前介入立项阶段（CDP）的主要工作包括以下几项：了解项目的价值、目标客户群、核心需求、产品的定位；了解所需的关键技术，掌握资源现状；参与评审 CDT 团队输出的交付件，如《项目任务书》《产品包初始业务计划书》、客户需求列表等。

不同产品开发项目的开发目标可能不同。例如，对于一些用于展览演示的产品开发项目，项目进度往往是最重要的因素，而质量要求则比较灵活。如果进度要求难以满足且研发预算无法增加，可以调整质量要求，确保在规定的时间交付。对于正式的商业产品开发项目，需要海量的出货，任何一个小的产品问题都可能被成倍放大，带来极大的损失，所以质量要求较高。进度是取得市场先机的关键因素，往往比较刚性，而研发成本可以通过大规模分销来稀释，这对产品收益几乎没有影响。因此，如果此类产品开发项目的进度要求难以满足，需要考虑增加预算，绝不能牺牲质量。提前了解项目的目标价值等信息，有助于项目经理提提前平衡进度、质量和成本。

二、概念阶段的项目管理要点

在产品开发的概念阶段，项目管理活动的主要内容包括制订本阶段的详细计划及整个产品开发项目的概要计划，同时组建项目团队，完善初始产品包业务计划。除了管理好本阶段的项目计划外，还需要重点关注团队建设和启动会议。

1. 组建项目团队

PDT 是一个跨部门的产品开发团队，由来自不同职能部门的代表组成。这种团队结构非常有利于项目组成员之间的沟通和协调，确保项目决策的高效率。通常，在产品立项阶段应该确定 PDT 经理。作为产品开发团队的灵魂人物，PDT 经理必须具有使命感、责任感，熟悉项目管理方法，具有较多的项目管理经验和较高的人际关系能力。如果没有合适的人，这个项目可以搁置。

PDT 核心代表实际上是项目团队中各个领域的子项目经理，代表产品开发团队中的职能部门，以及职能部门中的项目团队，这使核心团队成为"重量级团队"。通常产品开发团队的核心成员不会超过 10 个，包括 PDT 经理、研发代表、市场代表、采购代表、制造代表、PQA、财务代表、服务代表和品质代表，很多公司也会把产品 SE 纳入其中。PDT 团队的核心成员需要有较丰富的专业经验和较强的管理能力，否则这个团队就只是形式上的跨部门 PDT 团队。核心成员名单一般是 PDT 经理给出建议，然后与职能部门主管以及核心代表本人沟通后确认，并提请 IPMT 主任审核，审核通过后正式发布团队任命通知。通常外围组成员不会出现在产品任命书中，而是出现在各领域子项目的团队任命书中。

概念阶段的重要工作工程活动是进行需求分析，形成产品包需求和产品概念方案，这些系统工程活动主要由产品开发团队的 SE 来组织完成。在刚刚推行 IPD 的企业，要找到一个合适的 SE 不是一件容易的事。在这种情况下，可以由各个领域的资深专家组成一个系统工程师组（SEG）团队来共同行使 SE 的职责，但需要指定唯一的系统工程组组长（LSEG）。

2. 项目召开项目启动会

项目启动会是重要的项目管理活动，一定要加以重视。召开项目启动会前，需要进行项目环境的准备，包括项目组全体成员要有固定的办公场所等，跨部门的"作战室"是较好的项目组办公环境，非常有利于及时、高效地交流与沟通。要备有项目文件夹，便于对项目组成员的工作成果进行归档和共享。要建立通讯录、工作群，便与信息共享和交流。对于较复杂的项目，可能还需要建立分层分级的工作环境。

启动会前，PDT 经理需要准备必要的启动会 PPT，启动会 PPT 应包括项目背景、范围、目标、大概的里程碑计划、项目组织结构人员、沟通方

式、财务数据、质量政策等，并给出接下来的行动计划。启动会前，PPT
经理需提前与 IPMT 进行预沟通，邀请 IPMT 主任参加项目启动会。启动
会上对项目目标达成共识是非常重要的。项目目标要回答产品的目标市场、
盈利目标、费用目标以及该项目对客户的价值、对公司的价值，并且就项
目的预计开发周期及关键里程碑节点进行明确，对目标客户群、产品定位、
技术路径、关键资源和存在的风险进行说明，还要给出近期的行动计划。

三、计划阶段的项目管理要点

计划阶段的项目管理活动主要是制订详细的项目管理计划，同时组织项
目团队完成最终的产品包业务计划。其中制订项目计划是该阶段最重要的项
目管理活动，下面重点阐述基于 IPD 产品开发流程的项目计划编制方法。

项目计划分层和组织分层相同，有利于将任务分解并落实到责任单位
和责任人，如图 4-21 所示。PDT 团队在制订项目计划时，共分 4 次来完
成。项目开始时先要制订概念阶段的详细计划，在概念阶段结束前要完成
产品开发项目全过程的概要计划制订，具体来讲就是从项目启动到 GA 之
间的项目概要计划的制订。这个概要计划主要描述产品开发项目的关键里
程碑节点，如 TR、DCP 等，以及支撑产品开发项目的各领域子项目的关
键节点的进度和资源需求计划。

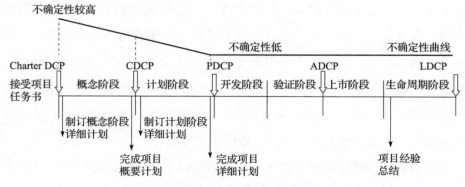

图 4-21 基于 IPD 流程的项目管理机制

计划阶段开始就要制订本阶段的详细计划，在计划阶段结束前完成产品开发项目全程详细计划的制订。因为计划阶段已经完成了 TR2、TR3 评审，产品包和各个领域的开发计划已较为详尽，因此产品开发项目全过程的详细计划是可以制订出来的。

在产品开发项目中，由于潜在的不确定性因素，项目开始时是无法制订全部的详细工作计划的，而随着项目的推进，其中的不确定性因素逐渐明朗，项目计划才可以逐渐深化和细化。这一点在项目管理体系中称为渐进明细原则。渐进明细原则是一种灰度思维，而不是非黑即白思维，它可以容忍不确定性因素的存在。就像人走夜路一样，不是看不清路就停滞不前，而是可以摸索着前进。

同样，研发项目管理也要敢于带着问题，带着假设向前摸索着走，随着工作的推进，前路也就逐渐清晰了，未知的事项越来越少，这样就可以制订详细的工作计划了。这是 IPD 产品开发项目计划制订方式和传统项目计划制订方式的不同之处。

在 PDCP 决策评审点，PDT 经理需要和 IPMT 签署合同（或产品协议，项目任务书）。之后，项目计划的变更以及产品包业务计划的变更，都需要发起正式的 PCR（计划变更请求），走正式的变更请求流程。

四、开发 / 验证阶段的项目管理要点

在项目开发阶段，项目经理的主要职责是按照项目管理计划开展项目的管理和监控。开发阶段的项目监控要一直持续到 TR5，重点监控各个功能领域的项目计划的执行情况，以及各 TR 技术评审点的评审情况，并对评审结果负责。TR 评审的结论通常由项目经理最终决策，但在必要的时候需要由更高一级的项目群经理或产品经理最终决策。

在项目验证阶段，项目经理的主要职责是继续跟踪项目计划的执行情况，组织完成 ADCP 评审材料的编写。这期间需要特别关注小批试产、客

户试用的情况，发现问题要推动闭环解决。将 TR6 评审的结论、指出的风险及解决措施写入 ADCP 评审材料中。

五、上市阶段的项目管理要点

在项目上市阶段，项目经理重点跟踪产品发布和上市前的准备情况，包括产品的定价、渠道、营销方案和销售道具的准备情况，以及发布活动、供应链和服务的准备情况，围绕 GA 目标展开项目的监控和推进工作。通常情况下，产品族或产品线的产品经理会特别关注上市阶段，甚至承担主要责任，这时候项目经理要和产品经理加强协同，全力做好产品的上市工作。

章末案例

苹果的创新停滞了吗？

乔布斯（Steve Jobs）去世后，硅谷曾预计苹果公司的业务将出现下滑，华尔街对苹果未来的走向忧心忡忡，苹果的粉丝也担心他们心爱公司的未来。然而，如今苹果的股价处于历史最高水平，市值超过 2 万亿美元，超过加拿大、俄罗斯或西班牙的 GDP。华尔街日报刊发文章指出，将史蒂夫·乔布斯的创新变成蒂姆·库克（Tim Cook）的苹果，是一位被称为"禅师"的工业工程师证明自己的过程，也是在他的带领下，让苹果公司成为史上最赚钱的商业公司的过程。

乔布斯定义了能够颠覆行业的新产品，而库克则让苹果更能反映他自己。这位 59 岁的首席执行官围绕其前任的革命性发明建立了一个产品和服务帝国来追求增长，该公司成功地吸引亚洲客户使其销量飙升，其对效率的追求，也使成本得到控制。从主导者到继任者的过渡很少成功。

比尔·盖茨（Bill Gates）退位后，微软步履蹒跚，杰克·韦尔奇（Jack Welch）交出指挥棒后，通用电气倒闭了。乔布斯的长期顾问、苹果前高管团队成员迈克·斯莱德说："时光倒转到 2011 年 10 月，当你从乔布斯手中接过领导权时，一切都有可能搞砸，但蒂姆做得非常好。"

自 2011 年接任苹果 CEO 以来，库克一直遵循前任的建议：不要问我该做什么，做正确的事。他继续每天早上 4 点前起床，查看全球销售数据。他坚持在周五与运营和财务人员开会，团队成员称这种会议为"与蒂姆的约会之夜"，因为会议会持续几个小时一直到晚上。2017 年访问乔布斯的母校亚拉巴马州奥本大学时，库克告诉 ESPN（时代华纳旗下有限体育频道）："我知道我的工作不是模仿他，否则我会惨败。对于许多人来说，当他们从优秀的人那里接棒时，这就成了一个大问题。你得自己制订计划，你必须成为最好的自己。"

相对而言，库克对乔布斯青睐的激进创意活动并不熟悉，在这位苹果创始人去世后，他也没有改变这一点。相反，他专注于为 iPhone 打造"堡垒"的一系列小步骤，包括智能手表、AirPods、AirTags、音乐、视频和其他订阅服务。根据对比研究的数据，苹果手表的销量超过了整个瑞士手表行业，而真立体无线耳机（AirPods）在 2019 年年底全球耳机销量中占了近一半，2019 财年的总营业收入为 245 亿美元。2000 年左右，库克将生产转移到中国的工厂，2014 年，他与中国移动签署了一项协议，将 iPhone 的销售扩大到 7 亿新用户，使中国成为苹果的第二大市场。回到美国后，他通过特朗普总统的女儿和女婿，与总统直接建立了关系，还会见了美国贸易代表罗伯特·莱特希泽和经济顾问拉里·库德洛。最终，美国政府免除了苹果智能手表的早期的一轮关税。

尽管现任和前任员工都说，库克创造了一个比乔布斯更宽松的工作环境，但他同样要求严格，注重细节。库克先生对细节的掌控，以致下属们带着"恐惧"参加会议，他以一种近乎质疑的方式来主持会议，其精准度已经重塑了苹果员工的工作和思维方式。"第一个问题是：我们今天生产了多少台？1万台。产出是多少？98%。你可以这样回答。""然后他就会说：好吧，98%，请解释一下为什么会有2%的失败？你会想，该死的，我不知道。""他把对细节的关注提升到了一个新的水平上，因此每个人都变得像库克一样，"苹果前运营主管乔·奥沙利文（Joe O'Sullivan）说。现在，中层管理人员在与库克会面前，要对员工进行筛选，以确保他们了解情况。一位资深高管表示："新手最好不要说话，这是为了保护你的团队和他，不要浪费他的时间。"这个人士说，如果他觉得有人没有准备好，他就会失去耐心，然后翻到下一项会议议程说，下一位，有人哭着离开了。

库克重组了苹果公司的董事会，用财务导向的董事取代了以产品和营销为导向的董事。在呼吁软件、硬件和设计高管进行合作时，库克表现出深思熟虑和谨慎的倾向，让创意在较少监督的情况下发展，就像乔布斯当时所做的那样。在库克的领导下，苹果加入了正在重塑智能家居、电视和汽车的行业，但未能像乔布斯那样定义这些行业。然而，苹果一直蓬勃发展，库克的崛起让外界感到意外。正如乔布斯先生告诉传记作者沃尔特·艾萨克森（Walter Isaacson）的那样，库克先生不是一个"产品狂人"，但同事们理解他的选择。在失去了不可替代的人员之后，苹果需要一种新的运营方式。

iPod不是最先出现的数字音乐播放器，iPhone也不是第一部智能手机，iPad更不是第一部平板电脑。苹果公司借鉴了其他产品，并从人性的需求方面吸引了用户，因为这些产品美观且便于使用。苹果公司之所以如此受设计师的崇敬，还有一个原因是，它的产品不是为了展示技术而进行设计和开发的。苹果公司曾经因为Mac电脑而家喻户晓，现在又因iPod、iPhone、iWatch闻名于世，iTunes在线音乐商店的获利也弥补了高度竞争的PC市场的收益。乔布斯最伟大的能力之一便是能够决定公司不应该从事怎样的项目。例如，苹果公司的工程师在2002年2月一直说服他们的老板进行台式机的开发，但是乔布斯没有采纳。相反，他坚持公司要专注于开发智能手机，iPhone 便是他们的成果。这个产品又改变了另一个市场，并且这个市场至今还在为苹果公司赚钱。像苹果公司这样具有创造力的公司，很少会缺乏想法。但是，在一个正确的时间选择专注一件正确的事情去做是很难的。

那么，苹果公司伟大的创新引擎熄灭了吗？

资料来源：笔者根据多方资料汇编。

本章小结

（1）对于不同的行业和产品种类，创新源有着极其显著的差异，除了企业内部的研发机构外，用户、制造商、供应商、竞争对手等都可能是重要的创新源。

（2）需求是保证创新活动获得成功的更为重要的因素，市场与生产需求的推动力大大超过了科学技术本身发展的推动力。创新者必须有较强的市场洞察力，以超前把握市场与用户的潜在需求，这是技术创新成功的关键。

（3）形式、技术、需求三个维度的任何两个，可以交叉形成一个概念，一个潜在的产品。三个维度的交叉，可能会产生一个新产品，或许成功或许失败。概念测试就是要确认新产品能成为一个有价值的高质量的产品。

（4）全面筛选帮助我们决定资源是否应该投入该项目中？需要投入多少？这个决策取决于我们是否能进行这项工作，以及我们是否想要去做。"能做"意味着可行性——技术能达到这项任务的要求，我们称之为技术可行性。"想做"意味着我们能从项目中获得利润、市场份额或者其他产品创新想要达到的目标，我们称之为商业可行性。

（5）QFD 和 FFAB 可以帮助我们将顾客的需求转换成产品功能需

求和技术需求。将基本需求和竞争需求合并成马上要开发的版本,形成产品协议(或项目任务书)。

(6)IPD产品开发流程和项目管理的关系可简单地概括为,IPD流程是项目管理方法论在产品开发项目中的具体应用,而项目管理是推行IPD流程时必须具备的管理技能和方法。

Development &Verification

第 5 章

开发与验证

架构与设计是提升研发效率的关键，是产品开发全流程的源头，它通过十倍法则影响着下游各环节的效率和质量。分离技术开发与产品开发，识别关键技术与核心技术，以及清晰的技术规划、技术开发、研究和产品开发逻辑输入输出关系，有助于企业高效地协同运作，更多、更快、更省地将产品推向市场。

DFMA（面向制造和装配的产品设计）的核心是"我设计，你制造，设计充分考虑制造的要求"，在考虑产品功能、外观和可靠性等前提下，通过提高产品的可制造性和可装配性，从而保证以更低的成本、更短的时间和更高的质量进行产品设计，力图设计好造、好修、好用的产品。

iPhone 产品开发验证流程

世界上能开发出一款惊艳的产品，并且可以被称为优秀的公司并不少。但这些公司都没能在下一版本、下一代的产品里留住用户。苹果公司做到了，所以它是一家伟大的公司。伟大的公司可以不断推出开创性的产品，并且通过出色的迭代来不断获取用户、提升利润，并且建立起围绕自己产品的生态系统。对苹果公司来说，有节奏地开发新产品，同时把现有产品做到极致，iPhone 是最具典型的案例。

iPhone 产品开发验证一般分为五个阶段（持续 12 个月）：

原型验证阶段（Prototype，P1&P2）：原型机验证阶段，重点关注打样、料件及整机模具开发调试。

工程验证阶段（Engineering Verification Test, EVT）：开发初期的设计验证，重点在考虑设计整体度，是否遗漏任何规格，方案对比，尽可能地发现设计问题。

设计验证阶段（Design Verification Test，DVT）：指设计变更及验证，确保所有设计都符合规格，验证优化，BOM 确立。

批量验证阶段（Production Verification Test, PVT）：指小批量投入，确保工厂依照标准制作流程，做出当初设计的产品，为大批量产做准备，开始批量投入预售产品。

量产阶段（Mass Production，MP），批量生产。

第一节　研究、技术开发与产品开发

一、技术开发与产品开发分离

技术是指在产品开发与过程中所涉及的软硬件技术及工艺、装备等工程领域的专业技术。它可以是被许多产品应用的设计方案，例如软件代码、算法组件、PCBA 模块、提供特定功能可重用的硬件或软件模块。

先进的技术通常决定了产品的竞争力：更多的功能、更好的性能、更低的成本等。但一个产品包含太多技术，开发的难度大，能否开发出来具有非常大的不确定性，一旦出现暂时无法攻克的技术难关，产品开发将无法进行下去。在开发过程中经常会出现新的问题需要解决，这使产品开发的时间往往失去控制。

有些公司将复杂的技术研究与产品开发过程糅合在一起，采用市场跟随策略，没有单独的技术路标规划。在没有理解技术成熟度及新技术应用可能带来高风险的情况下，如果直接进行产品开发，就会导致产品开发大量延误，开发成本大大超出预算，甚至有些产品因为新技术无法实现而导致项目的失败。

技术开发立足于理论，不一定能在要求的时间内 100% 达成或获得突破性创新，这将导致整个产品开发团队工作止步不前，并出现以下问题：

（1）产品不能按时推出，如果市场发生变化，则产品的功能需求和竞争需求等需要重新分析。

（2）个别项目组影响全体，导致资源的浪费。

（3）产品周期增加，不确定性因素增加，管理难度增大。

因此，一般公司采用的方法是将技术开发与产品开发分离，即事先通过对产品的技术分析，提出技术发展规划，开展技术预研，技术达到一定成熟转移后才进行产品开发。这样既可以降低技术风险，使开发过程可控，也便于更好地实现异步开发。当技术达到可行时能快速转化进行后续产品开发，提高了产品开发的成功率，减少了产品开发分析，缩短了产品上市时间。

如果技术规划不准确或没有技术规划，甚至客户临时改变计划导致产品开发过程中存在没有解决的技术问题，这时决策层应对产品开发的风险进行评估，解决方法通常如下：

（1）对一般技术和通用技术进行外包。

（2）暂停产品开发，先做技术预研。

（3）产品开发与技术攻关同步进行。如果有不同的技术路径，可以由两个或多个团队同时进行技术攻关，以解决产品开发中的技术风险。技术预研团队一般放在预研部门管理，预研完成后整个团队和项目成果切换回产品线，由产品线代管，作为产品开发的一部分。

将技术开发与产品开发分开，能使技术人员集中精力关注底层技术、模块、子系统和系统 / 平台级技术，而不被与技术无关的工作所干扰。

当一项技术或 CBB 独立开发出来放在货架上时，可提供给多个产品和解决方案选用，就能实现技术共享和重用，避免重复开发，大大提高了开发效率。

二、识别核心技术与关键技术

通常存在这样的误区：认为技术人员越多越好；或者自己不能解决的技术进行外包或委托开发，自己能做的技术自己预研和开发。这种认识经常导致核心技术和关键技术不突出，技术人员越来越多，企业研发的成本越来越高，产品缺少核心竞争力。如何对技术进行分类，什么样的技术能够外包，什么样的技术自己开发，什么样的技术开发过程中必须享有知识产权，这是每一个技术管理者必须明白的问题。通常我们将技术分为核心技术、关键技术、一般技术和通用技术四类。各类技术的定义大致如下：

（1）一般技术。有多种替换路径的普通技术。

（2）通用技术。形成了使用标准的一般技术。

（3）关键技术。在产品开发中占据关键地位或在关键路径的技术，它是不可或缺的，但不一定独有或领先。

（4）核心技术。企业在一段时间内领先于竞争对手的、独占的、重要的关键技术。

核心技术具有以下特征：

（1）独有性。领先于竞争对手的独特性。

（2）竞争性。该技术所产生的独特功能是产品的主要竞争要素，如功能和性能、质量稳定、成本降低、周期缩短、易使用、可维护等。

（3）可拦截性。竞争对手暂时无法跟上。

（4）不可替代性。竞争对手暂时没有可替代的技术。

（5）易于管理和保护。有专利和工业协议保护，形成知识产权和标准。

（6）价值。可以大大提升核心竞争力和实际效益。

技术分类清晰以后，便会有相应的技术开发策略：

（1）对核心技术要进行技术规划，对支撑关键产品的核心技术，要进行立体开发，即几个团队对次世代产品同时进行开发以阻拦对手的发展。

（2）对核心技术必须进行知识产权保护，如果与别的公司进行合作开发技术，涉及核心技术，要么对该技术进行控股，要么知识产权归自己所有。

（3）核心技术、关键技术允许预研，一般技术、通用技术不允许预研，技术外包时要进行严格的评审，避免核心技术、关键技术外包。

（4）针对一般技术、通用技术最好采取合作外包的方式，当然，将一般技术、通用技术组合成技术平台，此平台具有竞争力，也可以成为核心技术、关键技术的一部分。

三、技术开发流程

1. 技术开发流程（Technology Development Process, TDP）

由于技术开发着眼于技术和原理，不关注技术的商用性，只关注被开发的技术能否突破或实现，具有一定的风险。因此，技术开发流程与产品开发流程虽然有相同之处，但交付成果、管理模式及项目开发团队均有区别。

技术开发的流程一般分为技术项目立项、技术项目开发、技术项目成果验证、技术项目成果发布（或迁移）及技术成果货架（平台）管理五个阶段。

（1）技术项目立项。其输入来源是技术战略规划、产品规划、平台规划、有技术问题没有解决的产品开发。本阶段主要完成技术需求分析、技术规格说明书、概要设计、项目计划及可行性分析。

（2）技术项目开发。本阶段主要是根据概要设计完成开发详细设计并选择验证用户，修改项目计划。

（3）技术项目成果验证。本阶段主要完成测试、验证、成果化计划并修改项目计划。

（4）技术项目成果发布。本阶段主要完成项目的成果发布，选择产品试点，对技术进行成熟度评估，完成项目总结。

（5）技术成果货架管理。将通过成熟度评估后的技术进入货架，同时根据需要进行技术变更。

2. 技术开发的项目管理

技术开发的项目管理与产品开发项目管理在计划制订、项目管理、绩效管理、营销等方面是不同的。

（1）计划制订。产品开发的计划一旦在计划阶段确定，计划是不可更改的，计划按照严格的周期分布，技术开发尤其是预研项目，每个阶段制订每个阶段的计划。

（2）技术开发的项目经理通常是研发人员，技术开发的团队一般比较小。产品开发的项目经理通常是产品经理，产品经理不一定由研发人员构成，也可以由市场经理担任。

（3）产品开发的绩效过程和结果都非常严格，一定要对结果负责，技术开发的过程严格，其考核结果允许失败。

（4）产品开发的客户经理所面对的一般是外部的真正的客户，技术开发的客户一般是应用其成果的产品经理。

业界对技术管理的认识常常存在一些误区：

认为技术管理尤其是预研管理的考核要宽松，其实这种认识具有一定的片面性，对技术管理尤其是预研技术管理的考核，考核结果要宽松，考核过程要严格，这样做的原因是我们面临的创新不是颠覆性的创新，更多的是技术应用的创新和连续性创新。如何实现连续性创新？

（1）要执着和勤奋，在技术创新过程中会面临很多挑战和意想不到的因素，不要遇到问题就退缩，要坚信能够找到解决问题的办法。

（2）不断验证、测试与仿真。

（3）与客户交流，在客户的批评中不断进步。

（4）注重文档的归档和更新，文档要强调可用性、可继承性，能够被别人用，让后来者可以接替。

四、研究、技术开发与产品开发的关系

技术开发的目的是将技术应用到产品上快速推向市场，所以技术开发关注的是中短期技术。

研究是对战略方向有关的前沿、长期技术进行技术研究，包括概念 / 框架研究、关键技术先期研究（包括理论分析、仿真、实验等）、直接参与重要标准中的课题研究。因此，研究的首要成果是产生专利（并不是新型

发明或实用型的专利），通过专利保护发明的技术，然后通过专利技术标准化，走向大规模产业化，提升专利价值，为未来产品的关键技术提供解决方案和知识产权保障。

研究最大的特点是难度大，研究的过程和结果难以预料，即使投入大量人力物力也可能失败。因此，研究采用阶段评估或称螺旋式管理方法，以便及时确定研究是继续下去还是重新确定方向，这样可以减少研发损失，用形象的比喻就是"摸着石头过河，走一步看一步"。一旦研究取得关键突破或要调整方向，可以立即提请决策团队决策，及时进行研究成果验收或增加资源。研究成果可直接应用于技术开发、产品开发上。

技术规划、技术开发、研究和产品开发是有逻辑输入输出关系的。清晰的关系有助于组织高效地协同运作，更多、更快、更省地将产品推向市场。它们之间的关系如图 5-1 所示。

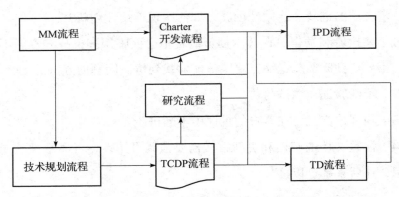

图 5-1 技术规划、研究、技术开发、产品开发的关系

技术规划与 MM 流程确定的商业计划要有机协同，以支持公司战略的实施，及时推出有竞争力的产品和解决方案。技术规划驱动进行中长期研究和短期技术开发。研究输出专利和标准或关键技术，中短期技术进入技术开发，成熟的直接用于开发的产品上，所以研究成果作为技术开发或产品开发流程的输入。

技术开发为产品开发提供产品需要的技术和 CBB，成熟技术货架（平台）化之后供产品选用。技术达到要求的成熟度迁移进入当前产品开发中，但如果产品依赖于正在开发中的技术，其技术开发迁移决策时间点最好不晚于产品开发 PDCP 时间点，即决策确定产品开发在大规模投入前。否则会给产品开发带来很大的不确定性，极有可能造成产品开发阶段失控。如果技术开发不可行，IPMT 就可以及时作出正确的决策，减少投资损失。

💡 创新视点 1

技术领域的商业先驱

你没有必要担心因为自己是一个年轻而又没有经验的局外人就无法改变计算机和互联网行业。相反，年轻和没有经验可能会对你有所帮助。

超过一半的行业先锋在他们 27 岁生日之前创立了自己的企业，1946 年盛田昭夫（25 岁）创立了索尼，2004 年马克·扎克伯格（19 岁）创立了 Facebook，即使这样，他还是比当年开始着手软件事业的比尔·盖茨大了 3 个月。

这不仅是计算机和互联网世界的相对不成熟导致了对年轻人的这种偏见，这也反映了该行业的周期性振荡，连续不断的新技术浪潮以及能够压倒过往一切的姿态出现。在这样的时代，通常是持不同观点的局外人可以从中脱颖而出。

与电子和硬件行业相比，年轻是在软件和互联网行业中更明显的因素。托马斯·沃森（Thomas Watson）在 40 岁时加入商业机械公司，后来他将这家公司改名为 IBM，使其成为计算机时代的第一个庞然大物。不过，就在第一台商用大型机上市时，他退休了。类似的，任正非在 43 岁创立了华为。这两个人都创造了商业帝国，这符合另一个老生常谈的高科技世界潮流：创始人领导的企业往往主导着这个行业。

只有职业经理人刘易斯·郭士纳（Louis Gerstner），没有参与到 IBM 这家公司的早期发展中来。在这家公司郭士纳发挥了最大的影响力。20 世纪 90 年代，通过重振一个苦苦挣扎的 IBM，他在科技行业的历史上取得了无与伦比的成就，直到史蒂夫·乔布斯重返苹果公司，并让苹果公司重新成为世界上最有价值的企业。

虽然制造硬件是该行业早期致富的主要途径，但科技行业最大的财富是通过无形的手段获得的：创造软件代码或在线服务，数字世界越来越依赖这些。

资料来源：笔者根据多方资料汇编。

第二节　架构与设计

架构是一个系统的整体设计，也是系统设计的最高水平，它指导和约束系统下层的设计，描述了系统是由哪些元素组成的、这些元素的外部可见特征以及这些元素为何如此划分和关联的设计思想（如高内聚、低耦合的划分原则、接口的标准化）。这些划分出来的元素通常被称为模块，架构最重要的功能是标准化这些模块之间的接口，并定义这些模块的规格。架构是各个模块独立规划和开发的基础，好的架构使这些模块可以自我完善、独立升级换代、灵活配置，使系统易于扩展和演进，并不断迭代进化。

架构也是提高复用度的核心基础，也决定了平台和共享 CBB。架构及其平台对同一产品族的开发具有重要的价值，决定了产品线（或产品族）的产品全生命周期的整体竞争力。

一、架构与设计以客户需求为导向

客户需求主宰世界，这个世界需要的不一定是多么先进的技术，而是真正能满足客户需求的产品和解决方案，且客户需要的大多是最简单的功能。

研发体系大多数人都是工程师，都渴望做最好的技术来体现自身的价值，研发工程师容易出现这种倾向，但客户不一定要使用复杂、高精的产品。

架构与设计是研发的源头环节，在产品架构与设计上，我们需要坚持客户需求导向优于技术导向。为了更好地满足客户需求，我们必须在深刻理解客户需求的前提下，不断创新架构与设计。从客户的角度出发，审视设计出的系统是否简单易用、稳定可靠。

以客户为中心，并不意味着从一个极端走向另一个极端，忽视以技术为中心的前瞻性战略。

以客户为导向和以技术为导向，两者是"拧麻花"，一个以客户需求为中心，做产品；一个以技术为中心，做未来架构性的平台。研发工程师必须改变思维方式，做工程商人，多一些商人味道。

在架构与设计中构建技术、质量、成本、运维等优势，是产品与解决方案竞争力的源泉。

在产品架构与设计中可以发达国家市场（如欧洲／北美市场）的高要求作为产品发展的路标，建立安全可靠、绿色环保、用户极致体验、生态开放等方面的竞争优势。与此同时，以发展中国家市场（如印度／非洲市场）低价格作为成本牵引，建立研发、供应、销售、交付、运维等端到端的成本优势。

所有各级架构与设计组织都需要从商业目标出发，识别关键的架构需求、定义架构目标，并确保架构与设计能够最终支撑业务成功。

二、架构与设计提升研发效率

产品不仅要比拼功能、性能是否完善和领先，还要看它能多快推向市场。因此，研发效率也是产品成功必须考虑的一个重要因素。

不少公司在研发新产品时为了满足客户需求而加班，陷入了恶性循环。很多团队一直认为，因为客户需求太多、变化太快，所以加班。但是，有很多产品开发团队不需要加班加点来应对它。深入分析会发现，这些产品的架构通常更合理：内部小团队的开发范围和职责明确，相互依赖比较少、联动情况少，系统易于扩展，适应客户的新需求的能力就强。然而，对于有大量加班工作的产品，往往忙于尽快开发需求，对架构考虑不够，一个地方的修改需要多个团队共同讨论确认，逐渐形成一个恶性循环。要走出这一恶性加班循环，就必须从架构与设计入手，提升架构与设计能力。

产品系统是迭代增长，而不是一下子全部增长，架构也在持续演进中。不断增加新特性、新功能，不断更换开发和维护人员，很容易导致系统架构逐渐"腐化"，耦合越来越严重。持续的架构解耦对保证产品有持续的生命力是必要的。为了不断提高研发效率，关键是要在架构与设计上下功夫，通过架构的不断优化来提升效率、提升产品对客户的快速响应能力。

1. 业务分层

业务分层是结构化流程和异步开发的基础。业务分层是按业务类别和价值链划分的层次分类，不同层次的交付开发将按照独立的、有竞争力的客户导向来组织、管理和考核。每个业务层次都有自己独立的业务模式、开发流程组织和管理模式。各业务层次相对独立并相互支撑，各个层次之间的交付责任、依赖关系明确并清晰。各个业务层次有执行者、管理者和决策者，分层管理决策，各层级异步开发，从而使公司管理更加有序、高效。

直接面向外部客户销售产品且承担盈亏责任的业务层，称为外部业务层；面向内部应用的业务层用于支持更高的内部或外部层，称为内部业务层。在业务分层之中，不同层次的交付开发将按照独立的、有竞争力的、面向客户的业务来组织、管理、考核；同时，每个层次都可以直接面向市场和客户进行销售。每个内部业务层的操作支撑着上一个更高的内部或外部层次的运作，直至上面的外部业务层在市场上销售获得收益。

典型的公司业务分层模型如图 5-2 所示，从上到下依次划分为集成服务、解决方案、产品、平台、子系统和技术六个层次。根据公司的战略，产品以上层次为外部层次，面向市场和客户进行销售。

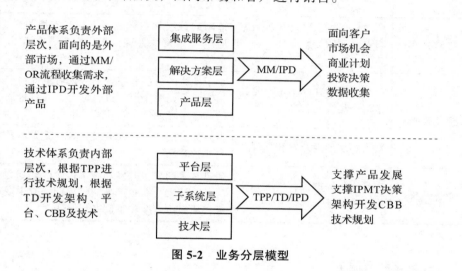

图 5-2　业务分层模型

2. 异步开发

异步开发也称并行开发或并行工程，旨在支持不同的业务层能够异步规划和开发，从而确保平台和产品在需要时能够及时访问底层的子系统和技术。异步开发可以通过底层子系统和技术对平台和产品的制约程度来衡量。制约程度有三种级别：上层不受制于下层、上层驱动下层、上层受制于下层。

推行异步开发，要确保每个业务层在自身业务模型的驱动下，规划和开发本层次产品时考虑其他分层。这种考虑是通过技术创新速度和及时向市场交付有竞争力产品的需求来加以均衡的。

异步开发可以大大缩短产品开发周期和推向市场的时间，促进开发共享，提高开发生产力。

异步开发实施前后对照如表 5-1 所示。

表 5-1 异步开发实施前后对照

分　类	实施前	实施后
需求／路标	需求没有按优先级排序，市场参与较少	统一的版本规划方法，通过市场的参与对需求进行排序，制定出各层次的路标及支持关系
依赖关系	技术、预研、平台、产品等因素之间的关系混乱，对产品支撑不足	清晰的分层和路标规划出相互支撑关系，通过依赖关系管理，提供对产品的良好支持
管理效率	产品之间的共享不足，尤其是跨产品线的共享	基于架构的分层和组件划分，对组件在产品线和公司两个层面进行整合，通过合适的共享来降低公司的开发成本
	难于实现异地开发和管理	良好的分层和组件式开发管理，使异地开发非常容易
业务结果	产品交付周期长，进度和质量无法保证	通过技术的异步开发和版本进阶的规划方法，能够大大缩短产品交付周期，减少变更，从而使进度和质量得到保证

3. 云化和云服务

人类社会正在进入以"万物感知、万物互联、万物智能"为特征的智能社会。网络就像水和空气，已成为人们的生活必需品。网络在丰富人们的生活方面发挥了亘古未有的作用。云化网络将改变传统烟囱式的网络建设和维护模式，实现网络规划、部署、优化及运维，实现端到端接入和自动化，最大限度地提高网络运营效率，降低运营成本。

网络云化的目标是在确定的网络连接层和不确定的业务应用层之间构建一个云化的智能适配层，使基础网络能够在商业价值的牵引下与应用相互协调，支持传统运营商的转型。标准连接层，即大带宽、低延时的泛连接网络。一个智能的适配层，提供开放的网络功能，并建立一个标准的连接层以屏蔽各种技术标准的不稳定性，从而赋能敏捷创新。

💡 **创新视点 2**

华为无线网络产品线多模共主控架构设计

2007 年之前，华为无线网络产品线有 GSM、UMTS、CDMA、LTE 多个制式的产品并行演进，相互之间缺少共享，开发效率低。后来组织专家进行多模共主控架构设计：一块主控板支撑 GSM、UMTS、CDMA、LTE 4 种制式，消除不同制式间的耦合，支持各制式独立演进、共基带、小基站、多形态。该设计大大提高了开发效率和产品稳定性，推出产品版本的周期缩短了 4 个月。并且通过实现基站中设备管理、传输、运维子系统的架构归一，为客户提供了各制式基站运维的一致体验，典型场景下运维效率提升了 30% 以上。此外，还减少了 66% 的单板种类，显著降低了生产、发货、备件、安装和维护等端到端成本。最终多模共主架构设计帮助无线 Singles RAN 产品领先竞争对手两年推向市场。

接入网家庭终端产品为了精简内部研发人力，对原来的四个产品的软件进行了收编归一，同时采用组件化架构工程方发，对系统内各部分进行合理结耦，最终不仅减少了开发人力，而且交付市场的时间缩短了 1/3。

资料来源：节选自夏忠毅. 从偶然到必然［M］. 北京：清华大学出版社，2019.

三、架构与设计引入"蓝军"机制

蓝军是基于现有标准、现有的协议，用一种新的颠覆性方式，实现架构和理念，解决"红军"没有解决的问题。"蓝军"和"红军"的方案相比仅有 5% ～ 10% 的差异是毫无价值的，至少差异要有 30% ～ 50%。这不是细枝末节的改进，它必须是颠覆性的改进。"蓝军"的成功在于输出打败了"红军"的方案，使"蓝军"的方案最终变成"红军"的解决方案。每一个平台架构都经历了多次方碰撞、争吵，吸收了大量别人的思想和精华，最终形成了平台的竞争力。

在选择大型产品方案、大型架构和平台时，也需要引入这种"蓝军"机制：两个团队同时做一件事，各自从自己的视角出发，最后一起 PK，PK 的结果能找到最能满足客户需求、最有竞争力的解决方案。当然，也不否定个别天才，一个人就能构建一个好的架构，但引入 PK 机制可以能让这些天才们在更大的范围内发挥更大价值。

任何技术争论的评价标准都应坚持以客户需求为导向，而不能以个人的胜败、部门的利益为导向。鼓励架构与设计专家就解决方案和技术选择上进行辩论、争论，而且要创造争论的环境。但争论最终基于两点：①满足客户需求、实现客户价值；②要实现公司的商业价值。

四、架构与设计创建强大的跨部门团队

架构与设计是产品开发全流程的源头，它通过十倍法则影响下游环节的效率和质量。一个成功的组织需要加强架构与设计体系的团队建设，保障设计投资，不断提高全流程效率和质量。

架构与设计人员是产品研发团队的核心成员，是确保产品竞争力的关键角色。通过设立架构与设计人员清晰的成长路径（普通开发工程师—模块设计工程师—或开发项目负责人—架构与设计工程师），一方面指导和引导研发人员成长为合格的架构与设计人员；另一方面指导和牵引架构与设计在实践中自我学习、自我提升、自我发展，提高面向客户和产品全流程的设计质量，最终从设计的源头提升产品的竞争力。通过建立架构设计、系统设计、模块设计三个层次的设计体系，在组织、运营互联互通、全面覆盖产品设计业务的各个层次。架构师负责产品领域、产品的架构及其全生命周期。系统工程师和设计师共同负责产品全系统设计及其全生命周期；模块设计师负责模块设计。

第三节　平　　台

一、平台的定义及作用

企业发展到一定程度时，就要进行多元化发展，扩展多个客户群，这时为了快速满足多个客户需求，企业必须建立公共共享平台和技术平台，在公共共享平台的基础上加入客户个性化的部件和组件，在不影响客户差异的前提下，尽量共享公共部件与模块，快速、高质量地满足客户的需求。当市场前线发现了一个需求时，研发可以通过这个需求确定产品形态，充分利用公司的平台组件和模块，很快就可以完成产品60% ～ 70%的工作量，剩下的就只有30% ～ 40% 的工作量，产品可以快速推向市场，满足客户的需求。因此，产品平台战略是公司发展的必由之路。平台是成本、效率、质量以及快速响应客户需求的基础。企业要建立这种平台战略，首先要建立技术货架和产品货架，明确货架产品，建立产品成熟度的评估标准，建立鼓励平台形成和使用的激励机制。关于共享基础模块、货架、货架产品、平台的定义及相互关系如下：

1. 共享基础模块

共享基础模块（Common Building Blocks，CBB）指在不同产品、系统之间共享的零部件、模块、技术及其他相关的设计成果。

2. 货架

将公司的所有产品和技术按照一定的层级结构统一管理起来，以利于产品开发时方便地共享以前的成果。不同层次或级别的产品或技术都是货架的一部分，在产品开发设计时就可以参考货架上的产品和技术，看哪些是能够直接应用的，这样就能方便地、最大限度地实现共享，减少重复开发造成的浪费。

3. 货架产品

货架产品指成熟度达到一定程度（如小批量）以上的 CBB 就可以上到货架上，成为货架产品。

4. 平台

平台指一系列货架产品在各层级上的集合。

CBB 和平台有区别，平台产品是经过成熟度评估并大量市场应用的 CBB。

成熟度评估分为五级：原理样机（Prototype）、工程样机（EVT）、小批量（DVT）、批量（PVT）、量产（MP）。原理样机属于预研，工程样机属于产品开发，原则上大量共享的 CBB 应进行平台开发。

大量共享产品平台，将会给企业带来大量的好处：

（1）平台中的通用技术和基础构件被大量共享，公司用于平台建设的投资获得了充分的保护，新的产品系列开发只需在平台的基础上增加新的特性。

（2）增加新特性的费用和资源只占开发最初平台费用的很小部分。

（3）平台可以使产品中的构件和模块更加容易获得，从而极大地降低研发和制造成本。

（4）平台的基础模块可以更加迅速地与新型技术、组件统一起来，以及能够更加迅速地对市场新兴机会做出反应。

（5）基于平台，可以通过使用更加有效的开发流程和更快速的基础模块更新来缩短产品线系列的开发周期。

从长远来看，产品间竞争的核心是平台的竞争。因此，企业需要坚持平台战略，加大平台的投入，以开放合作心态和全球化视野进行技术布局，做好平台的架构，构筑平台的竞争力，支持产品生命周期的长远发展。

二、平台的形成过程

1. 根据需求形成平台规划

根据需求形成平台规划之路一般比较难，只有具有较强的分析能力和良好的现金流来源，以及有明确的新产品架构的企业才能采取这种模式，这种模式通常通过产品路径规划和技术路径规划形成平台，然后在此平台的基础上开发产品。

2. 沉淀形成平台

通常来讲平台很难规划，一般都是经过多个项目的发展进行公共模块的共享分析、萃取，形成一个基础的平台版本。在这个平台的基础上，加上个性化的需求和特性，开发新的产品。在新产品的基础上，不断通过成熟度评估和量的积累，将新增加的需求和特性加入平台中，逐步完善平台并清晰平台的需求，所以企业通常的做法是经过沉淀形成平台。平台的形成过程如表 5-2 所示。

表 5-2　平台的形成过程

新成立的小公司	公司规模发展	公司多元化经营	产品平台战略管理
* 公司创始者掌握公司的一切	* 公司规模壮大，产品范围不断扩展	* 高层管理人员致力于复杂的事务处理，与新产品开发失去联系	* 产品平台战略是可以帮助企业解决多元化问题的工具
* 新产品设计 * 制造 * 销售与服务 * 创始者致力于产品和服务，创造出第一批产品系列	* 职能部门开始建立，公司力量被分散到各个独立的部门 * 单个产品的开发和生产都大量投入	* 无论是高级经理还是富有革新精神的员工，都无法腾出足够的精力与资源来开发整套企业通用的技术和构件	* 行动更加迅速并具有更强的市场竞争力 * 重新找回他们早年所拥有的勇气和战略 * 自上而下的产品战略与规划使市场影响力达到最大化

平台形成的步骤如下：

（1）产品树分解。做到货架上，可以卖的产品分解组成架构。

（2）技术树分解。按照学科专业进行分类的组成架构。

（3）产品树与技术树对应分析（FFBD）。

（4）找共享的技术——关键步骤。

（5）将共享的技术标准化和做一些上层的开发。

（6）将开发的平台进行验证。

（7）不断优化完善平台。

3. 平台开发的激励

由于平台开发时间长，需要前瞻性和持久地大规模投入，短期之内很难见到成效。如果企业长期不在平台、构件、组件和总体技术体系建设上下功夫，不明确相关的资源投入比例，会拉大与竞争对手的差距，就会真正丧失竞争力，是不可能实现同竞争对手同步推出新产品的目标。要敢于投入，在平台建设上有更多的前瞻性，确保竞争优势，把平台作为竞争的有效手段，摆脱低层次、同质化竞争，真正在产品上拉开与竞争对手的差距，构建技术上的断裂点。因此，企业必须建立起对平台的激励办法，企业对平台的激励办法可以有以下路径：

（1）通过任职资格进行牵引。通过任职资格对各级人员进行规范和定义，没有做过平台的人员不能进行升级。

（2）将平台进行内部定价。对开发和使用平台的人、公司都给予价格补贴。

（3）平台可以对非竞争的客户进行外部销售。产品平台做到一定程度以后，可以卖给外部与自己的整体解决方案和上层产品结构没有竞争关系的对手，以获取合理的收入。

（4）对平台开发给予战略补贴和特别激励。

第四节　DFX

　　DFX（Design For X）是基于并行设计的思想，在产品概念设计和详细设计阶段就充分考虑到产品生命周期中的各种需求，包括制造工艺要求、装配工艺要求、检测要求、包装与运输要求、维修要求、环保要求等，使产品设计与这些需求之间紧密联系，相互影响，将这些要求反映到产品设计中，从而保证产品有较低的成本、较高的质量和较短的产品开发周期。目前，比较成熟的 DFX 技术主要包括如图 5-3 所示的几个方面。

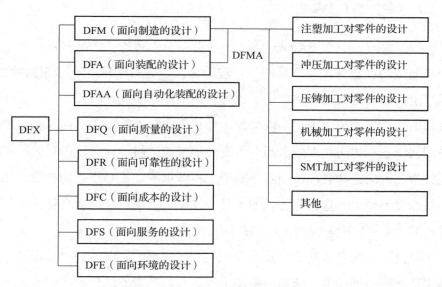

图 5-3　Design For X 的主要内容

　　DFX 最初是以 DFM（Design For Manufacture，可制造性设计或面向制造的设计）和 DFA（Design For Assembly，可装配性设计或面向装配的设计）出现的。DFM 和 DFA 统称 DFMA（Design For Manufacture and Assembly），即可制造性和可装配性的产品设计（或面向制造和装配的产品设计）。

　　DFM：制造工艺对零件的设计要求，确保零件容易制造、制造成本低和质量高等。

DFA：装配工艺对产品的设计要求，确保装配效率高、装配不良低、装配成本低和装配质量高等。

DFMA：面向制造和装配的产品设计，是指在考虑产品功能、外观和可靠性等前提下，通过提高产品的可制造性和可装配性，从而保证以更低的成本、更短的时间和更高的质量进行产品设计，力图设计好造、好修、好用的产品。

一、面向制造和装配的产品开发模式

1. 传统产品开发模式

根据亚当·斯密（Adam Smith）的劳动分工理论，产品开发产生了设计和制造的社会分工，产品开发过程分为产品设计阶段和产品制造阶段，分别由产品设计工程师和制造工程师负责。在产品设计阶段，产品设计工程师关注的是如何实现产品的功能、外观和可靠性等要求，而不关心产品是如何制造、如何装配的。当产品设计师完成产品设计后，由制造工程师进行产品的制造和装配，当然，制造工程师也不太关心产品的功能、外观和可靠性等要求，这就是传统的产品开发模式。在当时的社会背景下，传统产品开发模式大幅提高了产品开发的效率。

但是，传统产品开发模式存在着一个致命弊端，那就是产品设计与产品制造之间仿佛隔着一堵墙，阻断了设计与制造双方的沟通，因此传统产品开发模式也常被称为"抛墙式设计"。产品设计工程师不关心设计的产品能否顺利制造，不关心产品制造的质量，更不关心产品的制造成本，造成设计与制造、装配的脱节，所设计的产品可制造性、可装配性差，使产品的开发过程变成了设计、加工、试验、修改的多重循环，从而造成产品设计修改次数多、产品开发周期长、产品成本高、产品质量低等弊端。"我设计，你制造"是传统产品开发模式的典型特点。

2. DFMA 的产品开发流程

DFMA 的产品开发流程如图 5-4 所示。

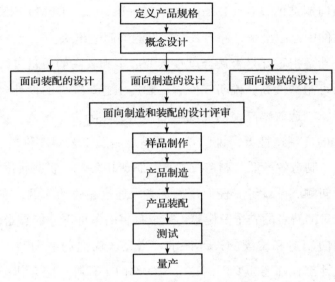

图 5-4 DFMA 的产品开发流程

（1）定义产品规格。产品规格是基于客户需求或市场调研结果，对产品开发的整个过程起着纲领性作用。产品规格一旦确定下来，就不会轻易更改。产品规格主要包括以下内容：产品的尺寸和重量、产品的功能要求、产品的外观要求、产品的可靠性要求、产品的适用性要求、产品的配置、产品的产量、产品的开发进度、产品的成本目标。

（2）概念设计。概念设计是根据产品规格对产品进行整体性的框架设计，为之后的详细设计指明设计方向和思路。

（3）面向装配的设计（Design For Assembly，DFA）。产品能够在三维设计软件中绘制出来，并不表示产品能够顺利装配。

可装配性是指产品是否适合以较低的成本和较高的质量进行装配的能力。产品的可装配性高，说明产品的设计满足装配工序和装配工艺对产品的设计要求，产品就容易装配，装配效率高、装配不良率低、装配成本低和装配质量高等；相应的，产品的可装配性低，说明产品设计不满足装配工序和装配工艺对产品的设计要求，产品很难装配甚至装配不上、装配效率低、装配不良率高、装配成本高和装配质量低等。

（4）面向制造的设计（Design For Manufacture，DFM）。零件能够在三维设计软件中绘制出来，并不表示零件能够制造出来。

可制造性是指零件是否适合以较低的成本和较高的质量进行制造的能力。零件的可制造性高，说明零件满足制造工艺对零件的设计要求，零件就容易制造，制造效率高，制造成本低，制造缺陷少、制造质量高等；相应的，零件的可制造性低，说明零件不满足制造工艺对零件的设计要求，零件难制造，制造效率低、制造成本高、制造缺陷多、制造质量低等。

（5）面向测试的设计。任何产品都必须通过相关的测试，在保证产品的可靠性和对消费者的安全及健康不造成危害的条件下才能够走向市场。

（6）面向制造和装配的设计评审。当完成面向制造和装配的设计之后，产品设计工程师还需要同制造、装配部门工程师一起合作，从制造和装配的角度对产品的可制造性和可装配性提出改善的意见。这一步非常重要，特别是当产品设计工程师对某些制造和装配工艺不了解时或者对当前制造装配部门现有制造装配设施和水平不了解时。

（7）样品制作。当产品设计完成后，需要通过简单快速的加工方式制作样品来验证产品设计是否满足上述产品的各种设计要求，例如，产品的功能、装配、测试等要求，一旦发现产品设计不满足这些要求，就要修改设计，直到满足为止。

（8）产品制造。当通过样品制作验证了产品设计合理之后，零件就可以进行制造了。常用的制造工艺包括注射成型、钣金冲压、铸造和机械加工等。

（9）产品装配。零件装配在一起就组成一个完整的产品。一般产品会经过小批量的试产来发现和解决装配中出现的问题。

（10）测试。产品的测试是验证产品是否满足相关的测试要求，保证产品的安全性和可靠性。

（11）量产。当产品没有质量问题，通过相应的测试之后，就可以进行大规模的量产，走向市场。

二、DFMA 的价值

DFMA 的设计理念对美国工业界产生了巨大影响，现在几乎所有的美国制造企业都在使用 DFMA。已经有无数企业通过在产品开发中整合和应用 DFMA 获得了显著的成效，帮助企业缩短了产品开发周期，降低了产品成本和提高了产品质量。例如，电脑行业的戴尔、英特尔、惠普，国防和航空航天行业的波音、洛克希德·马丁，医疗行业的通用电气，汽车行业的福特、通用汽车，等等。

洛克希德·马丁公司在 F-35 的研制过程中采用了 DFMA 技术，最终实现了将零件数量减少 50%、装配时间减少 95%、制造成本降低 50%，制造周期从 15 月缩短到 5 个月，达到了每月 17 架次的生产能力。

波音公司通过采用 DFMA 的设计策略，以焊接工艺替代了原来的铆接和连接方法，不仅减少了大量加工孔的大型设备，同时还提高了产品质量。在阿帕奇武装直升机 AH64D 的研制过程中采用了 DFMA 技术，使产品在高速切削、复合结构装配和铝合金的超塑成型加工中具有良好的可制造性和可装配性；同时采用 DFMA 技术使飞行仪表的设计零件数从 74 个减少到 9 个，产品装配时间由 305 小时减少到 20 小时，减少总成本 74%。

戴尔公司在笔记本电脑设计中使用了 DFMA，简化了产品结构，减少了零件数量，从而装配时间减少了 72%，测试时间减少了 63%。

可制造性和可装配性设计的产品开发的核心是"我设计，你制造，设计充分考虑制造的要求""第一次就把事情做对"。可制造性和可装配性设计的产品开发有以下三大优点。

1. 可降低了产品成本

"成本是设计出来的"，产品成本在设计阶段就已经基本确定。在批量生产阶段，从采购、制造到物流等环节降低成本的空间非常有限。通过客户需求与产品设计规格的比较，能够去掉冗余功能，设计合理的性能指标，从源头控制产品成本结构。

影响产品成本的四个主要因素包括设计、材料、劳动力和管理，在产品开发过程中，以上各项投入成本所占比例及其对产品成本的影响如图5-5所示。

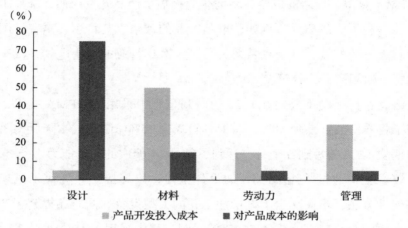

图 5-5　产品开发投入成本所占比例及其对产品成本的影响

（1）产品设计阶段的成本仅仅占整个产品开发投入成本的 5%。

（2）产品设计决定了 75% 的产品成本。

（3）产品设计在很大程度上影响了材料、劳动力和管理的成本。因为：产品设计决定了零件的材料。在满足产品功能、外观和可靠性等的前提下，零件存在多种材料选择，有的材料价格昂贵，有的材料价格便宜。零件材料的选择决定于产品设计阶段。

产品设计决定了产品结构的简单与复杂程度。产品结构简单，产品的制造可装配性就越高，产品的装配效率就越高，产品的装配成本就越低。在劳动力成本越来越高的今天，产品的制造可装配性对产品制造成本的影响也更加明显。

产品设计决定了产品的修改次数。当制造出的产品不符合产品的功能、外观和可靠性等时，必须进行设计修改，意味着相应的零件模具、治具、工装夹具和生产线等也必须修改，这会增加产品成本。产品修改次数越多，产品成本增加得越多。产品的修改次数取决于产品设计。

产品设计决定了产品的不良率。产品的不良率越高，产品的成本就越高。产品的不良率主要是由产品设计决定的，而不是产品制造。

2. 可提高产品质量

产品设计决定了产品基因，决定了产品质量。日本质量大师田口（Taguchi）认为，产品质量首先是设计出来的，然后才是制造出来的。20世纪初，德国人把质量定义为：优秀的设计加上精致的制造。在这样的思想指导下，日本和德国的产品质量有目共睹。而在朱兰（Joseph M.Juran）的质量三部曲中，质量设计是提高产品质量的根本。

"二八原则"形象地说明了产品设计对产品质量的重要性。根据统计，80% 左右的产品质量问题是由设计引起的，20% 的产品质量问题是由制造和装配引起的。

3. 可缩短产品开发周期

可制造性和可装配性设计的产品开发倡导"第一次就把事情做对"的理念，把产品的设计修改都集中在产品设计阶段完成。在产品设计阶段，产品设计工程师投入更多的时间和精力，同制造和装配部门密切合作，使得产品设计充分考虑产品的可制造性和可装配性，当产品进入制造和装配阶段后，由制造和装配问题引起的产品设计修改次数就大大减少。

在产品开发周期中，设计修改的灵活性随着时间的推移逐渐降低。在产品设计阶段进行设计修改最为容易、设计修改时间短、成本低。越到产品开发后期，设计修改越难、成本越高。可制造性和可装配性设计的产品开发能够缩短产品开发周期，从而加速产品上市时间。据统计，相对于传统产品开发，可制造性和可装配性设计的产品开发能够缩短 39% 的产品开发时间。遗憾的是，目前有些企业为了缩短产品开发周期，压缩在产品设计阶段时间和精力的投入，在产品设计还没有完善之前，匆匆忙忙进行模具设计和制造，结果只能是事倍功半、适得其反。

三、面向装配的设计指南

1. DFA 设计原则

可装配性是指多零件组装成产品，使产品能够实现相应的功能并体现产品的质量。包含三层意思：①把零件组装在一起；②实现相应的功能；③体现产品的质量。

1977 年，杰弗里·布斯罗伊德（Geoffrey Boothroyd）第一次提出"面向装配的设计"（Design For Assembly，DFA）这一概念，并被广泛接受。面向装配的设计旨在提高零件的可装配性，以缩短装配时间、降低装配成本和提高装配质量。1982 年，布斯罗伊德在《自动化装配》一书中，提出了一套评估零件可装配性的体系，并以此为基础，开发出面向装配的设计软件。DFA 设计原则如图 5-6 所示。

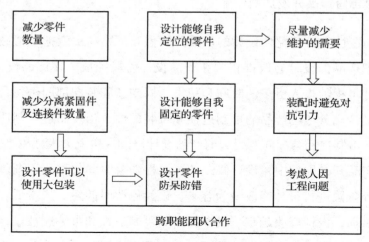

图 5-6　DFA 设计原则

2. DFA 设计方向

（1）减少零件数量。

KISS 原则：Keep It Simple，Stupid（简单就是美）。

KISS 原则是 DFMA 中最重要的一条原则和设计思想，几乎贯穿 DFMA 的每一条设计指南中。

史蒂夫·乔布斯曾说："只要不是绝对必需的部件，我们都想办法去掉，""为达成这一目标，就需要设计师、产品开发人员、工程师以及制造团队的通力合作。我们一次次地返回到最初，不断问自己：我们需要那个部分吗？我们能用它来实现其他部分的功能吗？"

"最好的产品是没有零件的产品"，这是产品设计的最高境界。消费者关心的是产品功能和质量，而根本不关心产品的内部结构以及是如何实现这些功能的，因此，在产品中没有一个零件是必须存在的，每一个零件都必须有充分的存在理由，否则这个零件是可以去除的。产品设计师可以向这个方向努力，尽量以最少的零件数量完成产品设计。最少零件数量判断流程如图 5-7 所示。

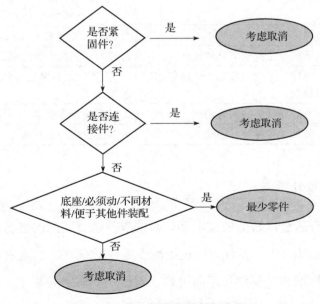

图 5-7　最少零件数量判断流程

（2）减少单个零件装配的时间。产品装配过程中最基本的元素是装配工序，一个产品的装配往往由一个或多个装配工序组成。一个典型的产品装配工序包括以下关键操作（人或者机器人）：识别零件、抓取零件、把零件移动到工作台，调整并把零件放置到正确的装配位置、零件固定、检测等。人工装配和自动化装配的工序会有稍许不同。

装配工序有好坏与优劣之分，不同的装配工序对产品的影响千差万别。从装配质量、装配效率和装配成本等方面来看，好的和差的装配设计的区别如表 5-3 所示。

表 5-3　好的和差的装配设计的区别

装配步骤	好的装配设计	差的装配设计
抓取	1. 零件很容易识别	1. 零件难以识别
	2. 零件很容易被抓取和放到装配位置	2. 零件不容易被抓取，容易滑落
对齐	3. 零件能够自我对齐到正确的位置	3. 需要不断地调整才能对齐
	4. 零件固定之前只有唯一一个正确的转配位置	4.1 在固定前零件能够放到两个或两个以上的位置 4.2 很难判断哪一个装配位置是对的 4.3 零件在错误的位置可以被固定
固定	5. 紧固件很少	5. 螺钉、螺母等牙型、长度多种
	6. 不需要工具或夹具的辅助	6. 需要工具或夹具的辅助
	7. 零件尺寸超过规格，依然能够顺利装配	7. 零件尺寸在规格范围内，但依然装配不上
	8. 不需要过多的调整动作	8. 装配过程需要多次调整
	9. 装配过程容易且轻松	9. 装配过程困难且费力

3. DFA 设计指南

产品是否适合以较低的成本和较高的质量进行装配的能力。产品的可装配性设计指南（十八罗汉阵）包括减少零件数量、减少紧固件的数量和类型、零件标准化、模块化产品设计、设计一个稳定的基座、设计零件容易被抓取、避免零件互相缠绕、减少零件装配方向、设计导向特征、先定位后固定、避免装配干涉、为辅助工具提供空间、为重要零部件提供止位特征、防止零件欠约束和过约束、宽松的零件公差要求、装配中的人因工程、电缆的布局、防错的设计。

更详细的 DFA 设计指南请参考其他专业资料。

四、面向制造的设计指南

可制造性是指零件是否适合以较低的成本和较高的质量进行制造。

制造工艺包括注塑加工、冲压加工、压铸加工、机械加工、SMT 加工等，不同的制造工艺对零件设计有不同的要求。例如，塑胶加工是由注塑加工制造而成，那么塑胶零件的设计就必须满足注塑加工对零件的设计要求。

1.DFM——塑胶零件的设计指南

均匀的零件壁厚，避免尖角，合适的脱模斜度，加强筋、支柱和孔的设计，改善塑胶外观的设计，降低塑胶成本的设计，注塑模具可行性设计。

2.DFM——钣金件的设计指南

避免钣金外部、内部尖角，避免过长的悬臂和狭槽，钣金件冲孔优先选用圆孔；钣金件冲孔间距与孔边距；钣金件冲孔的大小；避免孔与钣金件折弯边或成形特征距离太近，避免钣金件展开后冲裁间隙过小甚至材料干涉。

3.DFM——压铸件的设计指南

零件壁厚、压铸件最小孔、避免压铸局部过薄、加强筋的设计、脱模斜度、圆角的设计、支柱的设计、字符、螺纹、为飞边和浇口的去除提供方便、压铸件的公差、简化模具结构，降低模具成本、避免机械加工、使用压铸件简化产品结构。

更详细的 DFM 设计指南可参考其他专业资料。

💡➤ **创新视点 3**

DFX 在 iPhone 开发验证中的改善绩效和价值

DFX 在 iPhone 开发验证中的改善绩效如表 5-4 所示。

表 5-4　DFX 在 iPhone 开发验证中的改善绩效

专案	绩效达成
30-pin 对位	从量产初期不断协助验证新设计并提供建议，精实作业手法，最终良率改进 20%
触控垫片治具	DFX 与工业工程师和机械工程师（IE&ME）合作导入新版治具，精实作业手法，作业周期（Cycle Time）缩短 30%
紫外光（UV）灯设备	DFX 与工业工程师（IE）合作，验证新设备可达成同样效果，且降低成本（Cost down）65%，每小时产量（UPH）上升 50%
后摄像头（Rear Camera）对位	DFX 证明对位问题，并建议设计变更，取消治具使用，工作作业强度降低，初步良率改进至 98%
水波纹	项目机台出现水波纹现象，DFX 与产品开发工程师（PD）合作研究关键尺寸，良率改进 20%

DFX（IE）在产品工艺开发中的价值如图 5-8 所示。

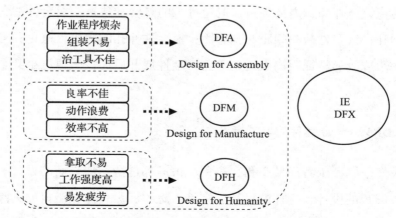

图 5-8　DFX（IE）在产品工艺开发中的价值

第五节　产品使用测试

技术开发的第一个产出是由产品协议（或项目任务书）所引导和确认的一个原型，这个原型也有可能被送到市场上进行概念测试。通常，最终用户对于这样的原型并不满意，因此还需要进行更多的开发工作，这个循环会持续下去，直到出现一个与最终产品相似的完美产品——利益相关者喜欢的原型。在这个过程中，大多数公司都喜欢制作大量的原型，它们能够在第一时间给予最终用户一个可以延伸使用的产品概念。我们称之为产品使用测试（Product Use Testing，PUT）、现场测试（Field Testing）或用户测试（User Testing）。

我们经常在产品使用测试时听到以下陈述：

我们已经在这个项目上花了好几个月（或好几年）的时间，也花了很多钱，必要的时候也会请教专家，而且市场研究已经显示最终用户想要这样的产品。那么，为什么还要浪费时间？高层管理者一直紧盯着我们承诺的收益，而我们不断地听到主要竞争对手也在开发相似的产品。现在，我们箭在弦上，停下来去做测试好似我们对产品没有信心。此外，顾客不能只拿着新产品自行试用，他们必须学会如何使用，并将其融入自己的生活。看广告（或听销售代表）的宣传，知道使用结果会有多好，但糟糕的是，竞争者可能剽窃我们的创意，在市场上把我们一举击败！是的，不值得花时间和金钱去做产品使用测试。

有时，上述陈述并不是争论而是事实。例如，历史上第一台传真机无法通过最终测试，只因为当时没有线路可用。第一台彩色电视机也面临同样的问题，因为当时没有任何彩色节目。这些争论有一定的道理，尤其当这些争论是由提供项目资金的高层提出的时候。但是，除了个别类似传真机那样的案例之外，这些陈述是不正确的。尽管我们已经取得了一些进展，但是还有大量内容是未知的并需要学习的。当有来自用户的问题时这个项目得以启动，但现在用户并没有告诉我们，新产品已经解决了这些问题。

跳过产品使用测试是一场豪赌，只是在特定条件下才会被考虑。谁主张省略这个步骤谁就承担提供证据的责任。

显而易见，产品使用测试十分重要。因为它出现在新产品流程的几个重要的概念中：独特且优越的产品、A-T-A-R 模型中的重复购买比例、产品协议中的要求等。如果这 3 个重要概念中有一个失败，便会致使产品无法满足最终用户的需求。

1. 阿尔法测试

阿尔法测试（Alpha Testing）一般在设计与开发阶段进行，是由产品开发团队在实验室环境下对产品进行使用测试。阿尔法测试的目的是评价产品的设计特性并分析产品的质量、性能和可靠性。阿尔法测试可以加快新产品开发进度，缩短开发周期。比如一台机器可以在实验室环境下测试其连续运转无故障时间，而不必在客户环境下进行该测试。

2. 贝塔测试

贝塔测试（Beta Testing）在客户实际使用产品的环境下进行的产品使用测试。贝塔测试是在阿尔法测试的基础上进行的，目的是评价新产品在客户环境下能否正常使用。比如，可以邀请一些客户对一款软件进行为期 1 ～ 2 个月的测试，客户可能会发现软件的很多缺陷和问题。产品开发团队在收集客户使用测试反馈信息的基础上，对产品进行修改和完善，可以避免在产品上市后再出现类似问题。客户常常能发现很多产品开发团队视而不见或自己发现不了的问题。

3. 伽马测试

伽马测试（Gamma Testing）是在较长的周期内测试产品满足客户需求方面的适合性。这类测试更为复杂，需要较长的周期、较大的投入。伽马测试一般用于全新产品和高风险产品的测试。如对于药品和医疗器械一般会要求半年以上的测试，以检验这类产品的安全性和功效。

产品使用何种测试类型取决于产品的类型、不确定性。一般来说，如果产品不太复杂，不确定性和风险不高，产品使用测试也可以比较简单。相反，如果产品比较复杂，并且是全新产品，不确定性和风险都很高，那么就需要进行所有上述 3 种测试。企业要在新产品上市周期与上市风险之间进行适当的平衡。表 5-5 列出了不同类型的新产品建议采用的产品所有测试方法，供创新型企业参考。

表 5-5　不同类型的新产品适用的产品使用测试方法

测试方法	简单改进	重新定位	衍生产品	新产品线	新一代产品	全新产品
阿尔法测试	√	√	√	√	√	√
贝塔测试		√	√	√	√	√
伽马测试				√	√	√

第六节　技术创新的界面管理

由于创新必须由特定的组织来运作，组织与组织之间必然产生沟通和协调的界面（接口）问题。因此，界面（接口）管理成为技术创新管理的重要组成部分。据美国技术管理专家桑德（Souder）对界面管理的实证研究，当研发市场 / 营销界面出现严重的管理问题时，68% 的研发项目在商业上完全失败，21% 的项目部分失败。1994 年的一份相关研究也表明，当研发 / 生产界面出现严重的管理问题时，约有 40% 的研发项目在技术上不成功，而在技术上获得成功的项目中，约有 60% 在财务上不能获利。如何提高企业内部和企业间的界面管理水平，已成为亟待解决的现实问题。从企业管理的角度来看，界面管理问题可分为三个层次：

（1）企业间的界面管理问题，主要讨论企业与企业之间在宏观层面上的界面管理，研究如何有效地联系组织机构以取得更好的合作。

（2）项目间的界面管理问题，主要讨论项目间界面双方之间的界面问题。这一微观层面的界面管理探讨界面双方对彼此项目的行为感觉、激励方式、动机和意图等，从而研究产品创新或流程创新成败的起因与缘由。

（3）企业内部的界面管理问题，这类界面管理问题不关注项目本身的专业性和特殊性，更关注部门之间的协调和联系。

由于研发管理在科研成果的转化中起着关键作用，下面将重点讨论企业内部的研发、生产和营销界面管理。

一、研发 / 生产界面管理

长期以来，研发与生产管理部门之间存在着严重的界面问题，主要原因如下：

（1）生产部门不了解研发部门的目标，或对研发部门的目标缺乏足够的信心。

（2）新工艺、新产品的试验影响生产部门的正常生产，导致其对技术创新的抵触。

（3）研发部门对生产部门的需要和能力缺乏足够的了解。

（4）研发目标远离现实，过于追求"高""新"。

（5）两部门的专家层次不同，下级专家的意见和建议往往被上级权威专家漠视。其中，部门间缺乏有效的沟通系统是最主要的障碍因素，尤其是研发部门规模较大的企业，研发部门规模越大，生产部门界面的不和谐因素越多，部门内部沟通的难度越大。

此外，部门间的界面因素也受技术水平的影响。在传统技术企业中，规模化生产非常普遍，停产试验的潜在损失比小规模生产大得多，大型生产部门往往看不到技术创新的积极作用。研发经理的地位偏低使生产部门更易阻碍一些研发创新；相反，在高新技术企业研发人员备受重视，两部门间显著的文化差异对界面产生了较大的影响。另外，高新技术企业要求研发部门快速发展，但相应的管理技术却不能到同步发展，也导致了与生产部门的不和谐。

处理研发部门与生产部门间界面问题的方法主要有以下几种：

（1）生产部门组织员工参与研发计划的制订，让生产部门的员工了解研发部门对企业长期生存和发展的影响。

（2）选择有生产经验的人员加入研发。

（3）选择有研发经验的人员加入生产。

二、研发 / 市场营销界面管理

在新产品开发过程中，研发 / 市场营销的界面问题是导致其失败的最重要的因素，而错误的市场需求预测往往是产品创新失败的最主要原因。影响两者界面的主要因素如下：

（1）缺乏互动，主要表现在两部门之间几乎没有正式或非正式的新产品开发的决策会议，彼此几乎不参加对方的工作例会，不交换工作文件，营销人员的需求报告和进度报告几乎不反馈到研发部门。主要原因是双方都只关注于自己的专业知识，没有意识到互动的重要性，也没有投入时间和精力相互学习，建立融洽的关系。

（2）缺乏实质性沟通，主要表现在双方虽有一些沟通，但没有达到实质性的深度，掩盖了一些潜在的实质性问题。与前诉缺乏互动不同，前者只是简单地忽视对方，而后者是有故意保持距离，不愿意参与对话。例如，营销部门没有充分理解所采用的新技术，研发部门不完全了解市场需要和新产品设计合理。缺乏实质沟通主要是因为双方都认为对方的信息不具有足够价值，也没有必要向对方提供信息。

（3）过于友好，主要表现在为了避免冲突，双方都不向对方的判断和假设提出疑问，对细节不争论，更不挑战彼此的观点，双方人员经常进行社交性的相互拜访，其主要原因在于，双方都不想伤害彼此的感情，都认为对方永远是对的，彼此依赖对方的判断和信息。

（4）缺乏积极地评价对方，具体表现为：营销人员经常在企业外部购买研发成果，而不采用企业内部研发部门的成果；研发人员独立推行自己的主张，而不与关心新产品概念和设想的营销人员协商；一旦双方合作，营销人员就会试图对研发人员施加控制。造成这种情况的主要原因是研发人员认为营销人员的探索过于简单，实际上并不理解所需要的产品，他们甚至认为营销人员的活动是不必要的；另一方面，营销人员则认为研发人员研究太精细，且常认为研发人员不应该接触到用户。

（5）彼此缺乏信任。这是界面问题的极端情形，由缺乏沟通、缺乏积极反馈演变而来。主要表现有：营销部门试图完全控制新产品开发的内容和时间，也没有研发辩论和提意见的余地；而研发人员同时开始众多项目的研究，并对营销部门保密。

研发/市场营销界面问题的解决方案包括：

（1）双方关键人员参与新产品开发计划的制订，参与项目的前期开发。

（2）研发和营销部门的人员采用工作轮换制，以激励开发和营销部门之间的有效交互作用或部门间的沟通合作，明确责任、权利、决策权限，以避免相互推诿责任或因过于友好而使权责界限模糊。

（3）建立新产品开发委员会，由企业决策者、研发部门、营销部门、财务部门的经理和项目协调者组成，由新产品开发委员会明确研发的决策权限、营销部门的决策权限和两个部门共同负责等。

三、研发 / 发展界面管理

研发与发展部门的界面管理值得我们注意。这个界面实现三个职能：

（1）确保提出正确的问题（项目创建）。提出正确的问题主要取决于研究与发展之间连续的多方面的信息交流，同时满足了技术可行性和市场可行性。

（2）确保选择正确的想法（过滤机制）。以利润为目标对项目建议书（或业务计划书 / 新产品章程）进行评估和筛选；根据技术成熟度和消费者知觉，平衡技术战略和市场战略，确保研发项目的质量。

（3）确保正确执行想法（转换）。发展部门不参与项目立项和筛选工作或者因为它们很难评估、捕获和应用，因此研究结果储存在研发部门内。在战略水平和项目水平进行的合作可确保研究和发展活动之间的合作。

研究和发展部门之间的界面管理的具体解决方案如表 5-6 所示。

表 5-6　管理研究 / 发展界面的方法

界面	方法	
非正式网络	* 连人带项目移动 * 长期借调	* 工作轮换 * 面对面的知识转移
项目 + 工艺	* 战略性经营 / 研究项目 * 关于具体项目计划的合作协议	* 交叉职能小组 * 交叉文化小组
层级的 + 职能的	* 双渠道资助 * 先进技术实验室	* 技术联络领导 * 多学科计划
区域的 + 法律的	* 有条件的配置 * 战略性分析	* 当地和全球的招聘

资料来源：陈劲. 永续发展——企业技术创新透析 [M]. 北京：科学出版社，2001.

苹果首款 ARM 芯片"M1"问世

苹果公司宣布推出 2020 年款 MacBook Air，内建苹果公司专为 Mac 电脑设计的全新处理器。这是第一款配备苹果自有 ARM 架构 CPU 的 MacBook Air，也是第一款专为 Mac 电脑设计的芯片。作为一款系统单芯片（SoC），M1 将多种强大科技集中到单颗芯片，具备统一内存架构，能大幅提升效能与效率。

M1 是首颗采用尖端 5 奈米制程技术的 PC 芯片，芯片上有多达 160 亿颗晶体管，在低功耗芯片领域，可说是全球指令周期最快的 CPU 核心，搭配苹果神经网络引擎（Apple Neural Engine）更带来突破性的机器学习表现。比起前世代的 Mac 电脑，M1 的 CPU 运算快 3.5 倍、GPU 快 6 倍、机器学习快 15 倍，电池寿命则长了 2 倍。

M1 包含苹果最先进的 GPU，具备 8 颗强大核心、能同时跑将近 25,000 个线程，以处理最具挑战性的任务，例如顺畅播放多部 4K 串流影片、呈现复杂的 3D 场景等。M1 的浮点运算量达 2.6 teraflops，是全世界速度最快的 PC 整合绘图型芯片组。

M1 为 Mac 电脑导入苹果神经网络引擎，大幅加速机器学习任务。M1 的神经引擎具备苹果最先进的 16 核心架构，每秒能够执行 11 兆次运算，可让机器学习加快 15 倍。这会让 Mac 电脑的影片分析、语音识别、图像处理等功能前所未见。

苹果硬件科技（Hardware Technologies）部门资深副总裁 Johny Srouji 表示，苹果数十年来有为 iPhone、iPad、iWatch 设计领先行业芯片的经验，是打造 M1 的重要根基，也为 Mac 电脑开启了全新纪元。

Mac 电脑转换平台已经是苹果第四次更改电脑产品的 CPU 架构。第一次平台迁移是在 1984 年，随着 Macintosh 128k 发表，苹果将 Apple II 的 8 位 6502 处理器改成摩托罗拉（Motorola）68000 处理器。第二次是在 1994 年，苹果放弃使用 68000 处理器，转而改用 IBM PowerPC。2005 年苹果前 CEO Steve Jobs 宣布导入英特尔（Intel）处理器，这是苹果第三次平台迁移。迄今为止，苹果仍是业界唯一成功完成了核心零组件平台迁移的厂商。

实际上，相较于摩托罗拉、IBM 等大约 10 年一次的架构转移，从 2005 年至今，苹果已与英特尔紧密合作长达 15 年之久，但苹果似乎依然不满意英特尔在制程上的推进。拥有强大自主 IC 设计能力的苹果，在 Mac 系列导入自家设计 ARM 处理器似乎是迟早的事，此举将使苹果进一步完整掌控垂直整合。

此种绝对掌控对于苹果来说意味着：

首先，切断对英特尔处理器的依赖，苹果可以更自主决定新一代装置上市的时间点，免受英特尔量产时程与产能限制的掣肘，避免与其他竞争对手产品上市时间不约而同。

其次，透过内建在新一代 Mac 电脑中独家的 ARM 处理器，取得零组件整合更大的掌控权，也让产品开发者设计一系列的苹果应用程序与软件等。

再次，苹果在 2019 年 7 月收购了英特尔旗下 5G 调制解调器芯片业务部门，未来若能结合微处理器与 5G 链接性等相关设计，无论是在 Mac 系列电脑上抑或在行动装置上，均可望明显改善电池续航力。

最后，从 2021 年起，相较于其他竞争对手所推出的英特尔或超威（AMD）x86 架构处理器电脑，配置新一代 ARM 处理器的 Mac 电脑具有高度差异化优势。届时在苹果光环下，预期其他消费性电子制造商也将逐渐导入 ARM 架构。

资料来源：笔者汇编全球多家科技媒体。

本章小结

（1）技术开发与产品开发分离，识别关键技术与核心技术，以及清晰的技术规划、技术开发、研究和产品开发逻辑输入输出关系，有助于组织高效地协同运作，更多、更快、更省地将产品推向市场。

（2）架构是系统最高层次的设计，它指导和约束系统下层的设计。高层设计不好，基础不牢，基因不好，后续的一切补救将会无济于事。一个成功的组织需要通过加强架构与设计体系队伍建设，保障设计投入，持续改进全流程效率和质量。

（3）产品平台战略是公司发展的必由之路，是成本、效率、质量以及快速响应客户需求的基础。企业要建立平台战略，首先要建立技术货架和产品货架，明确货架产品；其次要建立产品成熟度的评估标准；最后要建立鼓励平台形成和使用的激励机制。

（4）面向制造和装配的产品设计（DFMA）的核心是"我设计，你制造，设计充分考虑制造的要求"。KISS原则是DFMA中最重要的一条原则和设计思想，几乎贯穿于DFMA的每一条设计指南中。

（5）不同类型的新产品可选择适用的产品使用测试方法：阿尔法测试、贝塔测试、伽马测试。

（6）长期以来，研发与生产、营销、发展等部门之间存在着严重的界面问题，需要建立适当的机制解决问题。

Launch & Life Cycle Management

第 6 章

上市与全生命周期管理

　　根据创新扩散选择目标市场，为选定的目标市场创造独特的价值。

　　概念测试用于测试是否"没有需求"、产品使用测试用于测试是否"产品不符合需求"、市场测试用于测试是否"市场上会卖得不好"。许多企业在 3 个节点都很急躁，于是先跳过概念测试，接着又跳过使用测试，之后，如果再跳过市场测试，就和蒙着眼睛飞行一样了。

　　实现精益上市需要协调好采购、制造及物流等，这样才能使从原材料到消费者的时间最短。如此一来，企业才能够快速响应市场的实际需求，而不是在销售量低于预期时囤积过多存货，也不至于在销售量高于预期时无货可卖。

中国探月工程"绕、落、回"三步走　圆满收官

2020 年 12 月 17 日凌晨，嫦娥五号返回器携带月球样品以接近第二宇宙速度返回地球，按照预定方案降落在内蒙古四子王旗着陆场。这是人类探月历史 60 年来由中国人书写的又一壮举，标志着中国探月工程"绕、落、回"三步走收官之战取得圆满胜利。

嫦娥五号任务是中国航天领域迄今最复杂、难度最大的任务之一。嫦娥五号探测器由中国航天科技集团五院抓总研制，由轨道器、返回器、着陆器、上升器组成，共有 15 个分系统，承担着中国首次月球无人采样返回的重大任务。

嫦娥五号探测器经历了发射入轨、地月转移、近月制动、着陆器携上升器分离、着陆下降、月面工作、月面上升、环月轨道对接与样品转移、上升器与轨道器分离、轨道器携返回器月地转移、返回器再入回收 11 个阶段，历时 23 天，如图 6-1 所示。

在不到 1 个月的时间里，嫦娥五号探测器多次刷新了中国深空探测技术的高度，还连续实现中国航天史上首次月面采样、月面起飞、月球轨道交会对接、带样返回等多个重大突破。

不仅如此，嫦娥五号完成的月球轨道无人交会对接与样品转移动作，更是世界首次，增添了世界探月历史的新纪录。中国航天科技集团五院嫦娥五号探测器系统副总设计师彭兢强调："月球轨道无人交会对接，技术难度很高，从探月历史来看，只有阿波罗载人登月在月球轨道上执行过交会对接，但此次无人交会对接，之前从未有过。"

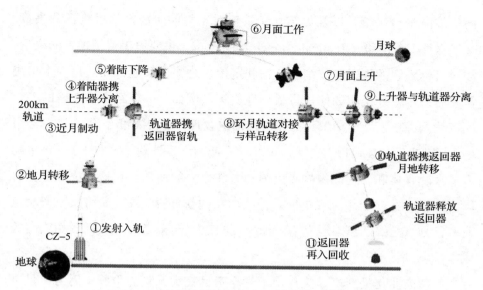

图 6-1　中国嫦娥五号返回器携带月球样品返回地球

资料来源：笔者根据多方资料整理。

第一节　产品上市战略规划

一、新产品上市计划

新产品流程进行到现在，新产品团队已准备好制订实际的营销计划。

企业常常不重视产品商业化的前期战略规划，尤其是对新问世的产品。如果产品是市场的"新"产品或公司的"新"产品，那么就会面临相当大的挑战，因为在不熟悉的市场销售不熟悉的产品，需要制订新的沟通和分销战略。当产品上市时，战略规划就显得十分薄弱，一些战术性错误（如资源分配不足）就使问题更加复杂。

无论产品新旧，公司考虑该产品商业化的方式，应该有两组决策：①战略性上市决策（Strategic Launch Decision），包括确立整体基调和方向的战略平台决策，以及界定产品销售对象与如何销售的战略行动决策；②战术性上市决策（Tactical Launch Decision），主要关于营销组合的决策，如对目标顾客的沟通和促销、分销和定价，这些决策通常在战略性上市决策之后制定，并说明如何执行战略性决策。例如，一个经常被忽略的平台决策就是进攻强度，如果具有非常强的进攻性（平台决策），那么该目标市场（行动决策）必须相当宽泛，市场导入期的广告计划（战术性决策）可能需要大众媒体和一个能很好吸引消费者注意力的活动。在这些决策中，有许多决策已在新产品流程早期，即在产品创新章程（或产品协议，产品包业务计划）里就已经制定完毕，如果现在改变会相当困难或耗费相当高的成本。

产品商业化是新产品流程中最为昂贵且充满风险的阶段，因为一旦决定前进，就需要在生产和营销活动上投入资源，但这常常是缺乏管理的阶段。学者们研究了产品上市之后的现象发现，大部分促成新产品成功的因素是可以管理的。也就是说，与其抱着一种"希望是最好"的态度，不如管理者通过改进产品上市阶段的实践来获得更大的成功率。

为了改进上市阶段的实践，进行大量的营销投入是非常重要的，营销会引导计划的执行。产品上市计划也被称为商业计划或营销计划。新产品专家罗伯特·库伯（Robert Cooper）指出，有效的上市计划必须具备以下五项要求：

（1）上市计划是新产品流程的关键部分，与开发阶段一样是新产品流程的核心。

（2）上市计划开始于新产品流程早期。

（3）上市计划基于新产品全流程搜集的高质量的市场信息。

（4）上市要投入足够的人力资源与财务资源。

（5）参与新产品上市的销售人员、技术人员、其他客服人员都应属于新产品团队的一员。

二、根据创新扩散选择目标市场

新产品就是创新，我们将新产品使用的普及称为创新扩散（Diffusion of Innovation）。微波炉的早期采用和扩散相当缓慢，而手机的采用和扩散则相当快。

当我们运用 Bass 扩散模型来进行销售预测时，我们预测的是两个关键值：创新率和模仿率。这两个值决定了创新被采纳的速度。让我们更进一步看看影响产品采用过程（Product Adoption Process）速度的因素：创新产品的特性与早期使用者向其他人推荐使用的范围。

1. 产品特征

根据弗里特·罗杰斯（Everett M Rogers）的经典扩散理论，有 5 项因素能够度量新产品多快扩散到市场上。

（1）新产品的相对优势。这项创新与竞争产品或其他解决问题的方式比较，有哪些优势？谷歌、百度迅速地在网络社群中扩散并成为主流网站，是因为与其他选择相比，人们普遍认为它能够提供更好的搜索服务。

（2）兼容性。新产品是否与现在产品使用和最终用户活动相互匹配？连续性创新几乎不需要顾客改变或学习，因为与之前的经验和价值兼容性高；而创新的连续性越差，学习的需求越高。例如，大众采用微波炉的速度刚开始很慢，这是由于与传统的烹饪方法比较，在使用方法上有许多可以感知到的差异。数码相机上市时，其外观与操作方式就跟人们熟悉的胶片相机一样。

（3）复杂性。理解创新的基本含义时，是不是有挫折感和困惑感？许多人放弃使用苹果公司的牛顿平板电脑（Apple Newton Massage Pad，1993—1998，一种带有手写识别功能的平板电脑 PDA），是因为觉得手写识别特别难操作；数年后，消费者却因种种原因而采用苹果 iPod，原因之一就是易用性。

（4）可分割性（也称可使用性）。产品的试用部分容易购买和使用吗？食物与饮料很容易分割开。GPS 装置一开始时非常昂贵，通常装在出租车上，但多年前已免费使用。大部分的读者熟悉"前六个月，半价优惠"这种销售手法。

（5）可沟通性。用户是否很容易就能意识到正在使用的产品的益处？一款气味好闻的新古龙水，用户一下子就能注意到它的好处。

新产品的市场扩散速度可根据上述 5 项因素来评分，评分可以主要采用个人主观判断、开发早期阶段的市场测试的发现来综合评判。早期用户主动或被动鼓励他人采用该新产品，新产品扩散的速度就会加快。因此，拟定上市计划时，要把兴趣集中在创新者（Innovators，前 5% ～ 10% 采用新产品的人）及早期采用者（Early Adopters，前 10% ～ 15% 使用新产品的人）。创新扩散理论告诉我们，如果只向创新者和早期采用者销售新产品，之后我们就可以袖手旁观，凭借他们的力量就能使新产品扩散出去，其他采用者类型包括早期大多数（Early Majority，接下来的约 30% 的人）、晚期大多数（Late Majority，接下来的约 30% 的人），以及迟钝者（Laggard，剩下的约 20% 的人）。

很明显，问题在于谁会是创新者和早期采用者？我们能否事先识别出这些人，以便在早期将营销资源聚焦在他们身上？实际上并不总是这样的，研究中显示出几个特征（见表 6-1），这些特征既能应用于企业又能应用于个人身上。

表 6-1 创新者和早期采用者的特征

序号	特征	内容
1	冒险性	愿意也渴望尝试新颖的、与众不同的产品；敢冒风险，敢对社会规范说"NO"
2	融入社会	无论在工作中还是在生活中，都经常、广泛地与他人交流，是一个强大的行业同行者
3	大同主义	对事物的看法不仅仅局限于附近的邻居或社区，也关心环球时事，喜欢旅行、阅读

（续表）

序号	特征	内容
4	社会流动性	向上层社会发展，成功的年轻总裁或专家
5	特权性	通常指群体中更有经济实力的人，当创新失败并需要花钱的时候，这个人通常损失较少

　　早期用户的确主要来自上述创新者群体，但很难预测来自哪里。某些行业，早期的企业采用者大多是行业中最大的公司（并不总是这样），这些公司从创新中获利最多，其总裁大多年轻且受过良好教育。

　　一个最新的扩散模型是杰弗里·摩尔（Geoffrey Moore）提出的跨越鸿沟（Crossing the Chasm）模型（见图 6-2），可以看作罗杰斯扩散模型的延伸。简单来说，摩尔建议把创新者和早期采用者视为高瞻远瞩者（Visionaries），把晚期的各类型采用者视为实用主义者（Pragmatists）。这两大采用者群体对新产品的期望不同，实用主义者未必会把高瞻远瞩者看成引领他们观点的人。换言之，在罗杰斯模型中，可能出现由一种类型完全过渡到下一种类型；但摩尔认为未必如此，因为这两大群体对新产品的需求有很大不同。举例来说，高瞻远瞩者可能会抢购最新款的手机或音乐播放器，几乎不会考虑价格高低，因为它是最新产品，他们喜欢产品的性能特点，或者仅仅因为它很酷。实用主义者可能不受产品新颖度的影响，根本不在意产品"酷不酷"，他们寻求好用又不贵的产品，更关心主流刊物或者网上资源的评论。这就是摩尔所指的"鸿沟"（Chasm）：一个企业提供的价值主张能吸引高瞻远瞩者，但永远也无法"跨越鸿沟"（Cross the Chasm），无法成功地打进更广大的实用主义者市场。摩尔模型建议，企业应考虑开发一种适合实用主义者的价值主张，并做一个能契合实用主义者的上市战略规划。

　　至此，我们的目标市场决策实质上是可以度量的：①每个目标市场的潜力有多大；②新产品多大程度上满足了每个目标市场的需求；③我们是否在每个市场中都做好了竞争准备。也就是说，我们在该市场上有多大的竞争力。

💡▶ 创新视点 1

用户的分类

"鸿沟理论"指高科技新产品在市场营销过程中遇到的最大障碍：高科技企业的早期市场和主流市场之间存在着一条巨大的"鸿沟"（Chasm）。能否成功跨越鸿沟，进入主流市场，赢得用户的支持，决定着高科技产品的成败。早期市场（早期采用者和专家）消费者很快就能接受新技术变革的特性和优势。主流市场（由除早期采用者和专家组成）消费者想体验新技术带来的好处，但又不愿意接受由此带来的一些令人不愉快的细节。但不幸的是，这两个市场之间的过渡充满坎坷。

简单地说，任何一个特定市场都是由几类用户组成，从最容易接纳新产品到对新产品最排斥，分别被称为创新者（Innovators）、早期采用者（Early Adopters）、早期大众（Early Majority）、后期大众（Late Majority）、落后者（Laggards），如图 6-2 所示。

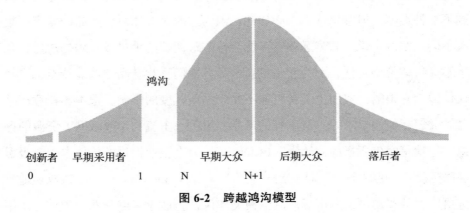

图 6-2　跨越鸿沟模型

1. 创新者

创新者会非常积极地追随各种新技术产品，甚至在它们正式发布前就会开始使用。科技是乐趣，而不是功能，就像第一批尝试微信的人一样。创新者在任何市场都很少见，但企业必须努力在营销活动的早期让他们站在自己的一边，因为他们的认可可以在新产品上市时给其他消费者信心去购买它。

2. 早期采用者

早期采用者虽然与创新者一样在早期接受产品，但他们不是技术专家。一旦发现一种新技术产品能够有效地满足他们的需要，早期采用者就会考虑购买它。正是因为早期采用者在做出购买决策时并不会禁锢于公认的看法，他们更愿意尊重自己的直觉和想象。因此，他们在任何高科技新产品的市场拓展中起着至关重要的作用。

3. 早期大众

早期大众的购买者决策最终是由一种强烈的实用性想法推动的。在购买新产品之前，他们会仔细观察周围人对新产品的评价。由于这类消费者数量非常多，几乎占据整个技术采用生命周期的 1/3。因此，获得他们的认可对企业获得巨额利润和飞速发展是非常重要的。

4. 后期大众

后期大众只会等到某些既定标准形成之后才会考虑购买，他们更有可能从一些知名的大型公司购买产品。后期大众群体也占据市场总体的 1/3。因此，如果一个新产品能够得到他们的喜爱，公司确实能够获得较大的利润，因为随着产品逐渐成熟，边际利润率递减，但同时销售成本也将逐渐降低，这样公司的研发成本在最后将被全部摊销。

5. 落后者

落后消费者对新技术没有任何兴趣。落后者只在新产品被深埋于其他产品之中时才会购买。例如，落后者在购买一台电脑后，会直接使用预制的 Windows 系统，没有任何选择余地。占据了市场总体 1/6 的落后者，无论从哪个方面来说，都会被企业以任何方式忽视。

6. 三个市场发展阶段

根据上述技术采用生命周期，我们可以将其化为划分为三个市场发展阶段，分别是早期市场、主流市场和落后者市场。

（1）早期市场。早期市场由创新者和早期采用者主导。创新者关注以下问题：

1）他们真正想知道的是真相，并不是噱头。漂亮的广告被他们认为是拙劣的营销伎俩。

2）无论何时何地，只要遇到了技术问题，他们都希望能够马上找到专业人士解答疑问。

3）他们希望能够跟上高科技行业的新趋势。企业应该在适当的时候让他们知道，让他们试用产品并提供反馈。

4）他们希望能够以较低的价格购买新产品。

简言之，只要你拥有最新、最先进的技术，不需要从他们身上赚很多钱，与这些技术爱好者做交易并不难。

早期采用者是有远见卓识的人，他们与技术爱好者不同，并不是从某个系统采用的技术中获得价值，而是从这些技术带来的战略突破中获得价值。与此类人群打交道时，要注意两个重要原则：①他们希望确定项目的定位。往往希望从一个实验性的项目着手；②他们总是匆匆忙忙，希望在期限内取得进展。

与他们做生意唯一可行的方式就是通过一批小规模、高水平的直接营销队伍。

（2）主流市场。主流市场主要由早期大众和后期大众构成。

早期大众大多数是实用主义者。他们需要确定自己买到的产品来自市场上的领先企业。如果有远见者的目标是取得重大的突破，那么实用主义者的目的就是看到些微的改善——逐步的、可衡量的且可预测的进步。这也说明了大企业搞微创新是可行的，但创新型小企业如果也跟着学微创新，而拿不出突破性的产品，那就要倒霉了。然而，尽管实用主义者很难被说服，但他们一旦被征服，就会对企业非常忠诚，甚至会牺牲自己的利益购买该企业产品。比如虽然 Windows Vista 名声不好，但极少有人改用 Linux，他们更愿意改用 Windows XP 或者是等待 Windows 7 面市。如果一家规模较小的企业能够与实用主义者已经接受的企业结盟，或者成为一种成熟平台的增值服务提供商，那么它将能够更顺利地进入实用主义者群体，如社交游戏公司 Zynga 凭借 Facebook 成功进入主流市场。

后期大众都是保守主义者，他们通常只会在技术采用生命周期的最后才决定投资购买，那时产品的设计已经非常成熟，企业之间对市场份额的竞争也使产品的价格大幅度降低，而且产品本身也已经能够完全商品化。对待这类群体有两个制胜秘诀：一是实施整体的产品策略；二是形成一系列的低成本销售渠道，有效地将产品推向目标市场。

如果你的企业已经得到了主流市场的认可，为了长久地维持领导地位，你需要注意以下两点：

不能落后于市场中的其他竞争者。没必要成为技术领导者，也不需要拥有最优秀的产品。但如果市场上的竞争者取得了重大突破，你就需要立即迎头赶上。

通过对产品进行持续改进的微创新手段，不断将实用主义者提出的所有微不足道到的改进逐步融入产品中，以此帮助用户应对产品存在的各种不足。

（3）落后者市场。由很多怀疑主义者组成，除了阻碍购买之外，落后者并没有对高科技市场发挥任何其他的作用。因此，高科技企业针对这些怀疑主义者开展营销活动的主要目的就是中和他们造成的不利影响。

资料来源：改编自（美）杰弗里·摩尔. 跨越鸿沟［M］. 赵雅，译. 北京：机械工业出版社，2009.

三、为选定的目标市场创造独特的价值

一旦某个细分市场已经被确定，并且已经为该细分市场创造出一个产品定位陈述，我们就有机会回到产品本身，看看能否提高该产品在所选目标市场的价值。毕竟，新产品的作用是让公司获得总溢价，溢价主要来自价值超出价格的那部分。产品的核心利益在开发阶段得到最大关注，但从购买者的角度来看，他收到并带回家的还包括更多的东西。购买者要的是一个或多个核心利益，但为了获得核心利益，购买者需要购买有形产品或服务及其包装、额外服务，以及所有与企业品牌相关的无形部分。这些内容提高了产品的整体价值。但是，如果新产品经理没有很好地把握，也会给产品差异化或产品核心利益带来破坏。在新产品的后续流程中，可以通过品牌、包装、保修、售前服务等，提高提供给消费者的附加产品价值。

现今，大多数公司都尝试着在产品开发阶段晚期才冻结产品规格，并在上市后很快就增加新的产品规格，以延长产品的价值链。随着第一个产品上市，第一个产品线的延伸产品也应该处于开发中。上市之后，当竞争对手设法推出有吸引力的产品时，我们可以抢先上市。

一个产品定位陈述（Product Positioning Statement）就是"目标市场的购买者应该购买我们的产品而不是购买其他正在提供和使用的产品，因为……"。定位最开始是广告领域的概念，但现在被视为公司整体战略的一部分，不局限于广告领域，产品、品牌、定价、营销和促销必须与产品定位陈述保持一致。

新产品经理在定位上有极大的优势，最终用户对该产品的记忆是完全空白的，潜在购买者的心中没有新产品先前的定位，所以现在是塑造产品独特定位的最佳时机。常用的定位方法有两种：

（1）产品属性定位。属性即特性、功能和利益，产品属性是最普遍、

传统的定位方法。因此，根据特性定位，如狗粮可以这样定位——蛋白质含量相当于 5 千克牛脊肉。根据功能定位，就比较难，也不常使用。根据利益定位，可以是直接定位（比如省钱），或跟随定位（比如让你更有魅力）。

（2）替代性定位。例如，"使用我们的节食产品吧，它是由顶级保健专家发明的"。这里强调产品因发明者而与众不同。但为什么这个产品较好，却没有给出明确的答案，听到的人或看到的人需要自己去推敲。如果替代品是好的，听到的人或看到的人会将有益的属性带入产品。

如果没有用户想要的特性、功能、利益定位缺口，开发者可以试着为产品设定独特属性偏好或者转向替代品，这便是产品定位艺术的开始。

第二节　上市周期

大家都认为，新产品上市就是向全世界宣布我们的新产品即将上市的消息，但如果真有这么简单就好了。实际上发生的是一个上市周期（Launch Cycle）。我们将产品生命周期（Product Life Cycle, CLC）的导入阶段扩展开来，上市周期就是其中的一个子阶段，如图 6-3 所示。上市周期包括上市前阶段、发布阶段、抢滩阶段，以及早期成长阶段。

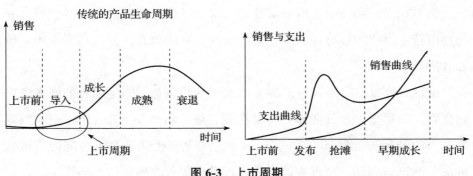

图 6-3　上市周期

一、上市前和预发布

上市前阶段是我们建立竞争能力的一个时期。在这一阶段，我们对销售人员及其他促销人员进行培训，建立服务能力，待一切准备就绪就进行预发布（Preannouncement），同时在零售商层面进行产品铺货的安排。

新手在处理新产品上市时，几乎总是聚焦在发布（Announcement）上，视其为新产品流程中的顶峰，但实则不然，发布当天很少会有奇迹出现。很多汽车公司曾经刻意将新产品发布延到秋季的某一天。但是，这种戏剧性做法现在也行不通了，首要问题是它几乎不可能完全保密，尤其是正式发布日临近的时候。

相反，我们看到的是一连串有计划的产品发布，通常环环相扣，引发竞争对手的猜测，同时刚好将产品铺货并可以买得到之前，让竞争对手的顾客暂停购买其产品。这样一连串的发布工作，通常是按照计划顺序进行的。

（1）不公开。

（2）产品测试：签订有保密文件的贝塔测试。

（3）预期：透露产品定位，告知问题已经得到解决。

（4）继续影响：给编辑、产业研究员及一些顾客提供片段性的信息。

（5）公关广告：透露完整的新闻稿，提供用于评价的产品。

（6）商业促销：开始打广告。

第（3）和第（4）步用于预发布。这一过程会稍微透露一些信号，有时是由精心挑选的人有计划地透露出来的，有时则是让其碰巧发生的，比如 iPhone。

预发布可以提高顾客对即将上市的产品的兴趣，避免现有的顾客流失到竞争对手那里，并且能够鼓励潜在顾客等待新产品上市（而不是成为竞争对手的顾客）。当然，在许多市场上，完全保密几乎是不可能的。微软将发布 Windows10，全世界的人在上市日期很久之前就已经知道了，人们还知道苹果 iPad 也将上市。然而，预发布有时也会遭受批评，尤其当新产品的上市时间不确定或发生延迟的时候。

泄露信号（Signaling）的方式有许多营销工具可以做到，其中最明显的就是价格。其他工具包括广告、商展、销售人员评论、首席执行官在纽约、伦敦或香港证券分析师午餐会上演讲、包装材料供应商和生产设备供应商的只言片语、分销商或零售商的进货订单、与有行业经验的新销售代表会面等。有些信息十分不易察觉而常被忽略掉。但总的来说，信号泄露十分有效。

预先发布决策经常与其是否具有网络外部性（Network Externalities）有关。如果产品销售量取决于互补产品的销售量，比如，X-Box 的游戏种类越多，微软销售的 X-Box 软件就越多，就存在间接网络外部性（Indirect Network Externalities）。如果产品销售量取决于使用产品的人数，就存在直接网络外部性（Direct Network Externalities）。拥有电子邮件和 Facebook 账号的人越多，这些产品就越有用。

二、发布、抢滩和早期成长

上市周期的第二个阶段是抢滩（Beachhead），抢滩一词源于军事，指登陆敌军阵营，后来用于暗喻各种形式的登陆。在新产品上市中，抢滩是指为了克服销售停滞所必须投入的大量支出。图 6-3 中的支出曲线以非常陡的斜率上升至某一点，其间销售量高速递增。

发布是抢滩阶段的开始，这一时期管理难度很大。沟通系统失去作用、意想不到的问题出现、供给不足等各种混乱情况都会发生。几个月后，原本的重点会发生轻微变化，最初的发布让位给"原因解释"，随后让位给试验印证理论，再随后让位给强化成功试验。

抢滩阶段的关键决策就是如何克服停滞，这项决策会引发一系列活动：按照预定时间进行改进和侧攻，批准并实施新预算，营销安排被暂时固定下来。一位新产品经理称，当公司总裁不再三天两头叫他去汇报最新情况时，那就是决策已经拍板定案了。

在上市期间，制造必须达到期望的产能水平，零售渠道与分销物流必须到位，零售人员和分销商必须经过培训以充分了解新产品性能，同时，对消费者和中间商的促销宣传也应该到位。供应商经理要确保供应链系统弹性，以确保能够快速应对销售量的变化，这种弹性称为精益上市（Lean Launch）。实现精益上市需要协调好采购、制造及物流等，这样才能使从原材料到消费者的时间最短。如此一来，企业才能够快速响应市场的实际需求，而不是在销售量低于预期时囤积过多存货，也不至于在销售量高于预期时无货可卖。精益上市的一个原则是延迟（Postponement），或将产品最终型号和识别推迟到开发流程后期（型号延迟），或将存货承诺推迟到最后一刻（时间延迟）。如此，可带来准时、最小化不确定性，提高运营弹性，直到需求得以确认。

第三节　市场测试

当一家新餐馆开张时，它在前几周并不对公众开放，即使当你走过时能看到有人在里面就餐，你也不能进去吃饭，因为餐厅正处在试营业中，正在帮测试业务的各个方面。餐厅的每个营运部分都要经过审查和调整，包括座椅、订单接收、订单处理、交付、开单、支付处理、就餐体验等。图 6-4 展示了市场测试与其他测试的关系。3 项重要测试涵盖了新产品失败的 3 个主要原因：概念测试用于测试是否"没有需求"、产品使用测试用于测试是否"产品不符合需求"、市场测试用于测试是否"市场上会卖得不好"。许多企业在 3 个节点都很急躁，于是先跳过概念测试，接着又跳过使用测试，之后，如果再跳过市场测试，就和蒙着眼睛飞行一样了。

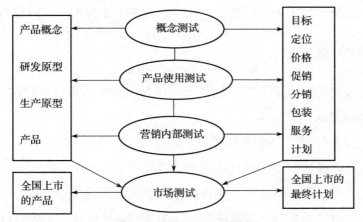

图 6-4 市场测试与其他测试的关系

不管使用哪种市场测试方法，决策者进行市场测试是为了获得以下两个重要结论：

（1）有机会获得准确的销售额和销售量的预测数据，不是早期规划决策时的大概数字或市场占有率的大致范围。

（2）决策者需要诊断信息以协助修正及改进上市的任何方面——产品、包装、沟通活动等。搜集到准确的定量预测和诊断信息后，如果弃而不用，就是自找苦头。

一、影响市场测试决策的因素

每个新产品项目都有自己的独特情境，是否做市场测试，有一些常见、重要的考虑因素：

1. 上市时任何特殊的意外转折

最初的章程（项目任务书或产品包业务计划）中有严格的时间表吗？可能有许多特殊考虑，比如，需要产生新的销售增量以便助推某个运营模块的出售，或帮助新上任的首席执行官有一个快速的开局。章程是否会限制项目资金以促使新产品必须渐进上市，并使用早期阶段产生的利润逐步进入新的阶段？这个上市活动是公司一个大型上市方案的一部分吗？

2. 需要什么信息

一位有经验的宝洁公司市场调查员认为，如果出现以下情况，他会考虑跳过市场测试：

（1）资本投资较少且预测较为保守。

（2）产品使用测试结果良好且消费者兴趣极高。

（3）公司完全了解这个产业且已在此产业相当成功。

（4）广告已准备好且测试成功，促销计划不必依赖完美的执行。

有趣的是，宝洁公司新产品市场测试的方法是在该公司的网站上列出新产品及其零售价格。

宝洁公司根据顾客在网站上点阅并订购新产品的数量，来判断他们对新产品的兴趣。

另一种信息需求偏重于操作性，学习如何做好上市所需要的某项工作。上市涉及所有职能部门，每个部门都有自己的需求。例如，制造部门需要根据明确的销售估测数据拟定计划，此时，还需要识别出从小规模生产（PVT）扩大到完全规模生产（MP）可能出现的任何困难。

以上状况需要根据信息做判断。现在，管理者更习惯于通过让顾客参与来预测可能出现的问题。从产品开发一开始就让顾客参与的企业，能提早找到很多问题的答案。有些公司则通过让顾客支付产品使用测试的原料成本，来实现高水平用户的参与。此外，许多熟悉全面质量管理（TQM）的企业，强制在更早期就研究顾客对新产品的需求。

3. 成本

市场测试的成本包含：①测试的直接成本。支付给市场调查公司的费用。②上市活动的成本。用于生产、销售等。③放弃在全国上市带来的销售损失。上市成本有时相当大，以至于企业无法考虑进行市场测试。例如，汽车行业的最大成本是汽车制造成本，新车下线后，不会只在有限的市场区域上市销售。日本汽车则先在美国西岸渐进上市，以进行市场测试。

4. 市场的本质

如果竞争对手采取损害我们利益的报复行动，我们就需要找准时机尽快完成测试。新产品有一些自我保护性壁垒，如顾客看重第一印象，第一印象的确能给新产品带来些许保护，但没有哪种产品能够持续保持其市场地位。

二、市场测试的方法

营销人员无止境地开发了一系列新产品市场测试方法。有的企业委托大型的能提供各种营销服务的公司进行测试，有的企业则利用小型的海外营销据点进行测试，还有一些企业利用子公司的连锁店设施。这些市场测试方法可以归纳成以下三种类别。

1. 虚拟销售（Pseudo Sale）

产品创新者使用两种方法，让潜在使用者在不用花钱的情况下表达其购买意愿。

（1）推测销售（Speculative Sale）。询问潜在购买者是否会购买新产品，这种方法主要用于 B2B 市场和耐用消费品市场。与概念测试和产品使用测试有相似之处，但也存在以下差异：

在概念测试中，我们会给出新产品的定位说明，以及新产品的形式特征或制造特征。接下来提问：如果我们生产这个产品，你有可能购买吗？

在产品使用测试中，我们给顾客提供很多产品，让顾客在正常方式下使用这些产品。接下来询问同一个问题：如果我们生产这个产品，你有可能购买吗？

在虚拟销售方法中，我们更接近顾客、推销的产品已经很接近未来上市的产品，我们还需要回答顾客提问，协商价格，并引导顾客回答一个封闭性问题：如果我们保证这个产品能够买得到，并且和我们描述的一样，你会购买吗？

　　推测销售一般由固定的销售人员进行，销售人员采用已经制作好的新产品营销材料进行测试。他们进行虚拟销售拜访，展示新产品仿佛它随处都可以买得到。此时，产品、价格、交付清单、销售表达方式等都是真实的，目标顾客也是真实的，且定位清楚。即使购买者仅仅决定要一些样品来试用也没有关系。试用是业界促成首次购买的通行方法，试用率也是测试时的统计指标之一。

　　（2）模拟试销（Simulated Test Market，STM）。创造一个虚拟的购买情境以观察潜在购买者的行为。采用这种方法的核心目标是取得试用购买和重复购买的估计数据。最新的进展是传统的模拟试销结合虚拟测试技术，受测者被带进一个虚拟现实的零售商店环境，并被鼓励他到处逛逛，"从架上拿起产品（触摸屏幕上的影像）并读取标签，做出购买行为"。

2. 受控销售（Controlled Sale）

　　非正式推销。培训少量业务人员，通过业务人员直接向产品的最终用户进行销售。消费性产品往往使用推测销售方法，工业品往往使用非正式推销方法。

　　（1）直销（Direct Marketing）。这里指生产者以邮递、电话、电视、网络的方式将消费性产品直接销售给消费者。

　　（2）迷你营销（Mini Marketing）。选择有限的零售商店或小型城市进行产品销售。

3. 全面销售（Full Sale）

　　全面销售市场测试方法中，所有的变量都要测试，包括竞争和贸易，可以测试全国性上市的真实情况。

（1）试销（Test Marketing）。指从整个市场中挑选出一个代表区域进行营销活动彩排。典型情况是，企业首先挑选两个城市来销售此新产品，并且找到另两个非常类似但产品未曾在此销售的城市。这 4 个市场都被仔细观察，观察新产品的存货量、销售额。虽然早期的目的是预测润，并帮助决定是否进入全国市场，但现在试销的大部分目的已经发生了改变，现在公司经常使用试销来微调营销计划并学习如何更好地执行。试销也因太过昂贵以至于无法成为最终的测试。

现在已经有众多有关试销的文献，而且大部分著名的市场调研顾问公司都有能力设计出针对任何市场环境的测试方法，因此在这里不需要讨论细节。最常见的问题是应该在哪里测试和应该测试多长时间。

选择试销市场。每位有经验的试销人员、广告代理商都有理想的预测城市或地区。选择两个或三个城市来测试并不容易，但通常人口结构数据和竞争程度应具有代表性，测试地点的分销渠道不能太难以获得，而且在产品消费上没有地区的独特性。一个有趣的考虑是媒体涵盖性：为了避免浪费曝光，所选的市场通常有涵盖该市场的平面及电子媒体，而非周围区域。

决定测试的持续时间。一个试销应持续进行多久，并没有一个标准答案。

（2）渐进上市（Rollout）。试销并非全然无效，但现在营销人员更喜欢选择另一种市场测试法——渐进上市。假定某大型保险公司针对经常运动的顾客，想要开发保险费率更低及保障更好的新保单。管理层推测某地是新保单理想市场，决定先对在该地销售新保单进行市场测试，由保险公司的独立代理商执行这项工作，由于保单的销售情况相当良好，该公司决定将该保单提供给其余地区的代理商销售。

渐进上市有许多优点，最大的优点是让管理层在市场测试过程中学到最多知识。如果测试结果惨败，公司就能避免损失所有的预算。如果没有失败，那么在早期渐进上市的结果开始生效时，企业正朝着全国上市的目标中迈进。这在与竞争对手的战役中十分重要，因为当企业仍在测试市场或正准备进入全国市场时，试销会让竞争对手有时间上市他们的产品。

表 6-2 中，三种类别 7 种方法中的每个方法都能被单独使用，且许多企业根据该方法的成本和能学到的内容，选择一个最佳的方法来使用，也有一些企业采用两种或更多方法。

表 6-2　市场测试方法及适用情境

	产品分类				
	产业		顾客		
	商品	服务	包装	耐用品	服务
1.虚拟销售					
推测销售	■	■		■	■
模拟试销			■	■	■
2.受控销售					
非正式销售	■	■		■	■
直接销售	■	■		■	■
迷你营销			■	■	■
3.全面销售					
试销	■	■	■	■	■
渐进上市	■	■	■	■	■

这些企业通常从虚拟销售方法开始——推测销售。如果它们是在工业企业或以人员推销为主要营销促销方式的产业，虚拟销售较便宜及迅速。学习虽然有限，但它是一个熟悉问题的好途径，一般来说，不会在营销过程中持续太长时间。

企业接着转向其中一种受控销售方法，尤其是工业企业的非正式销售或消费性企业的迷你市场。如果第二次测试是最后测试，则企业倾向于直接移至全面销售方法。所以，工业企业会在应用推测销售之后接着利用渐进上市。包装商品企业在开始一项模拟试销之后接着通过地区渐进上市，或在模拟试销之后进行迷你市场测试，再接着正式上市。由于信息技术的进步，企业未来能更迅速地掌握家庭及企业层面的精确资料。

第四节　上市管理

一、上市管理的概念

我们可以通过对比航天飞机和小孩子玩的弹弓，来解释什么是上市管理。小孩子用弹弓打停留在树上的乌鸦时，有可能会击中邻居家的窗户。而在航天飞机的发射过程中，科学家能够预测航天飞机在飞行过程中可能发生的导航问题，因此可以容易地进行飞行航线的校正，让航天飞机维持在预定的航道上。比较而言，小孩射出的石头不能在发射途中对其路线进行校正。简而言之，良好的追踪系统让新产品成功上市的可能性更大。

不管是飞船或航天飞机发射管理还是新产品的上市管理。上市后的评估都有相同的基本目的；从经验中学习并不断改正错误。我们将飞船或航天飞机发射管理的例子引入新产品上市进行类比，就会考虑采用缺口分析矩阵（Gap Analysis Matrix）。在缺口分析矩阵中，可以通过评估以下五个方面与预期计划进行比较。

1. 评估市场窗口的准确性（Market Window Accuracy）

如果一个产品获利的市场窗口比预期的时间短，这意味着该产品处于生命周期的转折点，就需要从战略上考虑启动下一个产品的开发。

2. 执行支持（Executive Support）

高级管理者的愿景，以及一个勤奋的、知识型的产品推动者，对于良好的上市监督与协调是必不可少的。应该把新产品支持方面的任何不足，都识别出来并加以修正。

3. 确认商业论证（Business Case）

一份可靠的、财务预测数据全面的商业论证，是审核通过的关键。如果产品没能达到预期的财务绩效，那就要把新产品支持方面的任何不足都识别出来并加以修正。

4. 检查销售准备（Sales Preparedness）

这意味着要得到销售经理的承诺，雇用并激励销售人员，提供足够的培训和充足的材料，以帮助他们完成工作，而且弱点要在下一次上市时弥补。

5. 跨职能一致性（Cross-functional Alignment）的程度

整个组织要保持良好的沟通，以确保产品开发能够充分满足顾客需求并使其满意。可通过审计来识别并修正企业内的任何沟通问题。

上市后还是检验产品组合一致性的最佳阶段，所有产品都必须与公司的项目业务任务书（或产品创新章程）保持一致。如果发现产品组合不平衡，就应通过选择未来产品开发项目来修正。

二、上市管理系统

1. 发现潜在问题

在新产品上市时要扮演好类似 NASA 或 CNSA 的角色，首先步骤就是识别出所有的缺点或潜在的问题，这些问题可能发生在公司的活动中（如差劲的广告或不良的生产）或外部环境中（如竞争对手的报复）。只要是能造成实质伤害的事情，不论是否发生都要纳入考虑中。

有四种方法用于发现潜在的问题：

（1）在营销计划阶段进行情景分析。如果政府法律最近指出我们的新产品中使用了某不合适的成分，或者顾客对目前市面上的同类产品相当满意，这意味着很难让顾客选择我们的新产品。营销计划的问题部分会对情景分析中的大部分潜在问题进行归纳总结。

（2）角色扮演。了解竞争对手在听说新产品之后的行动。魔鬼代言人会议（Devil Advocate Sessions）指实施决策前团队中需要有人扮演黑脸角色，以唱反调的方式提出挑战。这种方法可以让我们有效推断竞争对手可能采取的行动，对手选择的行动通常比我们想到的多。

（3）重新检视新产品档案中累积的所有资料。从原始概念测试报告开始，然后是各种表格审查、早期试验测试、使用测试（尤其是潜在顾客的长期使用测试）以及所有内部讨论的记录。这些材料中存在着大量的潜在问题，其中包括一些我们为了项目的顺利推进而不得不忽略的问题。

（4）新产品的客户满意度来决定产品的效果层级（Hierarchy of Effects）。这种层级与之前在 A—T—A—R 模型中所使用的层级相同。图 6-5 所示展示了该模型在三种处方药品和特殊营养品营销中的运用情况。注意每个产品都有不同的问题，而且需要不同的矫正行动（应急计划）。所有三种产品都由同一家公司在一年内销售。

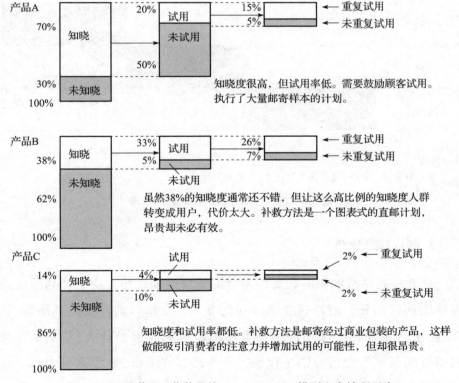

图 6-5　三种药品 / 营养品的 A—T—A—R 模型上市控制形态

2. 选择需要控制的事件

分析每个潜在的问题，以确认其产生的预期影响。预期影响指事件可能造成的伤害程度与该事件发生的可能性二者的相乘。我们可根据预期影响将问题排序，选出需要被控制及不需要被控制的问题。

图 6-6 是一个预期影响矩阵（Expected Effects Matrix）。图中越往下的越不能忽视，右下角的问题应该及时处理，本就不应该让问题拖到这种程度。位于两者之间的问题则以图中的建议来处理，如何处理它们应视具体情景而定，取决于时间压力、紧急情况的应付预算、公司上市管理的成熟度，以及产品经理的个人偏好。

潜在伤害性 / 发生可能性	值得注意的	有伤害的	毁灭性的
低			
中			
高			不要再等了，必须立即采取行动

■ 警戒变量，要注意

▨ 控制变量，如果可能的话，制订应急计划并追踪

图 6-6　选择控制事件的预期影响矩阵

3. 制订应急计划

应急计划是指如果问题真的发生时需要做的事情。应急计划的完成程度因问题而异，最好的应急计划是准备好立即行动。我们必须自问："这些事件中任何一项情况实际发生时，我们能够做什么？"例如，我们通过互联网告知所有销售代表，新产品提成将由 7% 提高到 10%，这就是一个应急计划。再如，发现有公司的价格比我们公司低且是类似的

竞争产品，公司也没办法解决，竞争对手会尽力维持大部分市场份额，对于产品开发者而言，最好忽略这些行动，并抓住新产品的特性进行销售。

4. 设计追踪系统（Tracking System）

如果我们发现了一系列问题，并对其中的大多数问题也准备了相应的应急计划。接下来就是建立一个能够告知我们何时执行应急计划的系统。追踪系统必须能够快速回传有用的数据。应该设定多个触发点（Trigger Points），这些触发点如果不起作用便启动应急计划。

（1）追踪。在新产品上市中，追踪的概念类似于将探月飞船或航天飞机发射至太空的追踪，操作人员负责依照预定的轨道对飞船或航天飞机进行追踪，并且不断校正以确保它能持续行进在正确的方向上。将追踪概念应用到新产品上，其中包含三个基本要素，如图 6-7 所示。

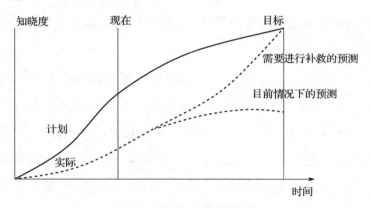

图 6-7　应用一般追踪概念

第一，确立计划路径的能力。预期的路径是什么？进一步考虑了竞争情况、产品特性、预期市场效果后，什么是合理的？虽然推测这些事情很简单，但制定有用的轨道路径需要一定的研究基础，而这正是许多公司在新产品上市时缺乏的。缺乏上市经验的公司有时能够从广告代理商、营销调研公司、大众出版媒体或产业调查等外部来源获得所需的数据资料。这种预先完成的选择，在现今的全球营销中十分重要。

第二，要有体现计划执行进度的实际数据流入。这意味着快速持续的营销研究适合用于测定被追踪的变量。

第三，必须对照计划预测可能的结果。除非结果能够预测，否则在掌握结果之前我们不能任意启动补救措施。在问题出现时能及时了解，关键就是速度，能及早防范或解决该问题。

（2）选择真实的追踪变量。现在，我们碰到的或许是上市管理中最困难的一部分，即如何确切地衡量我们所说的关键性问题是否会发生。我们需要相关的（Relevant）、可测量的（Measurable）且可预测的（Predictable）追踪变量。可识别问题的变量是相关变量，可判别是非的变量是可测量变量，可知道数据接下来变动路径的变量是可预测变量。回到图6-7，最上方的图显示知晓度：这是统计目标市场所有顾客的百分比。标记为实线的是计划行进路线，代表我们预期发生的事。虚线代表着正在发生的和如果不采取行动我们害怕会发生的情况。因此，追踪变量是相关的、可测量的且可预测的。

（3）选择触发点。如果我们已经找出了那些预警将会发生问题的变量，最后一个步骤就是在实施应急计划前，事先判断情况将有多遭。例如，我们的预算较少，还担心顾客没听说过我们的新产品——低知晓度。假定我们的目标是在3个月后达到40%的顾客知晓度，而追踪结果显示实际上只有30%，那么是否就要进行预备中的应急计划？在这种焦急的情况下，由于政治因素或时间限制，并不容易决策。启动应急计划等于承认原始广告已经失败。这种明示并不受欢迎，而且广告正依照计划进行中，知晓度将会很快上升，这会引起争议。为了避免这种双输的局面，必须事先商定触发条件（Triggering Condition），将触发决策的权利交给没有既得利益的人掌握。做到这一点，追踪规划才算完备。如果努力执行，新产品上市将"在受控下达到成功"。

创新视点 2

上市管理计划

这是一个正在销售一种特殊电子测量仪器的中小型企业的上市控制计划。该公司大约有 60 位销售人员，资源并不充沛，该公司没有市场研究部门，对于如何上市新产品也缺乏复杂规划。然而该计划包含了重要的基础内容，能让管理者掌握上市管理，任何问题一出现就能采取有效行动。非常小的公司可能只有处理小部分问题的能力，惯例可能是使用所谓的紧盯控制（Eyeball Control）来扫描整个市场并观察是否有问题出现，问题一出现就立即考虑应对之策。但不论是在脑海中，还是在表 6-2 中，或在复杂的正式计划中，本质都是一样的：追踪变量、触发点，以及能够立即启动的补救措施。

表 6-3 是一个产品上市管理计划的范例，本表只列出了部分营销计划，然而该控制计划包含完整的问题集、测量问题的计划，以及在各个问题实际发生时公司预计需要做的事项。

表 6-3　产品上市管理计划

潜在问题	追　踪	应急计划
销售人员没能按照预定比例接触到一般用途市场客户	每星期追踪电话/网络访问记录。计划每位销售代表每周至少需要 10 个电话/网络联系	如果在 3 周内活动低于标准，将会举行一天的地区销售会议作为补救措施
销售人员不了解在一般用途市场中，产品的新特性与产品使用之间的联系	由销售经理每天打电话/网络联系销售人员作为追踪。全部销售人员在两个月内就能追踪完毕	将对个别销售代表做出澄清，但是如果最初的 10 个电话/网络联系访问提示一个普遍的问题，将召开特别的远程电话/视频会议以让所有的销售人员了解该问题
潜在顾客不打算试用该产品	针对已收到销售简报的潜在顾客，每周进行一系列的 10 个后续电话/网络拜访的追踪。在追踪的潜在顾客中，应有 25% 的人认同产品的主要特性，在认同产品主要特性的潜在顾客中，应有 30% 的人下试用订单	补救计划必须由销售代表针对所有潜在顾客进行特殊的后续电话/网络访问，并为这些潜在顾客提供 50% 的首次购买折扣

（续表）

潜在问题	追　踪	应急计划
购买者已经试用了，但并没有下大量的再购买订单	对于下首次订单的潜在顾客追踪另一系列的电话访问。将在6个月内50%的试用者会再次购买至少10个单位作为销售预测	现在没有补救计划。如果顾客不再购买，代表产品使用者可能有些问题。既然产品确实不错，我们就应该知道不当使用的本质原因。通过对主要顾客的现场拜访来确认问题，接着采取适当的行动
主要竞争对手可能有相同新特性（无专利权部分）的产品准备上市	这种情况本来无法追踪。从供应商或媒体处探询，可能会帮助我们更快速地得知信息	补救计划是在60天内停止所有的促销计划，实行孤注一掷的计划。所有的现场推销只销售该新产品，增加50%的首次订购折扣以及两种特殊的邮寄方式。上述其他追踪将被更严密地监管

第五节　产品生命周期管理

　　产品生命周期这个术语一般有两层含义：一是指产品从构思到退出市场的全过程，这是广义上的生命周期，也称为产品全生命周期；二是指产品从上市（批量供应）到产品退出市场的过程，这是狭义上的产品生命周期。狭义的产品生命周期（Product Life Cycle，PLC）理论最早是由美国哈佛大学雷蒙德·弗农（Raymond Vernon）于1966年提出的。弗农在《产品周期中的国际投资与国际贸易》一文中指出，产品生命是指市场中的营销生命，产品生命和人的生命一样，也要经历形成、成长、成熟、衰退等周期。就产品而言，生命周期是指大多数产品从出现到消失所经历的四个阶段：引入阶段、成长阶段、成熟阶段和衰退阶段，如图6-8所示。产品生命周期对营销策略、营销组合和新产品开发具有重要影响。

　　引入阶段（Introduction）：公司要为产品建立品牌知晓度，开拓市场。

成长阶段（Growth）：公司需要建立品牌偏好，增加市场份额。

成熟阶段（Maturity）：在竞争加剧的情况下，公司需要维护市场份额，实现利润最大化。

衰退阶段（Decline）：销量开始下降，公司需要对产品何去何从做出艰难的决策。

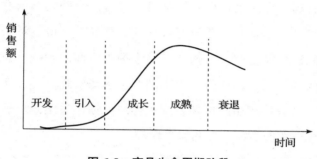

图 6-8　产品生命周期阶段

一、生命周期管理的价值

从新产品的推出到产品生命周期的结束，不同的企业、不同的行业有不同的时间跨度。例如，电子通信产品的生命周期可能长至一两年，也可能短至几个月。但对于医药、调味剂、饲料、工程机械、化工、建材等行业，其产品的生命周期可长达几年甚至几十年。产品更新是行业的一般规则。随着科技的飞速发展，新产品、新技术不断涌现，电子产品和设备的部件正在逐步老化。产品本身已经设计了使用寿命，老产品不能满足客户不断发展的需求时，将会被新产品所取代。产品上市后，会因为客户需求、市场环境、竞争状况、产品创新、定价等因素影响产品的销量和收入，也会因各种原因退出市场。

产品生命周期越来越短，因为：①客户有更多需求；②竞争加剧；③持续的技术进步 / 变化；④全球化交流。

大部分产品生命周期的变短带来很大的压力：①持续更新公司产品，

包括新产品和对现有产品的改进；②管理产品全生命周期的营销组合。

生命周期管理对企业至关重要。产品不仅要管"优生"，更要管"优育"、管"死亡"。何时推出新产品，如何退出老产品，如何取得生命周期最大化，在不影响客户满意度的情况下降低成本，这些都需要一套有效管理和平衡方法来实现公司业务目标。一些公司高度重视研发，但不注意产品生命周期管理，产品上市后就任其自生自灭。有些公司没有规范的产品退市管理，只管生不管死，并没有意识到，产品没有市场竞争力不退市将会带来许多问题，如生产、采购、产品维护等方面的问题。有些公司不做好新老产品的切换工作，导致客户不满意、市场管理混乱；还有的公司技术导向严重，没有从产品的市场表现和客户反馈中总结经验教训，迭代改进产品，最终导致产品被市场和客户抛弃。

产品开发时期只是整个产品生命周期的一部分，如图 6-9 所示。

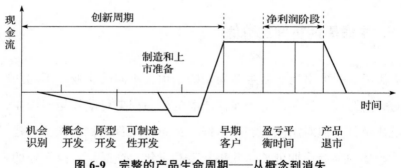

图 6-9　完整的产品生命周期——从概念到消失

应该说，产品早期的创意、概念、定义、开发、上市的整个过程，主要是人力、物力、财力投入的时期，进入生命周期阶段后开始有销售收入，才开始产生利润，前期的投入才有了收获。如果把产品比喻成一个人，进入生命周期阶段就像是孩子出生，而前期的产品创意、概念、定义、开发的过程，就像十月怀胎的过程。产品上市就像"人的先天成长"，产品进入生命周期阶段就像"人的后天成长"。所以，产品定义、开发过程、营销一定要慎重，这决定了产品上市后的表现。而产品在后天也需要加倍努力，不断学习和改进，根据市场形势和客户反馈不断优化，以期取得最佳的市场表现。

产品生命周期管理的本质是把企业经营好。通过对产品上市后的产品组合绩效进行管理，不断调整产品战略，及时将老产品退市，优化产品组合；通过不断的产品优化，成本降低和产品全生命周期，实现公司的收入、利润和客户满意度的最大化。

（1）将产品的生命周期管理与投资组合管理相结合，实现价值最大化，获得最佳回报。

首先，必须从战略层面审视，这种产品还要不要在产品组合里，要不要退市，或被新产品、新功能前向兼容替换掉。如果是这样，继续优化产品组合，降低成本，延长产品的价值；如果不要，就调整生命周期策略，包括产品代际（特别是新老平台切换的节奏）、存量网络持续经营策略，以便及时退市，将有限的资源投入更有价值的地方。

（2）从运营管理层面，对生命周期内的产品进行优化和管理。

在产品线设置 LMT，对产品生命周期进行日常管理，月度 / 季度定期评估产品生命周期表现，对各产品组合的销售业绩和市场变化、供需变化、利润（成本）状况进行常规监测，并将结果反馈给产品组合管理团队（Portfolio Management Team, PMT），使 IPMT 能够从战略层面及时做出决策。

二、产品生命周期的主要工作

在 IPD 产品管理体系中，狭义的产品生命周期管理的工作不包括整个公司的运营管理，而只关注与产品密切相关的重大调整和改进，主要包括以下几个方面。

（1）营销活动。分析和监控产品销售、产品市场推广、促销、价格等方面的情况和问题，并做出解决问题和持续改进方面的调整。

（2）供应链管理。分析和监控产品在订单预测、物料采购、产能调整、库存、配送等方面的情况和问题，并对问题的解决和持续改进做出调整。

（3）售后服务。对产品在服务领域的服务效率、服务质量等方面进行分析和监控，并做出调整，解决问题和持续改进。

（4）研究和开发。分析和监控产品研发方面的问题并提出解决方案。

（5）收集、总结 DFX 对产品装配、制造、测试、维护等产品的要求。

（6）产品退市申请，退市计划的制订和实施等。

（7）定期检查和总结产品生命周期。

不同行业和企业在产品生命周期活动上存在一定的差异，需要根据产品特点进行梳理和设计。产品生命周期管理各环节的主要监控项目和常用改进措施如表 6-4 所示。

表 6-4　产品生命周期管理各领域监控项目与改进措施

领域	监控项目	改进措施
研发领域	持续跟踪客户反馈、客户满意度 持续跟踪新技术、新架构、专利、CBB 等有利于提高产品竞争力的技术	规划产品新版本
市场领域	持续跟踪目标实际状况、市场环境、竞争情况、客户订单和销售数据、渠道问题、定价问题、客户反馈、营销效果等	调整营销方案，确保市场变化和营销方案的匹配度
采购领域	持续跟踪供应商的物料质量（IQC）情况、价格情况	引入新的供应商 持续降低成本（Cost Down）
制造领域	持续跟踪产品制造效率（OPE & OEEE）和直通率（Yield Rate）、开箱合格率等质量指标以及产品匹配度、订单履行及时性（Order Fulfillment）等	来料检验 改善工艺流程 提高产能（UPH）
质量领域	持续跟踪供应链质量指标、客户满意度	推动客户满意度提升 监控公司内部质量环境
服务领域	持续跟踪服务绩效指标的达成情况，如服务及时率、服务问题关闭率等	服务领域的持续改善
财务领域	持续跟踪产品的市场财务状况	定期输出产品运营绩效报告，以供公司进行产品线决策时参考

三、产品生命周期各阶段战略与产品组合

在产品生命周期的每个阶段，营销组合中的不同元素（产品、定价、分销和促销）对应着不同的战略。

1. 引入阶段

产品：建立起品牌和质量标准，保护专利和商标等知识产权。

定价：可以采用低价格的渗透定价法（Penetration Pricing），以获取市场份额，也可以采用高价格的撇脂定价法（Skin Pricing），以尽快收回开发成本。

分销：慎重选择渠道，直到消费者接受产品。

促销：瞄准早期用户（采用者），通过有效沟通教育早期潜在客户。

2. 成长阶段

产品：保持产品质量，可能需要添加产品特性和辅助服务。

定价：在市场竞争不激烈，公司能够满足不断增长的需求时，保持定价。

分销：随着需求的增长和接受产品的客户数量的增加，渠道也会增长。

促销：瞄准更大范围的客户。

3. 成熟阶段

产品：需要增加产品特性，通过产品差异化来区别竞争对手。

定价：由于新的竞争对手的出现，价格可能会降低。

分销：加强分销渠道，给予分销商更多的激励，扩大客户购买产品的机会。

促销：强调产品差异化，增加产品新特性。

4. 衰退阶段

维护产品，也可以通过增加新特性和发现新用途来重新定位产品。

通过降低成本和持续提供产品来收获产品，但产品只针对忠诚的细分市场。

将产品撤出市场，只保留部分库存，或出售给其他公司。

产品在不同生命周期阶段的案例如下：

（1）全息投影。刚刚引入阶段。全息投影就以很高的价格销售，以弥补高昂的研发成本。该产品当前仅吸引很少的早期用户。

（2）增材技术设备（3D 打印机）。处于增长阶段。价格已经大幅下降，而且更容易使用。

（3）iPhone。处于市场成熟阶段。过去 10 年，苹果手机在功能和外观设计方面做了很多改变，以保护其市场地位。

（4）录像机 / 光盘机。处于衰退期。随着视频记录和存储技术的进步，已经鲜有人用。

如上所述，在产品生命周期的不同阶段，管理战略强调产品改进、新特性、产品线延伸和降低成本的重要性。这些应该反映在新的产品组合中。整体业务战略和创新战略为项目组合管理提供了方向和框架。这些战略决定了各种产品开发方案的优先次序，包括：①对公司而言是新的产品；②产品线延伸；③成本降低；④产品改进。

可以从狭义的产品生命周期的概念出发，来回答"是什么定义了一款产品？"这个有趣的问题。以 iPhone 为例，iPhone 本身是一个产品，还是不同机型是产品？答案是，iPhone 本身有生命周期，每个型号也有自己的生命周期，每个型号都延长了 iPhone 的生命周期。通过增加特性和发布新型号来延长产品寿命已经成为大多数公司产品开发组合的重要组成部分。如今，产品改进和性能提升的频率越来越快，特别是在电子、软件和互联网行业。这是因为这些行业面临着更大的压力：上市速度更快，新产品开发周期缩短。因此，对产品开发的战略关注极大地影响了新产品开发流程，使其变得敏捷和精益。

除了平衡产品开发的类型外，通过项目组合管理在产品生命周期中保持产品平衡同样重要。然而，如果产品在引入或上市阶段占有较高的比例，则会给组织带来很大的财务压力。此外，如果处于衰退阶段的产品比例过高，那么组织的前景将会不那么明朗。

四、产品退市决策与执行

1. 产品退市决策

产品退市决策受多种因素影响。企业可以结合对以下问题的回答来决定某个产品是否需要做出退市决策。

（1）该产品已经不符合企业发展战略了吗？在产品生命周期中，企业的发展战略可能会发生调整。如果某产品已经不符合企业未来的发展方向，即使该产品还能赚钱，企业为了调整创新资源配置，也可能会做出产品退市决策。

（2）该产品不能为企业创造利润了吗？很显然，如果产品不能再为企业创造利润，那基本上就没有再存在下去的必要了。

（3）该产品已经过时了吗？该产品还能给企业创造利润，但是技术已经落后，可以明显看出"好景不长"了。这是企业可能需要考虑快速采用新技术开发新产品，替代现有产品。

（4）有新的产品已经准备好替代该产品了吗？产品退市的最好原因就是被自己的新一代产品替代。企业主动出击，推陈出新，不但可以巩固自己的市场地位（更大的市场份额），而且可以维持较高的销售价格，获得更好的投资回报。

以上四个方面的问题，如果对一个或多个问题的回答是肯定的，那么企业就应该考虑该产品退市。当然，还有一种情况是新产品上市失败，也同样需要做出退市决策。

2. 产品退市的执行

产品退市分为停止销售（EOM）、停止生产、停止服务三个阶段。

首先要根据市场形势来确定停止销售的时间和安排；其次根据实际订单需求情况来确定停止生产的具体时间和安排；最后根据订单交付以及客户在用产品的寿命来决定停止服务的时间和安排。在实践中，根据公司商业模式的不同，有些公司是先停止销售再停止生产，有些公司是先停止生产再停止销售，而停止服务一般都是最后的阶段，而且这个阶段往往会花费最长的时间。

在 IPD 产品管理体系中，产品在退市前要进行 LDCP 评审，即"生命周期退出决策"。产品经理将领导 LDCP 评审材料的准备，IPMT 将进行决策评审。评审包括产品业务计划的总结、申请退市的原因，以及退市建议和计划。一般来说，具体的退市计划包括以下几个方面：

（1）市场方面。产品退市前后的整体市场安排，何时停止销售和推广，以及如何实施。

（2）制造方面。何时停止制造和发货，如何执行。

（3）采购方面。何时停止采购，如何处理在途订单和库存，以及如何执行。

（4）客户服务方面。何时停止服务，如何安排未来产品的维修备件（Repair Parts），如何执行。

（5）研发方面。如何用新产品来替代退市的产品，新产品何时推出，如何执行。

（6）财务方面。对整个产品进行生命周期财务评估和总结。

退市过程几乎涉及公司的所有部门，它们必须共同努力，以确保退市过程的有序进行。实践中，不同的公司有各种具体情况下退市的可能。在一些公司，PDT 在项目完成后并没有解散，而是成为一个固定的团队，在这种情况下，PDT 可以负责退市工作。一些公司在产品上市后将生命周期管理工作移交给一个专门负责生命周期管理的团队（LMT），这个团队负责退市工作。在更多的情况下，PDT 已经解散，也没有 LMT，在这种情况下，产品经理可以成立一个临时"退市工作小组"，负责退市工作。

3. 产品生命周期中的新老产品切换管理

在实践中，企业为了不丢失已有的市场地位和份额，更多的情况是在老产品退市的同时，推出新产品去填补老产品退市后的市场空缺。所以，老产品退市和新产品上市往往同时进行或次第展开，有点像接力赛，又称为产品的新老版本切换。

在版本切换之前，产品经理要组织各部门制订详细的版本切换计划，版本切换计划主要管理从老版本退市前到新版本上市后的整个过程，涉及公司各个部门。在版本切换计划的执行过程中，需要公司所有部门相互配合，售后、生产、采购、销售等部门都要按照切换计划执行自己负责的工作。

💡 创新视点 3

华为关于产品生命周期管理致客户的一封信

尊敬的客户：

产品的更新换代是电信行业的普遍规律。在科技飞速发展、新产品不断涌现的同时，网络设备的部件会逐步老化，功能逐渐不能满足用户不断丰富的沟通需求，在节能环保、网络安全性、可维护性等方面也将面临越来越多的挑战，老产品会逐步被新产品替代。对产品进行生命周期管理，有节奏地引入华为新产品，更加有利于您（营运商）吸引客户，增强您的市场竞争力。

华为一直按照行业惯例进行着生命周期管理，已经建立了生命周期管理体系，明确了产品生命周期策略及产品终止策略，提供您对产品未来演进的可预见性，并提早做好业务准备，我们郑重地给您致信，希望和您达成共识。

图 6-10 所示为华为产品生命周期的关键里程碑。

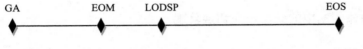

里程碑	全称	定义
GA	General Availability	产品包可以大批量地交付给华为客户的时间
EOM	End of Marketing	产品停止接受新建和扩容订单
LODSP	Last Order Date of Spare Parts	备件最后购买日。在备件最后购买日后，正常维护用的备件可以通过购买服务产品获取
EOS	End of Service &Support	华为公司停止此产品服务和支持

图 6-10　华为产品生命周期的关键里程碑

图 6-11 所示为华为软件版本生命周期的关键里程碑。

里程碑	全称	定义
EOM	End of Marketing	华为公司停止接受软件版本的新建和扩容订单
EOFS	End of Full Support	华为公司停止为软件版本开发新补丁
EOS	End of Service &Support	华为公司停止为软件版本提供服务

图 6-11　华为软件版本生命周期的关键里程碑

基于以上规则，我们会制订一个产品和软件版本的生命周期计划。这些计划会在路标交流的时候向您传达，并且在产品和软件版本的生命周期关键里程碑节点到来之前的至少 6 个月通过公司网站、邮件、电话等方式通知您。

更重要的是，我们希望您也一起参与到生命周期管理活动中来。您可以在路标交流时反馈对产品和版本生命周期的期望。同时我们也愿意在停止销售或服务之前，和您一起评估网络运行风险并商讨解决方案。希望通过有效的沟通，我们能一起把握好网络和产品的节奏，享受遵从这一自然规律而实现的最大化社会价值。

关于产品生命周期管理的任何问题和意见，请及时告诉您的销售代表或服务代表。

徐直军　投资评审委员会主任

华为技术有限公司

第六节　可持续发展的产品创新

可持续性创新（Sustainable Innovation）被定义为：新产品或服务的开发和商业化过程，即产品生命周期中，从经济、环境和社会角度强调可持续发展的重要性，并在采购、生产、使用和服务结束的若干阶段遵循可持续发展的模式。推行可持续性，让社会和消费者参与到可持续经济中，是企业组织的责任。新产品开发专业人员也应该使可持续性做成为新产品开发流程的一个组成部分。可持续创新超越产品，服务的基本生命周期，影响所有利益相关者。

在过去的几十年里，可持续性对于产品开发变得越来越重要。2018 年可持续性与创新《全球高管研究报告》指出，70% 的受访企业将可持续发展永久地列入其管理议程，并对可持续发展进行投资。

一、可持续发展与战略

今天，大多数组织使用一个整体的框架来将可持续性引入企业的标准运营中。这意味着：

（1）公司会制订正式的可持续性发展计划。

（2）利用可持续发展来驱动竞争优势。

（3）利用可持续性来推动创新和新产品开发，并遵循三重底线（利润、人员、星球）。

（4）把可持续发展纳入公司的使命和价值观。

（5）追踪高层管理人员的可持续发展的绩效度量指标。

（6）建立可持续发展的成熟度模型，并定期跟踪其进展。

（7）可持续性创新是合规的、市场驱动的。

图 6-12 列出了一项基于可持续性的战略分析——面向环境的设计。

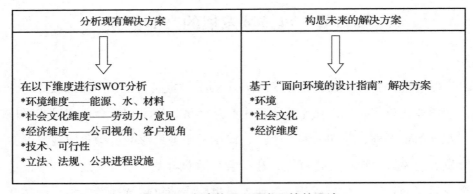

图 6-12 创意构思：面向环境的设计

💡 创新视点 4

耐克的可持续性战略

耐克等公司已经意识到，将可持续性整合进企业运营之中能够带来竞争优势。

＊"可持续性与业务增长是互补的。"——通过开发创新可持续产品，耐克已经减少了 3% 的温室气体排放，同时增加了 26% 的收入。

＊"原材料很重要。"——耐克在研发上重度投入，与美国宇航局（NASA）等组织合作开发下一代突破性材料。

＊"从声誉管理变为寻找创新机会。"——耐克认识到，与其花费人力物力去管理声誉，不如通过行业合作、合作伙伴和提升透明度创造变革机会。

＊从摇篮到摇篮（从一个产品生命的开端到一个新产品生命的开端）。——对循环经济的思考和关注将变为组织的战略驱动力。

资料来源：笔者根据多方专业资料整理。

二、可持续发展与新产品流程

在支持可持续发展的组织中，可持续性发展作为经营战略和创新战略的组成部分，在各个层面影响着新产品开发流程。

1. 可持续性与概念开发

消费者对产品的接受程度越来越受到环境和社会可持续性的影响。这个产品的包装可以回收吗？有多少"绿色公里数"（食物从生产地点到到达消费者的距离）与产品分销有关？该产品是否涉及有害物排放？在很多公司，进行市场调查以了解客户对持续发展的看法，已成为概念开发的必要条件。基于问题的构思：利用属性分析的方法来探讨当前的策略，以避免或解决问题的对策。让环境专家新测试新产品概念，将环保能力纳入筛选格式中，并准备一份完整的产品报告。

2. 可持续发展与产品设计

在开发基于产品概念的设计规范时，可持续发展对以下方面有所影响：

（1）原材料选择：原材料来源对环境的影响；产品使用寿命结束后的可循环使用性。

（2）可制造性：辅助制造材料——油、清洁剂等的选择；能源利用和能源形式。

（3）产品用途：排放污染物；使用稀缺资源。

（4）生命结束：产品处置；可循环使用；重复利用。

3. 可持续发展与营销组合

制订一个市场营销方案，让公众和团队成员都参与其中，让问题专家参与沟通，用市场进入控制计划引导产品走向成功。

"食品公里数"正在成为可持续发展战略中的一个重要概念。它可以对目标市场选择、分销渠道和产品定价产生重大影响。可持续性将成为产品核心利益和价值主张的关键因素，而推广这些利益将成为营销组合的重要组成部分。

可持续发展与新产品流程如表 6-5 所示。

表 6-5　可持续发展与新产品流程

新产品流程阶段	可持续发展
产品规划	将因环境带来的损失和威胁视为机会，以缓解这些问题作为目标，以保持对这些问题的关注作为指导方针
概念	利用属性分析方法，探讨目前可以避免或解决问题的对策，让环境专家对新产品概念进行测试
计划	将环保能力也纳入筛选形式中，准备一份完整的产品报告
开发	与了解问题的专家组建团队，在产品设计上寻求突破，为产品使用测试制定严格标准
上市	计划一个能让公众和团队成员都参与的营销项目，在沟通中将问题专家作为参与者，用市场导入控制计划来指导产品走向成功

章末
案例

苹果加速实现碳中和

为了加速朝 2030 年前实现碳中和迈进，苹果在 2021 年 4 月 22 日世界地球日前夕宣布推出 2 亿美元 "Restore Fund 基金"，这是企业界首创的碳移除计划，借以移除大气中的碳，同时为投资者带来财务回报。

这个基金是由苹果公司、保护国际基金会和高盛公司共同发起，每年将致力从大气中移除至少 100 万吨的二氧化碳，相当于 20 多万辆乘用车所耗用的燃料量，同时也展现一个可行的金融模式，协助扩大森林复绿的投资规模。而苹果的使用者也能透过使用 Apple Pay 参与这个环境保护的工作，从即日起到世界地球日当日止，以 Apple Pay 支付的每笔购买支出，苹果都会捐赠一笔款项给保护国际基金会。

新成立的 Restore Fund 基金，其实是建立在多年苹果林业保育工作的基础之上。自 2017 年以来，苹果包装中使用的原木纤维 100% 都来自 Restore Fund 基金投资的负责任管理的工作林地。自 2016 年推出首款采用高纤维成分包装的 iPhone 以来，现在送抵顾客手中的 iPhone 12 产品包装有 93% 采用了纤维材料。

为了达成碳中和的目标，苹果将在 2030 年前直接消除其供应链和产品的 75% 碳排放量，而这项基金，将从大气中移除碳，有助于解决苹果剩余的 25% 排放量。更希望透过对企业具有吸引力的方式来扩大参与规模，借以开拓大自然解决方案的更大潜能。

苹果 CEO Tim Cook 在声明中表示，推动苹果环保之路的创新不仅对地球有利，且有助于提高产品能效，并在全球引入新的洁净能源。苹果的新目标意味着将推动其供应链厂商改用再生能源。苹果表示，其全球企业运营已实现碳中和，而过去 1 年中销售的 iPhone、iPad、Mac 和 iWatch 均部分采用可回收材料制成。目前，其在 17 个国家／地区的 71 个制造伙伴已承诺完全使用再生能源制造产品，这些再生能源项目一旦完成，每年将避免向大气排放超过 1430 万吨的二氧化碳。

资料来源：笔者根据多方资料汇编。

本章小结

（1）有效的上市计划必须具备以下五项要求：上市计划基于新产品全流程搜集的高质量的市场信息；开始于新产品流程早期；是新产品流程的关键部分；参与新产品上市的销售人员、技术人员、其他客服人员都应属于新产品团队的一员；需要投入足够的人力资源与财务资源。

（2）根据创新扩散选择目标市场，为选定的目标市场创造独特的价值。

（3）实现精益上市需要协调好采购、制造及物流等，这样才能使从原材料到消费者的时间最短。如此一来，企业才能够快速响应市场的实际需求，而不是在销售量低于预期时囤积过多存货，也不至于在销售量高于预期时无货可卖。

（4）新产品上市采用缺口分析矩阵，可以通过评估实际与预期，及时调整上市计划。

（5）在产品管理中，营销组合的所有要素——产品、定价、促销、和分销由产品生命周期所处阶段决定。

（6）在很多产品类别中，产品开发战略聚焦于通过产品改进或增加产品特性和功能进行产品更新，以此作为延续产品生命周期的手段。

（7）产品生命周期的关键是引入阶段。产品经理必须聚焦于出售的产品是什么（What）、出售给谁（Who）、产品如何到达目标市场（How）、在哪里（Where）、何时（When）促销产品以及说服目标市场客户购买（Why）。

（8）生命周期分析是一项考察可持续性的关键工具，它关注产品的整个生命周期，包括资源开采、材料生产、制造、产品使用、产品生命结束后的处置，以及在所有阶段之间的传递。

关键术语

Alpha Testing，阿尔法测试

APD：Accelerated Product Development，加速产品开发

Beta Testing，贝塔测试

BG：Business Group，业务群

BMT：Business Management Team，业务管理团队

BP：Business Planning，业务计划

Brain Storming，头脑风暴

Business Strategy，经营战略

CB：Capability Baseline，能力基线

CBB：Common Building Block，通用基础模块

CDP：Charter Development Process，项目任务书开发流程

CDT：Charter Development Team，项目任务书开发团队

Core Competence，核心能力

Cost Leadership，成本领先

Concurrent Engineering，并行工程

Concept Testing，概念测试

CP：Check Point，检查点

Crossing the Chasm，跨越鸿沟

Charter：项目任务书，章程

CRM：Customer Relationship Management，客户关系管理

C-PMT：Corporate Portfolio Management Team，公司组合管理团队

C-RMT：Corporate Requirement Management Team，公司需求管理团队

C-TMT：Corporate Technology Management Team，公司技术管理团队

DCP：Decision Check Point，决策评审点

Design Thinking，设计思维

DFA：Design For Assembly，可装配性设计

DFC：Design For Cost，成本设计

DFE：Design For Environment，环境设计

DFM：Design For Manufacture，可制造性设计

DFQ：Design For Quality，质量设计

DFR：Design For Reliability，可靠性设计

DFS：Design For Service，服务设计

DFX：Design For X，面向产品生命周期各环节的设计

Diffusion of Innovation，创新扩散

Disruptive Innovation，破坏性创新、颠覆式创新、裂变式创新

Dominate Design，主导设计

DVT：Design Verification Test，设计验证阶段

E2E：End to End，端到端

EOL：End of Life，生命周期结束

Entrepreneurship，企业家精神

ESP：Early Support Plan，早期客户支持计划

EVT：Engineering Verification Test，工程验证阶段

Feasibility of Commercial Accomplishment，商业可行性

Feasibility of Technical Accomplishment，技术可行性

First to Mindshare，第一印象份额

FFE：Fuzzy Front End，模糊前端

GA：General Available，通用可获得性

Gamma Testing，伽马测试

Gap Analysis Matrix，缺口分析矩阵

Leader User，领先用户

IPD：Integrated Product Development，集成产品开发

IPMT：Integrated Portfolio Management Team，集成组合管理团队

IRB：Investment Review Board，投资评审委员会

ISOP：Integrated Strategy & Operation Process，集成战略与运营流程

ITMT：Integrated Technology Management Team，集成技术管理团队

Iterative Innovation，迭代创新

ITR：Issue to Resolution，从问题到解决

Intellectual Property Rights，知识产权

Integrated Innovation，集成创新

Internet Thinking，互联网思维

Interface Management，界面管理

Innovation Culture，创新文化

Innovation Ecosystem，创新生态系统

JIT：Just in Time，准时制

LMT：Life-cycle Management Team，生命周期管理团队

LTC：Lead to Cash，从销售线索到回款

MOT：Moment of Truth，关键时刻

MP：Market Planning，市场规划；Mass Production，量产

Modular Innovation，模块化创新

MM：Market Management，市场管理

Market Testing，市场测试

ODM：Original Design Manufacture，原始设计制造商

OEM：Original Equipment Manufacture，原始设备生产商

O/S：Offerings/Solutions，交付物 / 解决方案

OR：Offerings Requirement，产品包需求

Open Innovation，开放式创新

PACE：Product and Cycle-time Excellent，产品及周期优化法

PBC：Personal Business Commitment，个人绩效承诺

PDM：Product Data Management，产品数据管理

PDT：Product Development Team，产品开发团队

PIC：Product Innovation Charter，新产品章程

PMT：Portfolio Management Team，组合管理团队

PMBOK：Project Management Body of Knowledge，项目管理知识体系

PR：Product Roadmap，产品路标

Preannouncement，预发布

Product Adoption Process，产品采用过程

Product Attribute，产品属性

Product Innovation，产品创新

Process Innovation，流程 / 工艺创新

Prototype，原型

Product Positioning Statement，产品定位陈述

PRT：Product Research Team，产品预研团队

PLM：Product Life-cycle Management，产品生命周期管理

PL-IPMT：Product Line Integrated Portfolio Management Team，产品线集成组合管理团队

PL-IPMT：Product Line Integrated Portfolio Management Team，产品线集成组合管理团队

PL-LMT：Product Line Life-cycle Management Team，产品线生命周期管理团队

PL-PMT：Product Line Portfolio Management Team，产品线组合管理团队

PL-RAT：Product Line Requirement Analysis Team，产品线需求分析团队

PL-RMT：Product Line Requirement Management Team，产品线需求管理团队

PL-TMT：Product Line Technology Management Team，产品线技术管理团队

PSST：Products and Solutions Staff Team，产品和解决方案体系

PTIM：Product & Technology Innovation Management，产品技术创新管理

PUT：Product Use Testing，产品使用测试

PVT：Production Verification Test，批量验证阶段

QMS：Quality Management System，质量管理体系

R&D：Research and Development，研究与发展

RDPM：R&D Project Management，研发项目管理

RAT：Requirement Analysis Team，需求分析团队

Review Checklist，评审要素表

RM：Requirement Management，需求管理

RMT：Requirement Management Team，需求管理团队

RP：Roadmap Planning，路标规划

SE：System Engineer，系统工程师

SP：Strategy Planning，战略规划

SPT：Strategy Planning Team，战略规划团队

SPDT：Super Product Development Team，超级产品开发团队

S-PMT：Super Portfolio Management Team，解决方案组合管理团队

System Requirement，系统需求

Start up，创业

Stage Gate，阶段—关口，阶段门

STM：Simulated Test Market，模拟试销

TDCP：Temporary Decision Check Point，临时决策评审

TDP：Technology Development Process，技术开发流程

TDT：Technology Development Team，技术开发团队

TIM：Total Innovation Management，全面创新管理

TPM：Transformation Progress Metrics，变革进展评估

TPP：Technology & Platform Planning，技术和平台规划

TR：Technology Review，技术评审

TMS：Technology Management System，技术管理体系

TMT：Technology Management Team，技术管理团队

TRT：Technology Research Team，技术研究团队

User Innovation，用户创新

User Toolkit，用户工具箱

VOC：Voice of Customer，顾客声音

参考文献

[1] 产品开发与管理协会. 产品经理认证（NPDP）知识体系指南 [M]. 陈劲，译. 北京：电子工业出版社，2017.

[2] 乔·蒂德，等. 创新管理：技术变革、市场变革和组织变革的整合 [M]. 3 版. 陈劲，译. 北京：中国人民大学出版社，2012.

[3] 克莱顿·克里斯藤森. 创新者的窘境 [M]. 胡建桥，译. 北京：中信出版社，2010.

[4] 克莱顿·克里斯藤森. 创新者的解答 [M]. 李毓偲，林伟，郑欢，译. 北京：中信出版社，2010.

[5] 罗伯特·G 库伯. 新产品开发流程管理：以市场为驱动 [M]. 青铜器软件公司，译. 北京：电子工业出版社，2010.

[6] 邬贺铨."互联网＋"行动计划：机遇与挑战 [J]. 人民论坛学术前沿，2015（10）.

[7] 玛格丽特·A 怀特. 技术与创新管理：战略的视角 [M]. 吴晓波，译. 北京：电子工业出版社，2008.

[8] 克里斯，阿吉里斯. 组织学习 [M]. 2 版. 张莉，李萍，译. 北京：中国人民大学出版社，2004.

[9] 皮特斯·T. 第六项修炼：创新型组织的艺术与实务 [M]. 凯歌，编译. 延吉：延边人民出版社，2003.

[10] 格里芬，塞莫尔梅尔. PDMA 新产品开发工具手册 3 [M]. 赵志道，译. 北京：电子工业出版社，2011.

[11] 埃里克·施密特，等. 重新定义公司：谷歌是如何运营的 [M].

靳婷婷，等，译. 北京：中信出版社，2015.

[12] 约翰松. 美第奇效应：创新灵感与交叉思维 [M]. 刘尔铎，杨小庄，译. 北京：商务印书馆，2006.

[13] 埃里克·冯·希普尔. 民主化创新：用户创新如何提升公司的创新效率 [M]. 陈劲，等，译. 北京：知识产权出版社，2007.

[14] 夏忠毅. 从偶然到必然：华为研发投资与管理实践 [M]. 北京：清华大学出版社，2019.

[15] 钟元. 面向制造和装配的产品设计指南 [M]. 2 版. 北京：机械工业出版社，2016.

[16] 彼得·德鲁克. 创新与企业家精神 [M]. 蔡文燕，译. 北京：机械工业出版社，2009.

[17] 李杰，等. 从大数据到智能制造 [M]. 上海：上海交通大学出版社有限公司，2016.

[18] 李杰. 工业人工智能 [M]. 上海：上海交通大学，2019.

[19] C 默尔·克劳福德，等. 新产品管理 [M]. 11 版. 刘立，王海军，译. 北京：电子工业出版社，2018.

[20] 周辉. 产品研发管理：构建世界一流的产品研发管理体系 [M]. 北京：电子工业出版社，2014.

[21] 杰弗里·摩尔. 公司进化论：伟大的企业如何持续创新 [M]. 陈劲，译. 北京：机械工业出版社，2015.

[22] 张甲华. 产品战略规划 [M]. 北京：清华大学出版社，2014.

[23] 石晓庆，等. 华为能，你也能：IPD 产品管理实践 [M]. 北京：北京大学出版社，2019.

[24] 成海清. 产品经理实务 [M]. 北京：电子工业出版社，2018.

[25] 大卫·M 安德森. 可制造性设计：为精益生产、按单生产和大规模定制设计产品 [M]. 郭慧泉，译. 北京：人民邮电出版社，2018.

[26] 李开复，王咏刚. 人工智能 [M]. 北京：文化发展出版社，2017.

[27] 黄曙荣，等. 产品数据管理 PDM 原理与应用 [M]. 镇江：江苏大学出版社，2014.

[28] Crawford M, Di Benedetto A. New Products Management [M]. 11th. New York: Mc Graw Hill, 2011.

[29] Christensen C. The Innovation's Dilemma [M]. Brighton: Harvard Business Review Press, 1997.

[30] Christensen, Clayton, Raynor, Michael E. The Innovator's Solution [M]. Brighton: Harvard Business School Press, 2003.

[31] Grant R M. Contemporary Strategy Analysis: Concepts, Techniques, Applications [M]. 2nd. New Jersey: Blackwell, 2004.

[32] Kotler P. Marketing Management [M]. New York: Prentice Hall, 2011.

[33] Miles R E, Snow C C. Organizational Strategy, Structure and Process [M]. New York: Mc Graw Hill, 1973.

[34] Cooper R G. Winning at New Products: Creating Calue Through Innovation [M]. 4th. New York: Harper Collins UK, 2011.

[35] James M, Morgan, Jeffrey K, Liker. The Toyota Product Development System: Integrating People, Process and Technology [M]. Cambridge MA: Productivity Press, 2006.

[36] Pichler R. Agile Product Management with Scrum: Creating Products that Customers Love [M]. Cambridge MA: Addison-Wesley, 2013.

[37] Beckhard R, Harris R T. Organizational Transitions: Managing Complex Change Reading [M]. Cambridge MA:Addison-Wesley, 1987.

[38] Anderson A M. Performance Metrics for Continuous Improvement [M]. Anaheim: Keynote address at the 2015PDMA Conference, 2015.

[39] Crawford, C Merle, C Anthony, Di Benedetto. New Products Management [M]. 7th. New York: Mc Graw-Hill, 2003.

[40] Moor G A. Crossing the Chasm: Marketing and Selling High-tech Products to Mainstream Customer [M]. New York:Harper Business Press, 2006.

[41] F M Scherer. Innovation and Growth: Schumpeterian Perspectives [M]. Cambridge: MIT Press Books, 1986.

[42] R V Schomberg. A Vision of Responsible Research and Innovation [M]. New Jersey: John Wiley & Sons, 2013.

[43] R Owen, P Macnaghten, J Stilgoe. Responsible Research and Innovation: From Science in Society to Science for Society, with Society [J]. Science and Public Policy, 2012.

[44] Prahalad C K, Hamel. Core Competence in the Corporation [J]. Harvard Business Review, 1990: 1-18.

[45] Von Hippel, Eric. Innovation by User Communities: Learning from Open-source Software [J]. MIT Sloan Management Review, 2001, 42（4）: 82.

[46] Jeffrey L, Cruikshank. The Apple Way [M]. New York: Mc Graw-Hill, 2006.